湖南省"十四五"时期社科重大学术和文化研究专项项目"中国道德话语的历史变迁与当代价值研究"（21ZDA07）教育部人文社会科学重点研究基地道德文化研究中心、中国特色社会主义道德文化省部共建协同创新中心重大项目"中国道德话语研究"（20JDZD01）资助成果

中国道德话语的当代发展

袁 超◎著

光明日报出版社

图书在版编目（CIP）数据

中国道德话语的当代发展 ／ 袁超著 . -- 北京：光
明日报出版社，2023.3
ISBN 978 - 7 - 5194 - 7184 - 2

Ⅰ.①中… Ⅱ.①袁… Ⅲ.①道德社会学—研究—中
国—现代 Ⅳ.①B82-052

中国国家版本馆 CIP 数据核字（2023）第 078079 号

中国道德话语的当代发展

ZHONGGUO DAODE HUAYU DE DANGDAI FAZHAN

著　者：袁　超

责任编辑：宋　悦　　　　　　　责任校对：刘兴华　李佳莹
封面设计：中联华文　　　　　　责任印制：曹　净

出版发行：光明日报出版社

地　　址：北京市西城区永安路 106 号，100050

电　　话：010-63169890（咨询），010-63131930（邮购）

传　　真：010-63131930

网　　址：http://book. gmw. cn

E - mail：gmrbcbs@ gmw. cn

法律顾问：北京市兰台律师事务所龚柳方律师

印　　刷：三河市华东印刷有限公司

装　　订：三河市华东印刷有限公司

本书如有破损、缺页、装订错误，请与本社联系调换，电话：010-63131930

开　　本：170mm×240mm

字　　数：270 千字　　　　　　印　　张：16.5

版　　次：2024 年 1 月第 1 版　　印　　次：2024 年 1 月第 1 次印刷

书　　号：ISBN 978 - 7 - 5194 - 7184 - 2

定　　价：95.00 元

走进中国道德话语世界
感受中国道德文化魅力
——"中国道德话语研究丛书"序

向玉乔

习近平总书记说:"国无德不兴,人无德不立。必须加强全社会的思想道德建设,激发人们形成善良的道德意愿、道德情感,培育正确的道德判断和道德责任,提高道德实践能力尤其是自觉践行能力,引导人们向往和追求讲道德、尊道德、守道德的生活,形成向上的力量、向善的力量。只要中华民族一代接着一代追求美好崇高的道德境界,我们的民族就永远充满希望。"① 推进中国道德文化建设、不断塑造中国道德文化新优势是中国特色社会主义建设事业的内在要求。

中国道德文化是中华文化的精髓。它是在中华民族道德生活史中逐步形成的,具体表现为中华民族的道德思维、道德认知、道德信念、道德情感、道德意志、道德行为、道德记忆、道德语言等得以展现的历史过程。中国道德文化在历史中形成,在现实中发展,是一个动态发展的体系。

中国道德话语是中国道德文化的重要组成部分,其重要性不容忽视。中华民族从古至今的道德生活都是通过中国道德话语得到表达的。中国道德话语不仅将中华民族道德生活的内容描述出来,而且将它内含的伦理意义表达出来。它是一个集描述性功能和规范性功能于一体的符号系统。

---

① 中共中央文献研究室编. 习近平关于社会主义文化建设论述摘编 [M]. 北京:中央文献出版社,2017:137.

　　构成中国道德话语的要素有语音、文字、词语、语法、修辞等。研究中国道德话语主要是研究汉语语音、汉语文字、汉语词语等要素所具有的道德性质及其得到表达的方式、途径等。由于中国道德话语的构成要素极其复杂，对它的研究必然是一条复杂路径。

　　中国哲学家很早就开始关注和研究中国道德话语。孔子与其学生对话的时候发表了很多关于道德语言的论断。他在《论语》中提出了"非礼勿言""名正言顺""敏于事而慎于言""人之将死，其言也善"等观点，反对"巧言令色""道听涂（途）说""人而无信"等言语行为。老子也关注和研究中国道德话语。他在《道德经》中提出了"圣人处无为之事，行不言之教""言善信"等著名论断。有关中国道德话语的论述常见于中国哲学经典之中。

　　令人震惊的是，我国伦理学界迄今还没有系统研究中国道德话语的理论成果。其原因之一可能是，中华民族每天说着中国道德话语，因而很容易将它变成"日用而不知"的东西。我们常常将"上善若水""从善如流""言而有信"等道德话语挂在嘴巴上，达到"习惯成自然"的程度，很容易忽视它们作为中国道德话语存在的事实。

　　长期忽视中国道德话语是我国伦理学研究的一个严重不足。中国道德话语是中华民族道德生活的表达系统，对中国道德文化发挥着强有力的建构作用。中华民族道德生活史的书写必须依靠中国道德话语，中国道德文化的建构也必须借助中国道德话语。语言是维系道德生活和展现人类道德思维的重要工具。如果没有中国道德话语，中华民族道德生活史和中国道德文化发展史是难以想象的。由于长期忽视中国道德话语研究，我国伦理学一直显得不够完善。

　　湖南师范大学道德文化研究院秉承"德业双修、学贯中西、博通今古、服务现实"的院训，坚持弘扬理论与实践并重的学科和学术发展理念，紧密对接弘扬中华优秀传统文化、建设社会主义文化强国、繁荣发展中国哲学社会科学、建设生态文明、推进国家治理体系和治理能力现代化等国家重大战略，坚决落实立德树人根本任务，坚持守正创新的学术发展路线，努力为中国特色社会主义建设事业提供理论和实践支持。

　　研究院依托教育部人文社会科学重点研究基地——道德文化研究

中心、中国特色社会主义道德文化省部共建协同创新中心、湖南省专业特色智库等高端平台，长期致力于伦理学理论研究和道德实践探索，在中国伦理思想史、外国伦理思想史、伦理学基础理论、应用伦理学等研究方向上奋力推进，在研究马克思主义伦理思想及其中国化成果、中国共产党的道德精神谱系、中华民族道德生活史、中华民族爱国主义发展史、美国伦理思想史、后现代西方伦理学、生态伦理学、道德记忆理论、家庭伦理学、共享伦理、财富伦理、网络伦理、人工智能道德决策、公民道德建设等领域形成自己的优势和特色。

　　研究中国道德话语是教育部人文社会科学重点研究基地——道德文化研究中心和中国特色社会主义道德文化省部共建协同创新中心立项的一个重大项目，也是湖南省"十四五"时期社科重大学术和文化研究专项项目。项目由本人领衔，研究团队成员有道德文化研究院副院长文贤庆教授、黄泰轲副教授、刘永春博士，中南大学公共管理学院袁超副教授。此次推出的"中国道德话语研究丛书"是项目研究的重要成果。

　　"中国道德话语研究丛书"由五部专著构成。本人撰写《中国道德话语》，文贤庆撰写《道家道德话语》，刘永春撰写《儒家道德话语》，黄泰轲撰写《佛家道德话语》，袁超撰写《中国道德话语的当代发展》。

　　《中国道德话语》是一部概论式的著作，内容涵盖中国道德话语的特定内涵、历史变迁、构成要素、概念体系、伦理表意功能、伦理叙事模式、理论化发展空间、当代发展状况、道德评价体系、民族特色等，在研究思路上体现了历时性考察与共时性探究、宏观性审视与微观性探察、理论性研究与实践性探索的统一。

　　《儒家道德话语》聚焦于研究儒家道德话语的基本面貌和主要特色。著作主要从儒家道德话语的历史变迁、汉语表意、概念体系、言语道德、道德叙事几个方面做了比较深入系统的研究，将儒家道德话语主要归结为一个人本主义道德话语体系。

　　《佛家道德话语》的研究主题是佛家道德话语的系列重要问题。著作分析了佛家道德话语的历史变迁、整体构建以及佛家道德话语与儒家道德话语、道家道德话语的交锋交融，在此基础上探讨了佛家道德话语的日常应用、叙事模式、自我规范、时代价值等重要问题。

《道家道德话语》重点研究道家道德话语的精义和特色。著作对道家独特的形而上学话语体系、实践认识论话语体系、人性论话语体系、工夫论话语体系、境界论话语体系等问题进行了深入探讨，对道家极富特色的道德叙事模式进行了重点分析。

《中国道德话语的当代发展》侧重于研究中国道德话语的当代发展状况。受到经济全球化、人工智能技术快速发展、网络空间日益扩大等因素的深刻影响，中国道德话语在当代出现了很多新状况、新情况。对中国道德话语的当代发展状况展开研究，不仅能够揭示中国道德话语的最新发展动态，而且能够为建构中国特色社会主义道德话语体系提供理论和实践启示。

"中国道德话语"是一个具有中国特征、中国特色、中国特质的道德话语体系。它主要反映中华民族的道德思维、道德认知、道德信念、道德情感、道德意志、道德行为、道德记忆等。中华民族借助中国道德话语表达中国伦理精神、中国伦理价值和中国伦理智慧。要了解和研究中国伦理精神、中国伦理价值和中国伦理智慧，研究中国道德话语是一个必要而有效的途径。

中国道德话语是中国道德文化的直接现实。透过中国道德话语，中华民族可以领略中国道德文化的独特神韵和魅力，并且可以增强文化自信。习近平总书记说："文化是一个国家、一个民族的灵魂。历史和现实都表明，一个抛弃了或者背叛了自己历史文化的民族，不仅不可能发展起来，而且很可能上演一幕幕历史悲剧。"① 研究中国道德话语是推动中华民族增强文化自信的重要途径。这是一项具有重大理论意义和现实价值的工作，因为它事关社会主义中国能否行稳致远的问题。"坚定文化自信，是事关国运兴衰、事关文化安全、事关民族精神独立性的大问题。"② 中华民族可以从中国道德话语中找到文化自信的强大动力。

一个国家的发展状况首先会通过生活于其中的人所说的语言反映

---

① 中共中央文献研究室编.习近平关于社会主义文化建设论述摘编［M］.北京：中央文献出版社，2017：16.

② 中共中央文献研究室编.习近平关于社会主义文化建设论述摘编［M］.北京：中央文献出版社，2017：16.

出来。中华民族历经艰难险阻，实现了站起来和富起来的价值目标，目前已经迎来强起来的光明前程。中国的强大需要通过经济实力、军事实力来体现，但最重要的是要通过"精神实力"来体现。在实现"强起来"奋斗目标的过程中，中华民族应该展现强大的精神。强大精神是内在的，但它可以通过中华民族的语言表现出来。拥有强大精神的中华民族，能够在使用语言方面彰显出坚定的自信，能够用得体的语言表达自己的思想、情感态度、价值观念、行为方式等。

日渐强大的中国需要有与之相匹配的中国道德话语。中华民族具有源远流长、博大精深的道德文化传统，拥有高超卓越、与时俱进的伦理智慧。在推进中国道德话语的当代发展方面，当代中华民族既应该立足自身的道德语言史和国情，又应该适应新时代的现实需要；既应该避免犯道德语言自卑的错误，又应该避免犯道德语言自负的错误。中华民族历来坚持弘扬自立、自信、自强而又戒骄戒躁、谨言慎行的传统美德。

"中国道德话语研究丛书"研究团队希望在研究中国道德话语方面做一些探索性工作。我们的探索一定存在这样或那样的不足，但我们的愿望是善良的。我们深刻认识到了推进中国道德话语研究的重大理论意义和现实价值，因而积极投身于与之相关的探索性研究工作之中。举步投足，面对诸多挑战和困难，这让我们有时会产生诚惶诚恐的感觉，但考虑到探索工作的意义和价值，我们又增强了前进的勇气和决心。趋步前行，砥砺前行，奋力前行，真诚期待学界同仁的批评指正。

是为序。

2022 年 6 月 16 日于岳麓山下景德楼

目 录
CONTENTS

道德话语：映照当代中国道德生活的多棱镜

语言是人类存在的基本方式之一，也是人之为人的重要基础。"语言不仅是表达思想的工具或手段，语言就是思想本身，人类对思想的理解正是在使用语言的过程中完成的，理解思想的过程就是理解语言的过程，语言不仅构成了人类的思想，还构成了人类的生存方式，语言就是我们存在的最后家园。"① 而作为语言的重要组成部分的道德话语则是人之德性存在之家，"道德语言不仅构建了人的存在的精神家园，而且本身就是人的德性和德性的家园。"② 当代中国道德话语体系是中华民族优秀文化的重要组成部分，是映照中国道德生活的多棱镜。

一、当代中国道德话语传承传统道德话语的精髓

当代中国道德话语是建立在传统道德话语的基础之上的，作为一个复杂、多元的存在，中国传统道德话语体系从百家争鸣开始就呈现出多极发展、对立互补的特色。中国传统伦理思想具有自己的严密话语体系和建构方式，注重从多层次、多角度去培育人们的道德观念、建构道德规范、支配道德行为。当代中国道德话语继承了传统道德话语的复杂性、多元性以及开放性，保留了传统道德话语的精髓。当代中国道德话语的"传统性"是指以汉语的言说形式表现出的带有独特中国文化的特征，是道德话语传统的直接来源，同时也对道德话语的言说方式、用词、语言构造产生了深远的影响。从表现形式来看，当代中国的道德话语建立在当代汉语的基础上，由语音、文字、词汇、

---

① 钱冠连．语言：人类最后的家园［M］．北京：商务印书馆，2005：104-114.
② 杨义芹．道德语言存在的合法性的本体论诠释［J］．江苏社会科学，2010（2）：233-237.

句子、语法、修辞等构成，发展至今，当代中国的道德话语已经融入时代因素、西方元素，呈现出传统与现代的统一、虚拟与现实的统一、世界性与民族性的统一、官方性与民间性的统一的特征。中国共产党自成立以来就大力弘扬中华民族优秀传统文化，辩证地吸取西方文明中的道德价值，形成了一切以人民为中心、集体主义为基本原则，以爱国、敬业、诚信、友善为基本观念，以发展、公正、和谐为核心理念的独具特色的当代道德话语体系，这不仅是对传承中华民族千百年来精神追求的价值展现，也为全面建设社会主义现代化强国提供了重要的思想保证。当代道德话语体系的建立既与传统中国精神有着深层次的联系，也是传统道德话语体系下的新突破。中国传统道德话语体系从整体来看是一个多层次、多角度的严密思想体系，其以"家国同构"为最基本的架构。中国共产党努力实现传统文化的现代转化，吸取儒家"家国同构"当中调节国家与人民双向互动的合理性，秉持最根本的人民立场，奉行为人民服务的根本宗旨，将社会主义核心价值观作为道德话语体系的共同价值，突破建立起一套客观理性的"人类命运共同体"的制度框架。

二、当代中国道德话语反映道德生活的基本状况

近代以来，道德话语的发展经历了旧民主主义革命时期、新民主主义革命时期、新中国成立至改革开放、改革开放时期、中国特色社会主义新时代五个阶段。旧民主主义革命时期是中国传统道德文化现代历程的萌芽时期，这个时期中国社会经历了"数千年未有之变局"，传统伦理思想受到了冲击，造就了中国近代道德话语体系变革的肇始。新民主主义时期，新文化运动吹响了近代道德革命的号角，对中国传统道德产生了强烈的冲击。之后从北伐战争到解放战争胜利，中国道德话语体系的建立都围绕着革命进行，侧重于将共产主义的革命道德思想观念深入中国的思想道德建设和革命实践之中。新中国成立标志着中国进入了一个新的历史发展阶段，在革命道德的基础上，社会主义道德体系建设逐步展开，中国道德话语也完成了从革命道德话语到道德建设话语的转变。进入 21 世纪，社会主义道德建设开始转型升级，2001 年 9 月，中共中央印发了《公民道德建设实施纲要》，这是新中国

第一个真正意义上的有关于公民道德建设的文件，体现着我国在道德建设过程中实现了道德话语上的转换，首次概括了"爱国守法、明礼诚信、团结友善、勤俭自强、敬业奉献"20 字公民道德基本规范。十八大后，社会主义道德建设进入了新的阶段，大力弘扬时代新风，加强思想道德建设，深入实施公民道德建设工程，加强和改进思想政治工作，推进新时代文明实践中心建设成为新的历史任务。在社会主义精神文明建设不断发展之际，道德话语也在现代科学与信息技术的飞速发展进程中不断更新换代，产生了新型的网络道德话语。在 2019 年 10 月新颁布的《新时代公民道德建设实施纲要》中网络空间道德建设成为重要内容。网络空间的秩序建构与现实社会的秩序建构有所区别，但是民众在网络空间中的行为同样要受到相应道德规范的约束，虚拟的社会也呼唤真实的道德。我们要立足互联网，从网络社会的角度来展开思考，构建出公正合理的网络道德规范，实现与现实中道德语言自由和秩序的良性互动。《新时代公民道德建设实施纲要》指出："要把社会公德、职业道德、家庭美德、个人品德建设作为着力点。"① 一方面，道德模范作为社会道德建设的重要旗帜，在其建设过程中道德话语有其特殊的伦理内涵与价值。习近平强调，"全国道德模范体现了热爱祖国、奉献人民的家国情怀，自强不息、砥砺前行的奋斗精神，积极进取、崇德向善的高尚情操"②。全国道德模范是我国当代道德榜样的一个缩影，他们的善行义举推进了社会主义思想道德建设的进程。另一方面，《新时代公民道德建设实施纲要》中将个人品德作为我国公民道德建设的第四个基本着力点。究其本质而言，道德是一个高度自主、高度自由的人的领域，在这个领域内个人作为一切道德活动的内在依据和动力，人的主体性在道德活动中的展开和具体化，构成了人作为道德主体的主体性。道德话语表达立足于作为道德主体的人，如果道德话语的表达没有或忽略了作为道德主体的人的参与，就无法称其为道德话语。因此在公民道德建设的问题上，个人品德问题极为

---

① 中共中央国务院．新时代公民道德建设实施纲要［N］．人民日报，2019-10-28（1）．

② 学习强国．习近平对全国道德模范表彰活动作出重要指示［R/OL］．学习强国网，2019-09-05.

重要。

三、当代中国道德话语凸显道德生活发展新趋势

中国特色社会主义建设进入新时代，这一定位也就意味着当代中国道德话语的发展也进入了一个新的阶段。习近平总书记的"5·17讲话"明确指出要着力构建中国特色哲学社会科学，要构建中国特色的学科体系、学术体系、话语体系，这也为当代中国道德话语的发展指明了新的方向。

当代中国道德话语的发展需要建构中国特色的伦理学体系。改革开放以来我国伦理学取得了显著的成就，但同时也不得不承认其存在诸多不足，这些不足成为阻碍，致使中国特色伦理学构建面临着重大"瓶颈"。特别是面对现代社会出现的诸多新的道德问题，伦理学被边缘化甚至处于一种缺席状态，话语权也逐步丧失。构建中国特色伦理学体系首先就要对中国现有伦理学体系进行反思，对其进行重新定位。构建中国特色伦理学体系应当以"现实的人""社会的人""实践的人"为理论出发点，以历史性、现实性和前瞻性为基本定位，以超越"义利之辨"的伦理正义论为最基本的原则，以社会道德为问题导向，坚持时间结构和空间结构的统一，正确处理道德与伦理的关系，深入研究道德本质、道德现实以及道德建构等问题。

当代中国道德话语体系的建构要将共享作为新范畴。党的十八届五中全会提出了"创新、协调、绿色、开放、共享"的发展理念，其中共享发展是社会主义的本质要求，是社会主义优越性的集中体现，突出了社会主义的价值归旨，是实现科学发展观的必由之路。同时作为一种分享意识和公共精神的共享更是人类道德的重要价值追求，其以共同善的价值追求为道德共识、以社会公平正义为基本价值导向、以人的尊严发展为最终价值归属。如今我们所强调的"共享"作为一个具有鲜明时代特色的"中国话语"，包括了全民共享、全面共享、共建共享以及渐进共享四个方面的具体内容，分享社会利益和社会资源是社会所有成员具有的最基本权利，成为现代中国发展过程中调节利益关系的关键，是社会主义道德规范的新理念。

当代中国道德话语体系的建构要将承认作为新视域。正义是人类

社会亘古不变的话题，正义问题的提出既是一个理论逻辑的发展进程，又是一个实践发展的进程。现有的正义理论体系大都是站在分配的角度去考量社会正义问题的，讨论社会空间权益的分配问题，而忽视了以"承认"为核心的正义理论的论证和建构。分配是社会正义的关键组成部分，但是承认是比再分配更为重要、更为根本的问题，社会正义关注的不仅仅是社会整体层面的"分配"问题，更为重要的是社会主体的"承认"问题。要以承认统摄分配，弥补基于"分配"的正义导致的道德情感层面的缺失。以承认为核心的正义理论的建构和实践是当代中国道德话语发展的新领域。

总而言之，建构中国特色的道德话语体系是中国实现道德性崛起的关键环节，是中国立足于世界民族之林的关键所在。中国崛起是21世纪影响国际体系发展的关键因素，其对世界经济与贸易格局、世界政治格局都产生了巨大的影响，直接关系到国际体系转型的基本方向。随着世界多极化新格局的形成，国际竞争正在从无序走向有序，国际体系朝着和谐共生的方向发展已成为世界之"势"，中国崛起要把握权力政治向权利政治的转变之"道"，在不断增强自身经济、军事等硬实力的同时要增强价值观念的影响，提升自身的软实力，通过选择适合自己的崛起之"术"，跳出"修昔底德陷阱"，保证崛起的和平，实现包容性崛起。中国崛起已经成为一个不争的事实。但在国家崛起中，道德性崛起是其中最为关键的连接点，中国要实现道德性崛起势必需要建构中国特色的道德话语体系，通过道德文化的影响力、凝聚力和感召力，得到他国的自愿认同，为中国的崛起提供坚实的基础。

第一章

何谓中国道德话语

"语言不仅是表达思想的工具或手段，语言就是思想本身，人类对思想的理解正是在使用语言的过程中完成的，理解思想的过程就是理解语言的过程，语言不仅构成了人类的思想，还构成了人类的生存方式，语言就是我们存在的最后家园。"① 中国道德话语是中华民族思想的基石，是人们用于记载道德生活经历、交流道德思想、表达道德情感、叙述道德意志、说明道德信念、描述道德行为方式、展开道德推理的重要工具，已经成为中华民族道德思想的重要组成部分。当代中国道德话语融合了中国传统道德话语资源、西方道德话语资源、现代道德话语资源，是一个复杂、多元开放的话语系统。

一、中国道德话语的基本释义

"语言是人的存在方式，是人之存在的表征"②，道德是人之为人的基本依据，道德和语言之间存在着内在的融通性。道德是语言的基础，离开了道德的语言不能称之为本真意义上的演说。语言是道德得以运行的基本载体，道德活动的开展离不开语言的支撑。"道德语言是一种规定语言"③，"道德语言表现为描述、表达和规范的统一"④，综合来看中国道德话语就是用于记载道德生活经历、交流道德思想、表达道德情感、叙述道德意志、说明道德信念、描述道德行为方式、展

---

① 钱冠连. 语言：人类最后的家园 [M]. 北京：商务印书馆，2005：104-114.
② TAYLOR C. Human Agency and Language [M]. Cambridge：Cambridge University Press，1985：217.
③ 理查德·麦尔文·黑尔. 道德语言 [M]. 万俊人，译. 北京：商务印书馆，1999：5.
④ 杨国荣. 伦理与存在 [M]. 上海：华东师范大学出版社，2009：19.

开道德推理的基本话语。

中国道德话语是中华民族道德文化的重要内容，是中华民族伦理思想的直接展现。自古以来中华民族十分重视伦理思想建构和道德文化建设，同时当今社会的道德话语又带有鲜明的现代性，这是近代以来西方文化传入中国以及中国社会转型发展的结果。"中国道德话语"是在中国语境中诞生、传承和发展的一个道德话语体系，具有中国语境性。当代中国道德话语绘制了中国独特的道德思维图景，作为人类思维活动中的特殊样式，道德思维牵引着人们的道德行为选择。在道德判断过程中当代中国道德话语的伦理叙事功能凸显了人们对善恶价值观的认知、判断、定义和抉择的能力，凸显了规范性与现实性的统一。与此同时在继承前人的优良道德传统的基础上，当代中国道德话语也充分体现了真善美的道德思维，叙述了中国基本道德规范的道德认知以及呈现了深受中国传统文化影响的道德智慧，诉说着丰富的当代中国道德故事。更为重要的是当代中国道德话语作为道德教育的优秀资源库，对推进道德教育，建设高质量的现代教育，突破道德教育的现实困境发挥了巨大的作用。作为中华道德文化的重要组成部分，中国道德话语一方面为中华传统道德文化的创新性转化和创造性发展注入了强大的动力，丰富了传统道德文化的内容和价值意蕴，另一方面又为我国社会的现代转型和文化转型提供了可资借鉴的宝贵资源。

二、当代中国道德话语的定位

中华五千年文明发展的历史长河绵延至今，未曾断绝或湮灭，承载着中国政治、经济以及文化的时代变迁与更迭，是各民族共同创造的精神财富，也是全体人民生活实践中集体智慧的结晶。经过几千年的发展和演进，当代中国道德文化形成了名目繁多、内涵丰富的诸多道德理念、规范和德目，道德话语呈现出多元化的发展趋势。

（一）当代中国道德话语是一个复杂的话语系统

中国道德话语是一个极为复杂的体系，从先秦开始中国道德话语就呈现出多极发展、对立互补的特色。自先秦的诸子百家争鸣，儒家、道家、墨家以及法家等居于"显学"地位的思想流派都积极提出自己的道德学说，并积极、努力应用于实践。而当代中国道德话语更是融中国传统道德话语资源、西方道德话语资源、现代道德话语资源为一体的全新的话语体系，成为现代道德生活的重要组成部分，成为展现人类思想的重要工具。

先秦时期是中国传统伦理思想的奠基时期，从夏朝开始中国进入奴隶社会，殷商时期中国已经出现了初具伦理色彩的概念和范畴，周公提出了以"敬德保民"为核心的伦理思想，提出"孝""敬""恭""信"等一系列维护封建宗法等级关系的道德规范，成为我国传统道德话语体系的基础。春秋战国时期中国开始从奴隶社会向封建社会过渡，随着社会生产力的不断提升，社会制度发生了深刻的变革，当时社会动荡，王纲解纽，礼崩乐坏，大国争霸，群雄并起，社会矛盾尖锐，社会分化严重，在各国战乱纷纷而起的政治格局下，抱着对现实的忧患及危机意识，众多思想家重新思考人与人、人与天的关系，提出各具特色的理论和观点，出现了百家争鸣的新局面：以"仁"为核心的儒家、以"道"为核心的道家、以"法"为核心的法家以及以"兼爱"为核心的墨家，不同的思想流派从不同的角度建构起自己的思想体系和道德话语体系。四大流派对于道德话语体系的建构问题做出了深刻探讨，形成了不同的思想体系。就儒家而言，儒家的伦理学说由孔子开创，经孟子丰富和发展，最终由荀子展开总结。孔子的核心思想是"仁"与"礼"，"仁"是"礼"的内容，"礼"是"仁"的外在显现，据此形成了独具特色的仁学道德话语体系。在孔子看来，"仁"是"至德""全德之称"，包括孝悌、忠信、智勇等德目。同时孔子主张"忠恕之道"，"己欲立而立人，己欲达而达人"为"忠"，"己所不欲，勿施于人"为"恕"，用"推己及人"的方法行仁。孟子学习和继承了孔子以仁为核心的道德思想体系，从"性善论"出发，指出"恻隐之心，善恶之心，恭敬之心，是非之心"人皆有之，并由"仁义礼智"与之相对，"四心"又名"四端"，是人之为人的最本质依据。而荀子对孔子思想的继承偏重于礼学，在人性论上与孟子相反，主张"人性本恶"，强调"化性起伪"。荀子认为"人之性恶，其善者伪也"，人之本性在于满足生理和感官的快乐，重私欲，是恶的，但是受礼法的约束和人为的教化，促使人性化恶为善，即人之善性是后天教化的结果，"故圣人化性而起伪，伪起而生礼义，礼义生而制法度"①。
墨家伦理思想的创始人是墨子，其观点是兼爱，重功利，提出了"尚贤""尚同""兼爱""非攻"等一系列思想主张，反映的是小私有劳动者和平民的利益要求与社会理想，被称为"显学"。面对义利问题，墨子倡导要"重义"，强调"义以为上"，但同时又认为"交相义"，将义与利有机联系起来，义必有利，并非高不可攀，具有较强的功利性倾向。老子和庄子是道家学派的两个重要代表人物，道家伦理思想把"道"作为最高的伦理原则，以"道"和"德"为基本范畴，从形而上的层面对"道"进行了系统的论证，强调应当顺应事物自身的发展规律来运行。老子认为道是天地万物之本源、本根，道化生万物，无名无形，是一种纯粹的存在，主张"道法自然"，强调"无为""贵柔""任自然""知足不争"等思想。而庄子则倡导"齐物论"的伦理思想，注重泯灭差别，超越是非，齐物我，齐是非，同生死，达到"天地与我并生，而万物与我为一"② 的最高境界。法家主张以严刑峻法维护社会秩序，实现富国强兵，强调"德刑并重""以德使民"。而晋法家主张"不务德而修法""重刑轻罪"。法家主要代表人物是商鞅（法）、慎到（势）、申不害（术），集前期法家之大成者是韩非子。韩非子"薄礼重法""尊君卑臣"，强调君主要娴熟运用法、势、术三大法宝进行综合治理，把法律与规章制度视为治国之本，构建了较为完备的法家思想体系。

自秦汉至明清，国家经历了分裂与统一的多次震荡，中央集权和文化专制愈加紧迫，民族矛盾和阶级矛盾逐渐尖锐，儒家思想、佛教思想和道教思想在不同时期占据着统治地位，儒释道的对立、纷争和融合，见证了中国传统道德话语体系的发展脉络。秦汉时期的伦理思想经历了由法家、黄老道家至儒家的思想转向。董仲舒总结提出"罢黜百家，独尊儒术"，儒家思想上升到意识形态的正统地位。汉初时期，秦朝的灭亡意味着法家的一套理论和实践不适用，需要新的学说和治国方略来赢得民众的拥护和认同，巩固政权，黄老之学应运而生。

① 荀子. 荀子·性恶 ［M］. 叶绍钧，译. 武汉：崇文书局，2014：135.
② 庄子. 庄子·齐物论 ［M］. 方勇，译. 北京：中华书局，2015：31.

黄老之学，以"道"为源，"执道""循理""审时""守度"，在国家治理上，强调德、刑并用，以德为主，讲究无为而治，休养生息。汉武帝时期，董仲舒建立了以"三纲五常"为基本内容的伦理思想体系，提出了"人副天数""天人感应"的神学目的论，迎合了中央集权和文化专制的要求，伦理与政治逐步合一。魏晋南北朝时期至隋唐时期，汉代经学的僵化逐渐显露，受玄学、道教以及佛教的伦理道德冲击，儒学的衰落不可挽回，在冲突与斗争之中，儒释道逐渐走向融合。佛教作为外来宗教，与中国传统伦理思想差别较大，为儒家所斥。佛教积极寻求并调和儒、佛关系，其灵魂不死、三世轮回、因果报应的理论为儒家的纲常伦理提供了有力的支持和辅助。隋唐时期，结束了数百年来社会动乱、南北对峙的局面，重新归于统一，在思想领域上，儒、道、佛三家从纷争走向相互吸收、相互融合，出现了三教并立的局面。宋元明清时期，理学以儒学为基础，提取玄学的方法，吸收、融合佛道两家思想中的成分并加以改造，进而建立起系统完善的道德话语体系。明代中叶以后，资本主义开始萌芽，涌现了一批代表普通中小地主和市民阶层利益的思想家，对宋明理学中的"存天理，灭人欲""三纲五常"的伦理教条予以批判，与纲常名教展开了多次论争，并积极鼓吹社会功利主义思想。

自1840年鸦片战争迄至五四运动前夕，受帝国主义的入侵和西学东渐的影响，封建君主专制社会急剧解体，中国社会经历了"数千年未有之变局"，传统伦理思想受到了冲击，造就了中国近代道德话语体系变革的肇始。一些先进的爱国知识分子和忧国忧民的思想家们积极寻求救亡图存的路径，倡导改革和变法，在强烈的情感驱使下，推动道德革命的开展，促进时代思潮的演变。严复的《天演论》对中国思想界产生重大影响，他提出"物竞天择，适者生存"，将西方与中国思想文明做出比较，在价值观念、思维方式和道德情感上开启了重要的讨论。以谭嗣同、康有为、梁启超为代表的戊戌维新时期的改良派，学习并运用西方的政治学说，主张建立君主立宪制。以孙中山、章太炎为代表的资产阶级革命派，在政治上主张建立民主共和政体，围绕民主革命，提出了"三民主义"，促进了资产阶级伦理思想的发展和成熟。俄国十月革命的胜利，为中国送来了马克思主义，无产阶级逐渐登上历史的舞台。马克思唯物史观和辩证法思想的传入和传播，对中国先进知识分子产生了重要的影响。他们改造了儒家的传统价值观，将马克思主义与中国实际相结合，构建出能够满足和适应现代人精神需要的马克思主义伦理思想。

历经多个学术流派，中国传统道德话语以"儒家"伦理思想为主线贯穿发展始终，儒道、儒佛、儒释道的对立与融合，推动儒学从正统地位走向衰亡进而重新回归和复兴。当代中国道德话语体系的建构立足于中国发展的现实，融合中国传统道德话语，吸收西方优秀的道德话语资源，形成具有中国特色的新系统。

（二）中国道德话语是一个多元的话语系统

中国道德话语体系整体来看是一个多层次、多角度的严密思想体系。中国传统的道德话语体系以"家国同构"为最基本的架构，同时兼具理想性和现实性，在强调道德理论的阐释的同时也极其重视道德实践。当代中国道德话语体系在古今之间、虚实之间、中西之间、官民之间绽放新的光彩，以其多元性成为现代文明的重要展示平台。

中国伦理思想具有自己的严密话语体系和建构方式，注重从多层次、多角度去培育人们的道德观念，建构人们的道德规范，支配人们的道德行为。纵观中国传统伦理思想体系我们可以发现，中国传统伦理思想深刻影响着古往今来的政治、经济、文化、教育、军事等多个方面，从国家、社会、家庭以及君臣、父子、兄弟、夫妻、朋友等不同层次、不同身份提出了诸如仁、义、礼、智、信、孝、悌、忠、恕、勇等诸多的道德原则和道德规范，充分体现了其广泛的包容性和广博的覆盖面，形成了一个多层次、多角度的思想体系。同时中国传统伦理思想又是一个严密的思想体系，无论内容多么复杂，涉及领域多么广泛，其始终通过封建宗法制度这一条贯通的主线将不同的部分紧密串联起来，使之成为一个严密的系统。中国传统伦理从本质上来看最终的目的就是要保持社会的稳定，维护封建制度的长治久安，整个思想体系也正是围绕这一终极目标建立和完善起来的。从这一角度来看，中国传统伦理思想体系同时也是一个经典纲常与世俗规范不断互动发展的结果。经典纲常可以说是维护统治阶级利益的理论学说，代表着整个社会的伦理价值取向。中国传统伦理道德中的经典纲常是以儒家为主，融合了道家、法家、佛家、墨家等诸多思想，使整个理论体系不断丰富，解释力也更加强大，体现了中国传统伦理思想多元且系统的一面。世俗规范则是在一定时期内体现现实社会的实际需要的世俗伦理道德，具有实用性和通俗性等特征。随着社会的不断发展，社会现实也会对伦理道德规范提出不同的要求，这可能会与经典纲常发生矛盾，人们往往会根据现实的需要对一些基本的道德规范做出符合时代精神的理论诠释，这更体现出社会现实的需要并非以政治意识作为唯一的取舍标准。中国传统伦理思想正是在经典纲常与世俗规范的互动过程中不断丰富和发展的，并一直保持着与时俱进的特性，成为一个严密的思想体系。

中国传统道德话语体系是一个由"家"而"国"的同构二元架构。封建宗法制度这一条贯通的主线将中国传统伦理思想的各个部分联系起来，同时也使"家国同构"成为中国最基本的伦理传统，"家"和"国"成为传统伦理思想中最基本的二元架构基础。在封建宗法制度体系当中，家长制成为最基本的统治形式，渗透到社会政治、经济、文化等多个方面。统治者通过家族来实行政治统治，因此家族的稳定与和谐成为国家稳定与和谐的基础，"家"是"国"的细胞，"国"是"家"的延伸，国家其实就是一个扩大化的家庭。中国传统伦理思想也正从这一点出发，提出了一系列以家庭为本位，以维护封建统治为宗旨的道德规范，如重视孝德，"其为人也孝悌，而好犯上者，鲜矣；不好犯上，而好作乱者，未之有也。君子务本，本立而道生。孝悌也者，其为仁之本与！"① 孝德的弘扬有利于协调家庭的内部关系，维护家庭内部的秩序，保持和谐与稳定，进而能够保持社会的安定。同时中国传统伦理思想非常重视"和"的思想，"喜怒哀乐之未发，谓之中；发而皆中节，谓之和；中也者，天下之大本也；和也者，天下之达道也。致中和，天地位焉，万物育焉"②，贵和的目的同样是要维护家族的和睦，进而维护封建统治秩序的基础。除了重孝、贵和之外，中国传统伦理思想在"亲亲""尊尊"的基础上建立起来的等级秩序更是突出了

① 孔子.论语·学而［M］.杨伯峻，杨逢彬，译.长沙：岳麓书社，2000：1.
② 戴圣.礼记［M］.张博，译.沈阳：万卷出版公司，2019：290.

由"家"而"国"的二元架构。要求社会成员的生活方式和行为方式要符合其在家庭和社会中的身份和地位，强调不同成员有着不同的权利和义务，并根据不同的家庭角色划分出父慈、子孝、夫义、妇从、长惠、幼顺等不同的责任，而这些责任延伸到社会领域便成为君君、臣臣、父父、子子的伦理思想，进而延伸出君仁、臣忠、民顺等一系列准则。

中国道德话语体系是一个由"理想"而"现实"的规范二元架构。中国传统伦理思想是浪漫理想与浓厚致用相结合的二元架构，极为重视理想人格的塑造，更重视道德精神的培育，应当从身边的小事做起，既有理论上的建树，也追求实践上的功效。儒家历来就有着宏观的社会抱负，以孔子为代表的儒家思想家也在阐述自己思想的同时不断地推行其伦理主张，试图应用于政治实践。"内圣外王"之道是儒家思想家追求的最高境界，其充分体现了"理想"和"现实"的二元架构。儒家强调落实"外王"之道须以落实"内圣"为基本前提。"内圣"所强调的是个体的心性修养，而"外王"则是将个体的心性修养延伸至治国之道，两者是相辅相成的，"修己工夫做到极处，便是内圣，安人工夫做到极处，便是外王"①。其实中国传统的伦理思想家不仅仅在自己的著作当中表现出对道德实践的重视，在其日常生活当中也极其重视身体力行，重视将个体的道德修养应用于生活实践。孔子曰："君子欲讷于言而敏于行"②，强调的就是说话要谨慎而行动要敏捷；孟子强调要在困境中提升自己，"天将降大任于是人也，必先苦其心志，劳其筋骨，饿其体肤，空乏其身，行拂乱其所为，所以动心忍性，曾益其所不能。"③ 纵观中国传统伦理思想，其理想性与现实性、致用性密不可分，道德修养和道德实践学说占据着极其重要的地位，这样的二元架构方式为中国伦理思想的丰富奠定了坚实的基础。

当代中国道德语言体系充分吸收了中国传统道德话语体系的理论

---

① 高明 . 孔子思想研究论集：第 1 卷 ［M］. 南京：黎明文化事业股份有限公司，1983：31.

② 孔子 . 论语·里仁 ［M］. 杨伯峻，杨逢彬，译 . 长沙：岳麓书社，2000：34.

③ 孟轲 . 孟子 ［M］. 王立民，译 . 长春：吉林文史出版社，2009：210.

资源，形成了一切以人民为中心、集体主义为基本原则，以发展、公正、和谐为基本理念的独具特色的当代道德话语体系。

（三）中国道德话语是一个开放的话语系统

当代中国道德话语体系具有丰富多彩的内涵，是一个兼容并蓄、和谐开放的话语系统。在不同流派、不同时代的思想家的演绎发挥中，许多道德概念或命题在思想内容上并不是单一的，而是多义的，它们既可能是对立的，也可能是兼容的，还有可能是互补的。中国道德理念的开放性特征，体现了多元的价值观念和思想倾向，为现代人在不同的社会情境中提供了多元的道德选择路径。中国传统道德话语体系内在地蕴含着丰富的人文精神和实践理性思想。牟宗三曾说："中国文化在开端处的着眼点是在生命，由于重视生命、关心自己的生命，所以重德。德性这个观念只有在关心我们自己的生命问题的时候才会出现。"① 正是在这个意义上，我们说中国伦理道德文化就是中国文化的核心与本质，它维系着整个社会生活的价值秩序和个体生命的内在秩序。

如果我们把道德比喻为一张大网，那么具体的道德规范就是大网的经纬线，密密麻麻的经纬线必然是丰富而又具体的各种规范，如：公私义利、人性理欲、忠孝节义、礼义廉耻、仁和信恕等。中华民族经过长期的道德实践，在文化的相互碰撞与逐步积累中形成了一些世代相传的伦理道德品质，如：仁、义、礼、智、信、诚、孝、悌、忠、廉、耻、勇、德、谦、和、勤、温、良、恭、俭、让、宽、敏、惠、直、中庸等。这些道德规范涉及人生的方方面面，每个概念都有其独特的、丰富的内涵，这些代代相传的伦理道德品质无疑在人们的社会生活中发挥着重要的维系作用与规范作用。中国传统道德的个人品质与社会道德规范是相依相存的，它们是中国传统伦理思想的一体两面，每一种规范都是对社会生活秩序的具体要求，每一方面的品质又都是对个体行为的约束。个人品质与社会道德规范不是两个独立的个体，而是处于一种相互依存的关系之中。这些伦理规范与道德品质又潜在

---

① 牟宗三. 中国哲学十九讲［M］. 长春：吉林出版集团有限责任公司，2010：41.

地蕴含着丰富的传统美德，如仁爱孝悌、谦和让礼、诚信知报、精忠爱国、克己奉公、修己慎独、见利思义、勤俭廉正、笃实宽厚、勇毅力行等。仁爱孝悌培育出浓厚的家庭温情；谦和让礼使得人际关系和睦和谐；诚信知报即诚实守信、知恩思报；精忠爱国引领崇尚气节情操的风尚；克己奉公意味着一种超越个人私欲的达人境界；修己慎独强调一番自律修养的功夫；见利思义促使多加思考社会公利；勤俭廉正即勤劳节俭、廉洁清明；笃实宽厚意味着中华民族崇尚实干的实事求是的精神；勇毅力行标志着中华民族在践行道德时的勇气和毅力。这些美德是中华民族在长期的民族生存和发展中，历经种种磨难，逐步凝结并巩固而形成的，

　　因此，中国道德话语体系的内在价值就包含了社会生活中的伦理规范、个人的道德品质以及传统美德这三大部分，它主要立足于服务社会，追求家庭和睦、社会安宁、政治稳定。只有吸收其内在的精华，摒弃糟粕，才能使中国传统伦理的内在价值得到应有的彰显。"传统文化和传统道德的一个重要特点，就是它又总是同一定民族的精神文明、思想素质和心理习惯联系在一起，它是一个民族在长期发展过程中形成的，能够凝聚一个民族的重要的精神力量。"① 在当今社会，文化软实力越来越成为民族凝聚力和创造力的重要源泉，越来越成为综合国力竞争的重要因素，传统伦理道德作为文化的一个重要组成部分，它是社会主义精神文明建设的题中应有之义。

---

① 罗国杰 . 我们应该怎样对待传统——关于怎样正确对待传统道德的一点思考 [J] . 道德与文明，1998（1）：10.

第二章

中国道德话语的当代变迁

从封建社会到现代化社会，中国道德话语经历了一段漫长且复杂的历史流变过程，这一过程是国家、家庭与个体三者之间博弈、调适的结果，展现出了复杂性、多元性和开放性的特点。通过引入历史维度厘清道德话语变化的重要历史节点，充分阐释中国道德话语的传统性维度、梳理众多道德话语的历史变迁理论与逻辑是厘清中国道德话语当代发展状况的基本前提。

一、五四运动时期的道德话语

中国封建社会历经千年，辛亥革命之后，清王朝覆灭，传统文化体系虽面临全面崩解，但人们所期待的民主共和国却并未实现，社会政局动荡，思想上出现尊孔复辟的回流之象，国民愿望被粉碎，中国仍然处于生死存亡之际。因此五四运动的启蒙者们在总结前人经验的基础上，分析中国社会心理后意识到，思想道德上的落后比制度器物上的落后更阻碍社会的进步，一个国家要实现现代化，首先应该实现的是人的思想观念的现代化。陈独秀认为："伦理觉悟，为吾人最后觉悟之最后觉悟。"① 因此，要想实现思想上的现代化，就必须提升民众的道德觉悟，实现民众道德观念的现代化。五四运动是近代中国历史上一场兼具思想启蒙性质的政治运动以及重建道德文化性质的思想运动，这一时期道德话语体系的建立是围绕"启蒙"与"救亡"而展开的，"启蒙"是思想在民族命运和国际格局中的穷途求变，改造"国民性"，不光要侧重于知识分子传统思想的转变还要注重于促进人民群众主体道德意识的觉醒，从而实现思想观念的现代化；"救亡"是青年仁

---

① 陈独秀. 吾人最后之觉悟 [J]. 青年杂志, 1915, 1 (6): 4.

人志士担负起拯救家国的重担，立志寻找国家正确前进道路和未来发展前途。

五四运动的启蒙者对维护封建专制制度的纲常伦理和吃人礼教进行了彻底的清算，开启了反对旧道德旧文化的道德革命。他们指出孔子所提倡的旧道德思想千百年来一直主导着人们的观念意识，凝聚在中国人民的传统伦理思想之中，如今为了挽救国家的危亡，启蒙公民的道德意识，必须破除旧文化，批判旧道德。陈独秀愤世嫉俗，大声高呼："孔子所提倡的旧道德不攻破，吾国之政治、法律、社会、道德，俱无由出黑暗而入光明。"① 他对封建礼教核心内容的"三纲五常"严加批判，认为传统封建伦理思想是阻碍社会进步和民族开化的核心原因。陈独秀认为，儒家学说"实为制造专制帝王之根本恶因，吾国思想界不将此根本恶因铲除净尽，则有因必有果，无数废共和复帝制之袁世凯，当然接踵应运而生"②。李大钊也明确宣布，"余之抨击孔子"，"乃挤击孔子为历代君主所雕塑之偶像的权威，乃挤击专制政治之灵魂"③。在抨击以孔子为代表的旧道德、旧文化时，启蒙者并不是全盘否定传统中的一切道德思想，而是破除其中为封建政治社会所服务的那一部分。他们通过对旧文化旧道德的抨击来传播新的伦理思想，促进人民群众洗清伦理思想上的封建残余，并为新的思想道德观念创建道德环境。

破除旧道德、旧思想，并不是不需要道德，而是呼吁提出新道德、新思想，建构新的道德话语体系。早在五四运动爆发前期，新文化运动中涌现出的一批具有初步共产主义思想的先进知识分子就已经认识到要想改变中国积贫积弱的现状，就必须寻找一套科学的理论来指导中国政治革命。在此时，俄国十月革命的胜利为中国送来了马克思主义，先进知识分子看到了中国革命胜利的曙光。因此，先进知识分子认为只有马克思主义道路才是中国的现实选择。李大钊被誉为"中国大地上第一个举起社会主义大旗的人"，他曾发表一系列宣传马克思主

---

① 陈独秀. 通信 [J]. 新青年, 1917, 2 (5): 4.
② 陈独秀. 袁世凯复活 [J]. 新青年, 1916, 2 (4): 2.
③ 李大钊. 李大钊文集: 上卷 [M]. 北京: 人民出版社, 1984: 80.

义思想的著作，如《庶民的胜利》《布尔什维主义的胜利》等，提出中国革命的前途必须是社会主义。与五四运动以前的思想相比，马克思主义立足社会实践来改造客观世界，侧重于通过革命理论来指导广大人民群众推翻封建剥削制度，实现民族独立和人民解放，从而进入共产主义社会。

　　1919年五四运动爆发，一场具有反帝反封建和争取民族独立的爱国主义性质的政治运动轰轰烈烈地展开。这一时期关于爱国主义的道德话语已然突破了传统的忠君爱国的传统伦理思想，开启了爱国主义的新境界，进入了"革命爱国主义"的新阶段。此时的爱国主义不再是传统的"天下兴亡，匹夫有责"，而是强调反对帝国主义的奴役和反抗封建军阀政府的压迫，达到"救亡图存"的目的，维护国家主权和领土完整，争取实现民族独立、人民平等自由。此外，五四运动倡导的进步、民主和科学等新思想，也包含于爱国主义当中，形成了具有重要价值的五四精神，五四精神是五四启蒙者为实现民族独立、人民解放，通过努力奋斗而留下的宝贵精神财富。

　　五四运动时期，启蒙者对传统的道德思想文化提出越来越多的质疑，从而把目光转向西方的新型的价值观念，并引入了两位"先生"，即"德先生"与"赛先生"，"我们现在认定只有这两位先生，可以救治中国政治上、道德上、学术上，思想上一切的黑暗"①，此举在思想界掀起了一场新文化运动。新文化运动以1915年9月创办的《青年杂志》（1916年9月第二卷改为《新青年》）为阵地，提出了"民主和科学"的口号，对传统文化进行了全面反思和批判。"近代欧洲之所以优越他族者，科学之兴，其功不在人权说下，若舟车之有两轮焉……思想言论之自由，谋个性之发展也。"② 在新文化运动的倡导者看来，民主和科学是解决当时中国社会问题的最好的思想武器。而启蒙者提倡的"民主"不仅是指建构现代化的资产阶级的政治制度，更主要的是提倡个性解放的民主思想观念。这种民主思想是一种注重将人民群众放在最重要的位置、认为人民群众的利益高于一切、使人的主体地

---

　　① 陈独秀.本志罪案之答辩书［J］.新青年，1919，6（1）：16-17.
　　② 陈独秀.敬告青年［J］.青年杂志，1915，1（1）：6.

位得以彰显的民本思想，其核心是人权，提倡法律面前人人平等的权利。陈独秀在《敬告青年》一文中说："我有手足，自谋温饱；我有口舌，自陈好恶；……盖自认为孤立自主之人格以上，一切操行，一切权利，一切信仰，唯有听命各自固有之智能，断无盲从隶属他人之理。"① 李大钊、胡适等人也极力宣扬个性解放。他们主张以西方价值观念改造中国传统社会的各个层面，"举一切伦理、道德、政治、法律、社会之所向往，国家之所祈求，拥护个人自由权利与幸福而已。思想议论之自由，谋个性之发展也，法律之前，个性平等也。"② 提升人民群众的道德水平和改造国家的器物设施与政治制度，都是为了促进国民思想观念的民主化和现代化。除此之外，五四时期众多知识分子也对传统婚姻制度进行了深刻的批判。李大钊在《不自由之悲剧》中对当时社会的"婚姻制度"进行深入剖析，找出了其中存在的弊端，那就是传统婚姻并不是建立在男女平等意愿基础上的，而是受到了家庭条件、金钱地位的影响，往往都是父母之命、媒妁之言，从而导致多数婚姻面临着不幸。李大钊还呼吁保障子女自由婚姻的权利，呼吁父母不要插手安排子女的婚事，以此来保持婚姻的神圣性。③ 对传统婚姻制度的抨击也是保障国民民主权利的现实表现。

　　五四启蒙者认为"科学"不仅是改造国民性的思想工具和实现近代化的物质手段保证，还是指科学的哲理思想和理性精神，即求是的态度和理性思维，是"求诸证实"的思维准则，是实现思想道德观念现代化的最重要的能量与血液。1919 年元旦，傅斯年、康白情、俞平伯创办《新潮》杂志，在《新潮发刊旨趣书》中提出："总期海内同学，去遗传的科举思想，进于现世的科学思想；去主观的武断思想，进于客观的怀疑思想；为未来社会之人，不为现在社会之人；造成战胜社会之人格；不为社会所战胜之人格。"④ 胡适也提出："科学精神在于寻求事实，寻求真理。科学态度在于撇开成员，搁起感情，只认

① 陈独秀. 敬告青年［J］. 青年杂志，1915，1（1）：2.

② 东西民族根本思想之差异［J］. 新青年，1915，1（4）：10-13.

③ 李大钊. 不自由之悲剧［M］//李大钊. 李大钊文集：上卷. 北京：人民出版社，1984：454-455.

④ 傅斯年. 新潮发刊旨趣书［J］. 新潮. 1919，1（1）：2.

得事实，只跟着证据走。"① 科学思想不再局限于传统的自然科学知识，而是一种客观的科学态度与方法，深入国民的道德人格之中。李大钊指出："古人之天经地义未必永为天经地义，而邪说淫辞，则又未必果为邪说淫辞，真理正义，且或在邪说淫辞之中。"② 陈独秀认为，"国人而欲脱蒙昧时代，羞为浅化之民也，则急起直追，当以科学与人权并重"③。"无常识之思维，无理由之信仰，欲根治之，厥为科学"④，只有通过培养科学的哲理思想和理性精神，具备求是的态度和理性思维，才能根治无常识的思维、无理由的信仰，才能实现思想观念现代化。

五四时期是破旧立新的新时期，因此道德话语体系的建立也侧重于破除传统的服从于封建社会的道德话语体系，建立符合"启蒙"与"救亡"性质的崭新的道德话语体系。其富有特色的"民主"与"科学"的道德话语，促进了国民思想观念的现代化，也为后来的革命道德时期的道德话语体系的建立奠定了深厚的思想基础，促进了中国近现代伦理思想的发展。

二、北伐战争时期的道德话语

1924 年第一次国共合作的实现加速了中国革命的步伐。经过了三年多的斗争，在全国工农群众及各个革命阶级的大力支援下，广东革命政府开始了一场以推翻帝国主义的代理人——北洋军阀的反动统治为目标的北伐战争。这是一场全中国共同参与的反帝反封建的正义革命，同时也是一场文化层面的革命。虽然五四运动后破除了传统的旧道德、旧文化，但仍然有封建残余思想存在，因此"国民革命"时期道德话语体系的建构旨在破除传统封建迷信，反对帝国主义和北洋军阀，注重对国民进行思想政治教育和道德教育，促进共产主义的革命

---

① 胡适. 介绍我的思想 [M] //欧阳哲生. 胡适：告诫人生. 北京：九州出版社，1998：2.

② 李大钊. 真理之权威 [M] //李大钊. 李大钊：文集上卷. 北京：人民出版社，1984：447.

③ 陈独秀. 敬告青年 [J]. 青年杂志，1915，1 (1)：6.

④ 陈独秀. 敬告青年 [J]. 青年杂志，1915，1 (1)：6.

道德思想观念深入中国的思想道德建设和革命实践之中。

国民革命时期，迅速发展的工农运动让中国共产党发现工人和农民是革命胜利不能缺少的重要团结力量，因此，共产党在针对工人、农民以及军队这三类不同教育对象时，本着"取得民主革命胜利"的道德话语目标，积极争取革命力量加入革命队伍，有计划、有组织、有针对性地进行思想政治教育和道德教育工作，发挥道德话语在革命战斗中的无形力量。

（一）农民阶级道德话语的建构

在国民革命时期，农村人口占全国人口的八成以上，人数上的优势直接决定了农民在民主革命中的重要地位，因此中国共产党将农民群众视为革命成功的重要力量。但因为农民的道德文化素质较低，所以要想将农民群众拉入国民革命的阵营，必须通过教育的方式来进行争取。在此过程中，中国共产党针对农民采取了不同类型的道德教育形式，显示出了强大的精神力量。

一方面开办农民讲习所和农民协会来完成对农民的思想政治教育和道德教育。为了培养农民运动的骨干和人才，从1924年7月起国民党中央执行委员会在彭湃等人的提议下，开始在广州开办农民运动讲习所，之后连续举办了六届，为广东、广西、湖南、四川等20个省、区培训了700多名农运骨干，为全国农民运动的开展做出了极大的贡献。① 1924年12月，彭湃在给中共广东区委农民运动委员会的报告中指出："这些农运骨干工作得很好，没有辜负我们对他们的培养和训练。"② 在农民运动讲习所，通过理论讲授、军事训练等课程内容来引导学员学习马克思主义基本原理、立场和方法，坚持理论与实践的结合，让学员懂得将所学理论运用到具体的革命实践之中，为这些农民骨干和人才奔赴各地领导和推动农民运动做准备。"毛泽东在广东主办的第六期农民运动讲习所，为全国20多个省区培训了300多名骨

---

① 中共中央党史研究室. 中国共产党历史：上卷［M］. 北京：中共党史出版社，2011：121.

② 中共中央党史研究室. 中国共产党历史：上卷［M］. 北京：中共党史出版社，2011：121.

干"①，为全国农村大革命提供了大量的人才储备和干部支持。对于农民协会的农民，在话语内容方面则侧重于思想启蒙，不光要激励农民群众，培养农民的自信心，还要采用通俗易懂的话语向他们宣传政治斗争和革命理论的常识，坚定他们的革命信心，进而扩大革命力量。另一方面通过召开农民代表大会、夜校上课、文艺演出、重大活动演讲等活动和发行农民刊物读物来传达思想政治教育和道德教育的具体内容。其中夜校考虑到农民阅读能力不足的问题，决定从基础抓起，教农民识字。农民刊物也细化为两种，一种是专供农民阅读的周刊，这种刊物的突出特点是趣味性强，通俗易懂；另外一种是专供运动者和社会人士阅读的月刊和丛书。对农民进行的思想政治教育，提高了农民的思想道德水平，为促进农民运动发展，为支援北伐战争做出了巨大的贡献。

（二）工人阶级道德话语的建构

建党初期，中国共产党在马克思主义思想的指导下，组织和领导工人阶级运动，开展对工人的思想政治教育和道德教育，传播国民革命理想，使得工人阶级发展壮大，成为全国重要的政治力量。中国共产党结合工人阶级本身的特点和实际发展状况对其进行了独具特色的宣传教育，以"摆事实，讲道理"的方式来引导工人阶级建立自己的组织，提升阶级觉悟，用斗争的形式对抗剥削。

一方面，中国共产党鼓励工人阶级维护自身正当权益，主张进行劳工立法运动，追求平等的政治权利，支持和鼓励工人阶级通过罢工等合法运动来反抗帝国主义和封建主义。在中国共产党的领导下，五卅运动将上海作为起点，以"枪击顾正红"事件为导火索开始爆发。五卅运动冲破了长期笼罩在全国范围内的沉闷的政治氛围，严重地打击了在中国肆虐的帝国主义，极大地提高了工人的思想道德觉悟，加速推动了全国革命进程。另一方面，中国共产党激发工人阶级的反帝爱国热情，引导工人树立追求国家独立的伟大理想。在此思想的引导下，工人阶级为北伐战争的胜利做出了巨大的贡献。北伐军出师时，广东工农群众掀起了一个支援前线的运动。省港罢工工人组织了 3000

---

① 肖效钦．中国革命史新编［M］．济南：山东人民出版社，1986：144．

多人的运输队、宣传队、卫生队，冒暑随军出征。在国民革命军到达海丰、陆丰时，以工人、农民为主体的平民救国团，自愿组织了欢迎革命军的活动，为国民革命军送上了酒肉饭菜，表达广大人民群众的热情与支持，并且在后来平定杨、刘叛乱时，海丰、陆丰等地的农民在当地中央地委的领导下，组织了侦察队、救护队、交通破坏队等，踊跃参与部队作战。① 工人阶级大力支援国民革命，用行动和事实证实了中国工人阶级革命意识的觉醒和思想道德文化的提升，表明工人阶级是中国革命不可或缺的中坚力量，中国共产党对工人阶级的教育取得了成功。

（三）国民革命军道德话语的建构

在国民革命时期，具备理性革命精神、良好的军事素质和道德文化水平的国民革命军是国民革命取胜的重要条件。中国共产党通过宣扬极具感召力的"团结就是力量""联合就是幸福"等内容，对革命队伍进行革命思想的传播，促进革命军队强大力量的发挥。国民革命时期，革命军队主要经历了黄埔军校、作战两个不尽相同的发展阶段，至此党的思想政治教育和道德教育工作正式转移到军队和战争当中。

黄埔军校时期，中国共产党注重培养学生的革命思想，使用了丰富多彩的思想政治教育和道德教育话语形式，既有文本话语形式，又有实践话语形式，成效显著。在文本话语形式方面，其中较有代表性的就是发行刊物。根据相关数据统计，仅在 1926 年 4 月至 1926 年 11 月 8 个月的时间内，日报、文集、丛书等宣传品的发行数量已经超过一千万份，发行范围遍布全国。其中较为出名的刊物《黄河日刊》，发行量高达几万份，该刊物不仅对反帝国主义侵略、反封建军阀势力压迫的革命思想具有重要的传播价值，同时也对传播先进的社会主义和三民主义思想起到了重要作用。在实践话语形式方面，黄埔军校采用了上政治课、举办报告会、组织政治讨论会、设置"政治问答箱"等多种形式②。上政治课是主要的思想政治教育话语形式，不仅进行了课程

---

① 中共中央党史研究室．中国共产党历史：上卷［M］．北京：中共党史出版社，2011：140.

② 中共中央党史研究室．中国共产党历史：上卷［M］．北京：中共党史出版社，2011：176.

计划的制定，同时不断地完善授课机制，将考核纳入政治课。比如《政治训练班训练纲要》中明确记录了帝国主义侵略史的内容和帝国主义解剖的内容，教授学生学习基本的理论知识，培养学生的政治意识和革命精神。① 另外，学校还将思想政治教育和道德教育渗入学生的日常行为之中，学生们每天传唱带有"卧薪尝胆""努力建设中华"和"以血洒花"歌词的校歌，这样不仅有利于坚定他们的革命信心，还有助于培养他们不怕困难、不惧生死的革命精神。

在国民战争时期，思想政治教育和道德教育都是服务于国民革命的，其目的在于为战争的胜利塑造良好的政治环境和道德氛围。因此，在战争过程中，思想政治教育和道德教育的内容侧重于以下三点：一是阐述战争的性质和作战目的与意义。北伐战争的目的是结束军阀混战的黑暗局面，实现国家的独立统一。因此在战争过程中要不断强化革命军队对北伐战争的革命性质认识，激发革命军队的革命斗志，稳定军心。1926 年 10 月在共产党的帮助下，国民军制定了《国民军联军政治工作大纲》，对国民军思想政治教育和道德教育的教育工作任务和目的做出了明确规定："我们实行政治训练，为的就是使每个兵士都能彻底了解政治的意义，战争的目的……成为有觉悟的为中国自由独立而奋斗的战士，这种工作是取得胜利之保证。"② 培养他们不怕困难、不怕牺牲的奋斗精神，使兵士们明白参加战争的意义，让他们理解他们所做的一切都是正义的，是为自己和中国同胞谋幸福的。因此，为了为中国人民谋幸福、为中华民族谋复兴的理想目标，就算忍受着艰难苦痛，就算面对强大的帝国主义及军阀的压迫也永不退缩，勇往直前以取得革命的胜利。③ 二是要发挥中国共产党党员的先锋模范作用，建立一支真正属于人民的军队。1926 年 5 月，以叶挺为团长的第四军独立团在广州与中国共产党广东区委军事部长周恩来召开了独立团连

① 中共中央党史研究室.中国共产党历史：上卷［M］.北京：中共党史出版社，2011：175.
② 肖裕声.中国共产党军队政治工作史［M］.北京：军事科学出版社，2015：87.
③ 肖裕声.中国共产党军队政治工作史［M］.北京：军事科学出版社，2015：88.

以上党员干部会议，周恩来在会议上告诫大家："独立团要加强党的领导，加强政治工作，注意发动群众，团结友军。并勉励共产党员在战斗中起先锋模范作用"①。在后来的战争中，正是在此番话的鼓舞下，独立团在北伐各次战斗中所向披靡、威震全国，成为百战百胜的北伐先锋。中国共产党党员在战争中所展现出来的"不怕牺牲""吃苦耐劳"的先锋模范作用是北伐战争胜利的重要原因，也正是在此精神的鼓舞下，国民革命军在战争中取得了无数次的胜利。三是促进军民保持和谐友好的社会关系，赢得国民的支持。为此，在面向士兵的话语内容中明确指出"禁止拉夫""禁止筹饷""禁止霸占民房"等，这些口号用以警醒士兵。同时，将"不能打骂百姓""不能奸淫妇女"等严明的话语纳入纪律教育当中，以规范士兵的行为。② 共产党还教唱《国民革命歌》《军民歌》《杀贼歌》，以拉近士兵与民众间的距离。总之，在军队中制定详细清晰的思想政治教育内容，通过有针对性的思想政治教育话语将军队中无形的精神力量转化为战时强大的作战力量，提高了整个军队的战斗力，为战争提供了强有力的支持。

北伐战争时期，革命道德话语体系的建设对提升农民文化素质，促进传播马克思主义深入农民思想有重要的指导意义；对鼓舞工人阶级开展工人运动，展现反帝爱国热情有重要的实践意义；对加强军队建设，加快中国革命进展有重要的理论意义。

三、土地革命时期的道德话语

1927 年大革命失败后，中国共产党紧急召开了八七会议，在会议中提出要坚决纠正党过去的错误，确立了实行土地革命和武装起义的方针，从此中国革命进入了一个新阶段。土地革命是中国共产党独立领导政治政权开展革命斗争的一个伟大转折点，因此这一时期道德话语体系的建设主要是围绕土地革命和中国共产党独立领导武装斗争而展开的。一方面通过思想教育工作来保证土地革命的顺利进行；另

---

① 中共中央党史研究室．中国共产党历史：上卷［M］．北京：中共党史出版社，2011：168.

② 中共中央党史研究室．中国共产党历史：上卷［M］．北京：中共党史出版社，2011：189.

一方面，在中国共产党领导的武装斗争中，形成了富有特色的井冈山精神、长征精神等伟大的革命道德精神财富。

（一）土地革命时期道德话语建构的基本路径

土地革命时期，革命陷入低潮，面对白色恐怖，革命前途渺茫，国内恐惧消沉情绪蔓延，再加上国民党的疯狂围剿，革命力量骤减。毛泽东在《中国社会各阶级的分析》的开篇就提到"谁是我们的敌人？谁是我们的朋友？这个问题是革命的首要问题"①，毛泽东在文中对中国社会各阶级进行了深入而精辟的分析，指出赢得革命胜利的关键在于找到可以团结的革命力量，占中国人口绝大多数的就是农民，这也是中国共产党可以争取的最好群众队伍。

由于受到封建社会地主阶级的剥削和近现代社会帝国主义的残害，农民阶级封建思想浓厚，道德文化水平较低，毛泽东在《湖南农民运动考察报告》中就深刻指出，"中国历来只是地主有文化，农民没有文化"，"中国有百分之九十未受文化教育的人民，这个里面，最大多数是农民"②。因此要想提高农民群众的思想认识水平，就必须对农民进行思想教育。1929年12月，毛泽东在《关于纠正党内的错误思想》中明确指出："红军的打仗，不是单纯地为了打仗而打仗，而是为了宣传群众、组织群众、武装群众，并帮助群众建设革命政权才去打仗的。"③这不光是打仗的意义，更是中国共产党组织建立革命军队的意义。因此，中国共产党对贫雇农和中农在政治、经济、文化、军事等方面进行了一系列宣传教育活动，组织群众建立农村革命根据地，以促进土地革命的发展。土地革命时期，党对农民进行的农民思想道德教育主要通过以下两个方面进行：

第一，对农民群众进行马克思主义基本原理、观点等方面的教育，对其中的具体范畴进行解读。由于中国两千多年封建社会实行的是自给自足的经济形式，农民的道德文化水平普遍较低，阶级意识十分淡薄，这在很大程度上阻碍了土地政策的执行以及马克思主义理论的传

---

① 毛泽东. 毛泽东选集：第一卷［M］. 北京：人民出版社，1991：3.
② 毛泽东. 毛泽东选集：第一卷［M］. 北京：人民出版社，1991：39.
③ 毛泽东. 毛泽东选集：第一卷［M］. 北京：人民出版社，1991：86.

播。为此，中国共产党开始在革命根据地大量编译出版马克思和列宁的著作，不仅加强对党内党员的影响，更将影响的范围扩展到了党外农民的身上。而针对农民文化水平较低的现状，中国共产党在农村开设农村理论课堂，以通俗易懂的语言表达来阐明马克思主义所蕴含的深刻道理，并通过"全世界无产阶级联合起来""共产党是替工农谋利益的政党""红军是工农的子弟兵"① 等标语，以简洁直白的方式生动形象地将马克思主义基本理论以农民群众容易理解的话语形式表达出来，向农民宣传马克思主义的基本观念，以生动鲜明的实例向农民传播革命道理，帮助农民群众不断加深对革命斗争的理解与认同。正如毛泽东所说："很简单的一些标语、图画和讲演，使得农民如同每个都进过一下子政治学校一样，收效非常之广而速。"② 标语是土地革命时期对农民进行思想教育最有效的手段之一，也是这一时期道德话语传播的重要途径。为了强化农民的阶级意识，中国共产党通过不同方式向农民灌输阶级斗争观念，宣传革命思想。《工农读本》第四册第九十七课《肃清封建观念》中写道："封建观念是豪绅地主阶级统治工农阶级的一种工具，它将会阻碍工农阶级革命意识的觉醒，淡化阶级意识观念，麻痹工农阶级的头脑，因此每一个参与革命的工作者都应该抛除脑中的封建残余，树立坚定的阶级意识。"③ 通过种种宣传教育方式，破除封建观念，唤醒农民的阶级意识，为革命政权的建立奠定坚实的群众基础。

第二，对农民群众进行道德文化教育。土地革命时期，革命根据地的农民绝大多数都是文盲或者半文盲，这给党的政策和革命思想的宣传带来了严峻挑战。做好农民的文化教育，不仅关系到苏维埃政权的巩固，更关系到革命的胜利。从土地革命开始，"苏维埃政府便通过给予群众政治上的政策支持与物质条件上的可能帮助等各种方法来提高工农的文化水平；因此，现在的苏维埃区域……已经在加速度地进

---

① 中共中央党史研究室. 中国共产党历史：上卷［M］. 北京：中共党史出版社，2011：257.
② 毛泽东. 毛泽东选集：第一卷［M］. 北京：人民出版社，1991：35.
③ 袁征. 中央苏区思想政治工作研究［M］. 南昌：江西高校出版社，1999：161-162.

行文化教育了。"① 从小生于农村、长于农村的毛泽东也提出要通过思想文化教育工作来提升群众的政治和文化水平。为了扫除文盲，提高农民的文化水平，中国共产党在农村革命根据地创设了各种文化教育组织形式，例如，夜校、半日学校和业余补习学校等，通过课堂教学以及课本知识内容学习，来开展教授革命道理、传播革命思想、提升农民的文化水平和阶级觉悟等工作。② 此外，学校还注重开展调动农民革命热情的革命理想信念教育和爱国主义教育。农民作为中国绝大多数的群体，是中国革命所必须争取的革命力量，调动农民的革命热情，建立属于人民的革命政权是中国革命取得胜利的重要手段。

（二）"井冈山精神"是土地革命时期道德话语建构的重点内容

1927 年 10 月，毛泽东率领秋收起义的部队到达井冈山，开始在井冈山创建革命根据地，次年四月，朱德、陈毅率南昌起义余部和湘南农军抵达井冈山，与毛泽东成功会师。在领导井冈山革命斗争过程中，以毛泽东、朱德为代表的老一辈无产阶级革命家，用鲜血和生命培育了伟大的井冈山精神。2001 年 6 月初，江泽民同志到江西考察时完整地表述了"井冈山精神"的内涵："坚定信念、艰苦奋斗、实事求是、敢闯新路，依靠群众和勇于胜利是井冈山精神的核心内容。"

井冈山革命斗争时期，面对敌人严密的经济封锁，共产党人面临着物资严重匮乏的社会环境。毛泽东在《井冈山的斗争》中对此有详细的记录："现在全军五千人的冬衣，有了棉花，还缺少布。这样冷了，许多士兵还是穿两层单衣。"③ 但以毛泽东、朱德为首的中国共产党人不仅勇敢面对，还培养了军队特别能吃苦、积极乐观的品质，形成了"自力更生，艰苦奋斗"的伟大实践精神。在井冈山建设革命根据地的岁月中，红军官兵一起吃苦，经常吃红米饭南瓜汤，干部们则更加吃苦耐劳，为了节省用油，毛泽东晚上办公只点一根灯芯。在步

---

① 江西省教育学会. 苏区教育资料选编（1929—1934）［Z］. 南昌：江西人民出版社，1981：43-44.

② 杨素稳，李德芳. 中国共产党农村思想政治教育史［M］. 北京：中国社会科学出版社，2007：74.

③ 毛泽东. 毛泽东选集：第一卷［M］. 北京：人民出版社，1991：65.

云山，毛泽东也是先带头开始吃野菜，为将士们树立了一个良好的榜样。彭德怀在《彭德怀自述》中写道："不知我军第一军团这些英雄怎样爬上这些悬崖峭壁，投掷炸弹炸死敌人。"① 在这样的境况中，中国共产党人正是依靠艰苦奋斗、自力更生的精神，团结井冈山军民，克服困难，渡过了一个又一个难关。

毛泽东之所以选择井冈山作为根据地，很大一部分原因就是中国共产党在这个地区的群众基础较好，受到人民群众的拥护和爱戴。因此在井冈山革命斗争时期，中国共产党十分注重联系群众，依靠群众，并为人民群众谋利益。1927 年底，毛泽东规定部队必须执行打仗消灭敌人、打土豪筹款子、做群众工作三项任务，这三项工作任务的执行，有利于人民军队的建设，还有利于处理军民关系。1928 年 4 月，毛泽东在总结中国共产党在井冈山革命根据地这几个月来的工作经验后，提出部队必须执行三大纪律、六项注意，后来又发展成三大纪律、八项注意。三大纪律、八项注意的提出，有利于扫除军队中的不良影响和习气，维护人民利益，正确处理军民之间的关系，通过执行严格的纪律政策，促进人民军队的建设，得到广大人民群众的衷心支持。

井冈山精神不仅是中国革命精神的谱系之源，鼓舞一代又一代中国共产党人为党和人民的事业前赴后继，更是土地革命时期革命道德话语体系的核心所在，表现出了强大的精神动力，是中国共产党宝贵的精神财富。

（三）"长征精神"是土地革命时期道德话语建构的核心内容

1934 年，中央红军在根据地内粉碎国民党军队的第五次"围剿"失败，红军被迫长征，先后展开了四渡赤水河、巧渡金沙江、强渡大渡河、翻越夹金山等大大小小三百余次的战斗，红军走过人迹罕至的草地，翻过千山万水，中国工农红军三大主力最终于 1936 年 10 月在甘肃省会宁地区会师，宣告长征胜利结束。在这两万五千里长征路上，形成了不同以往的革命精神，它是中国红军在弹尽粮绝，在敌人的重重"围剿"，在恶劣的自然环境挑战下形成的革命理想和坚信正义事业

① 彭德怀. 彭德怀自述［M］. 北京：人民出版社，2007：205.

必然胜利的信念，不畏惧任何艰难险阻，不怕牺牲一切，紧紧依靠人民群众，同人民群众生死相依、患难与共、紧密团结的革命精神。① 长征精神是中华民族百折不挠、自强不息民族精神的最高体现，为中国红军长征取得胜利提供了强大的精神动力。长征精神也就成为土地革命时期道德话语的重要组成部分。

坚定的理想信念是红军翻越千山万水，战胜敌人的力量源泉。气吞万里的二万五千里长征，红军历经了数不清的艰难险阻，中国共产党不光要面临革命队伍人员匮乏，自然环境恶劣，物资短缺等问题，还要冲破来自国民党反动派的飞机轮番侦察轰炸的封锁线。但是凭着对革命理想的执着追求，对革命事业必胜的坚定信念，中国红军战胜了这些困难。红军战士吴兴回忆说："我们翻越了一座又一座雪山，我想我们这些人也许永远翻不过这些山了，没有什么希望了。但我坚信，就算我们没有翻过去，中途倒下了，革命失败了，但我们下一代也一定会接下我们未完成的事业，继续勇敢地走下去。我相信，革命终将胜利。"② 中国共产党人保持着坚定的革命理想信念，他们相信革命终将胜利，所以他们不惧生死，满怀希望。因为红军保持着"一不怕苦，二不怕死"的革命奋斗信念，因此不管是面对恶劣的自然环境，还是面对敌人的围追堵截，红军都保持着大无畏的英雄气概。毛泽东在1935年10月率领红军越过岷江后，满怀豪情地写了一首《七律·长征》，诗中"红军不怕远征难，万水千山只等闲"写出了红军不怕困难、勇敢顽强的革命精神。他们相信中国革命必将取得胜利，所以保持着坚定的革命信念，不断克服困难，战胜敌人。

全心全意为人民服务是中国共产党领导红军取得长征胜利的根本保证，长征精神中蕴含着与人民生死与共、同甘共苦的深刻内涵。长征途中，虽然环境十分恶劣，生活极其困难，但红军仍坚持全心全意为人民服务。他们以自己的实际行动赢得了广大人民群众的支持与拥护，使中国共产党和人民军队与各民族之间结下了深厚的鱼水情谊。

---

① 习近平. 在纪念红军长征胜利80周年大会上的讲话 [R/OL]. 学习强国网，2016-10-21.

② 龙子军. 红军精神 [M]. 北京：北京出版社，2005：3.

毛泽东曾提出要将中国共产党维护人民群众利益的有效政策坚持下去，将与人民群众利益相矛盾的政策方针加以修正调整，只有这样，中国共产党的政权建设才能时刻保持生命力。在长征途中，红军战士们在行动中始终保持中国共产党的初心，坚决做到不拿人民群众的一针一线。① 在长征途中，红军战士用自身的言行和钢铁般的纪律，赢得了群众的拥护和支持。为了保护群众的生命财产安全，红军战士甘愿献出自己的衣物，甚至甘愿牺牲自己的生命。② 中国共产党将为人民服务的理念和宗旨践行到日常行为之中，促进了道德话语的传播。

土地革命是中国共产党历史上一次伟大且正确的决策，为我们留下了宝贵的精神财富，其深深地融入中国革命时期的伦理思想之中，成为建设革命道德话语的丰富养料，成为鼓舞和激励中国人民不断攻坚克难、走向胜利的强大精神动力。

四、抗日战争时期的道德话语

1937 年 7 月 7 日，日本挑起卢沟桥事变，中国军民一体，奋起抵抗，掀起了全民族抗战的高潮。这一时期革命道德话语体系的建设主要是围绕全国人民同心协力，共同取得中国革命胜利而进行的，抗日战争时期产生了一批不怕牺牲、奋勇抵抗的革命英雄，他们发挥道德典范的作用，进一步发扬了革命英雄主义精神和革命乐观精神，铸就了延安精神等宝贵的革命道德财富，这些道德成果对中国革命时期道德话语体系的建构具有深远意义。

（一）党的思想建设是抗日战争时期道德话语建构的重要保障

人民群众是中国革命实践的主体，因此为了实现革命胜利，就必须密切联系人民群众。毛泽东在《论联合政府》中指出："和最广大的人民群众取得最密切的联系是我们共产党区别于其他任何政党的又一

---

① 中共中央党史研究室．中国共产党历史：上卷［M］．北京：中共党史出版社，2011：363.

② 中共中央党史研究室．中国共产党历史：上卷［M］．北京：中共党史出版社，2011：378.

个显著的标志。"① 因此，要想和群众保持密切联系，就必须全心全意为人民服务。"中国共产党在全心全意为人民谋利益的过程中，可能会因为各种各样错综复杂的因素，发生一些缺点和错误，有了缺点和错误就应该进行认真的批判和自我批评，加以纠正。"② "共产党人必须随时准备坚持真理，因为任何真理都是符合于人民利益的；共产党人必须随时准备修正错误，因为任何错误都是不符合于人民的利益的。"③只要我们坚信人民群众的无穷力量，依靠人民；坚持使用普遍真理，发扬批判与自我批评的优良作风，及时修正错误，那么我们就不会畏惧任何困难，我们就能压倒所有敌人，就能促进中国共产党的发展和进步。

批评和自我批评，是解决党内矛盾、克服消极因素、增强党的团结和战斗力的重要武器。毛泽东指出："有无认真的自我批评，这是我们和其他政党互相区别的显著的标志之一。"④ 中国共产党开展整治工作时要注重保持自身的纯洁性，通过培养中国共产党党员"内不欺己、外不欺人"的内在人格，做到"流水不腐，户枢不蠹"。他进一步阐明了中国共产党能够坚持和发扬批评与自我批评作风的原因：中国共产党所领导的革命战争是为中国人民谋幸福，为中华民族谋复兴的正义战争，将中国广大人民群众的根本利益作为革命工作的出发点，中国共产党党员始终保持坚定的革命信念，不怕困难，不畏牺牲，为实现中华民族伟大事业而艰苦奋斗。因此，为了革命的胜利，为了人民的幸福，为了逝去的先烈，我们必须改正自己的错误，坚持批评和自我批评的方法，净化党内道德环境。⑤

在中国共产党自身的建设中，毛泽东把批评和自我批评的方法，广泛地运用到党的政治生活和组织生活的各个方面。为了及时纠正党内存在的错误，中国共产党 1941 年 5 月正式开始了整风运动，毛泽东在《整顿党的作风》中明确提出："整风运动的主要内容就是反对主观

---

① 毛泽东．毛泽东选集：第三卷 [M]．北京：人民出版社，1991：1094.
② 毛泽东．毛泽东选集：第三卷 [M]．北京：人民出版社，1991：1095.
③ 毛泽东．毛泽东选集：第三卷 [M]．北京：人民出版社，1991：1096.
④ 毛泽东．毛泽东选集：第三卷 [M]．北京：人民出版社，1991：1096.
⑤ 毛泽东．毛泽东选集：第三卷 [M]．北京：人民出版社，1991：1096-1097.

主义以整顿学风，反对宗派主义以整顿党风，反对党八股以整顿文风。"① 时代虽然在变化，但是坚持"惩前毖后，治病救人"一直都是进行政党建设所坚持的指导方针，通过实行团结—批评—团结的原则，以科学的态度解决党内存在的思想问题。此次整风运动，及时克服和纠正了党内各种非无产阶级思想，保持了党的团结和统一，保持确立了党的优良传统与作风。

（二）延安精神是抗日战争时期道德话语建构的重要内容

延安精神是中国共产党人在延安时期形成的一种革命精神，是以毛泽东为代表的中国共产党人将马克思主义科学理论与中华民族优秀传统文化相结合所形成的奋勇前进、不畏困难、积极向上的时代精神。

延安精神的一个重要表现就是民主精神。抗日战争时期，国内国外的人们不仅把延安看作"革命圣地"，还称之为"民主摇篮"。当时，中国人民遭到了日本法西斯的野蛮侵略，忍受着身体和心灵的双重摧残，甚至惨遭凌辱杀戮，连基本的生命权都无法得到保障，更谈不上享受民主、自由的政治权利，而生活在国民党统治区的人民，同样忍受着以蒋介石为首的官僚买办资产阶级的法西斯统治，依旧没有民主、自由的政治权利。唯独在共产党领导下的延安和各抗日根据地，人民才享有平等自由的政治权利。中国共产党积极进行新民主主义政治建设，着力创建民主模范政府。边区在创建民主模范政府过程中，创立了一种崭新的政治体制——"三三制"政权，发扬了人民当家作主的精神②，给人民以充分的、广泛的民主自由权利。为保障人民的基本民主权利，发展新民主主义政治，边区还专门制定了《陕甘宁边区抗战时期施政纲领》，以"保障人民言论、出版、集会、结社、信仰、居住、迁徙与通信之自由，扶助人民抗日团体与民众武装之发展，提高人民抗战的积极性"③。那时，在中国共产党所组织建立的抗日根据地内，民主、平等、自由的社会氛围获得了广大人民群众和各大革命阶

---

① 毛泽东. 毛泽东选集：第三卷［M］. 北京：人民出版社，1991：812.

② 中共中央党史研究室. 中国共产党历史：上卷［M］. 北京：中共党史出版社，2011：378，495.

③ 中共中央文献研究室，中央档案馆. 建党以来重要文献选编：第一卷［M］. 北京：中央文献出版社，2011：133-134.

级的强烈支持。正是这种民主精神，使得中国共产党在如此艰苦的条件下，依然奋勇向前，团结战斗，克服困难，夺取胜利。

延安精神的核心内容就是为人民服务，全心全意为人民服务是中国共产党从事一切工作的根本出发点和最终落脚点，这也是这一时期中国道德话语的重要基础。毛泽东指出："共产党人的一切言论行动，必须以合乎最广大人民群众的最大利益，最广大人民群众所拥护为最高标准。"① 1946年，美国纽约《先锋论坛报》记者斯蒂尔访问延安后深有感触地说："延安的访问之旅，在我的脑海留下了深刻的印象，其中有三件事让我记忆犹新，备受感动。其中一件事就是我在延安期间货真价实地感受到了中国共产党常说的'为人民服务'。"他用亲身体验和切身感受，说出了中国共产党之所以能够取得革命成功的奥秘，道出了延安精神最为核心的本质。延安时期，我们党正是靠这种"为人民服务"的精神赢得了广大人民群众的拥护和支持，从而促使中国革命队伍的扩大，革命力量的增强。

（三）抗日战争时期道德话语建构的伦理价值

在抗日战争过程中，无数的革命英雄立志于将亿万同胞从水深火热之中拯救出来，立志于为中华民族谋复兴，因而无畏牺牲，不怕困难，无私奉献，甚至可以为抗日战争胜利付出生命的代价，为后人树立了光辉的道德典范。在这个过程中，党十分注重发挥道德典范在革命道德话语建设中的重要作用，净化道德环境，促进积极向上的道德话语的传播。抗日战争时期，党主要是通过以下几个方面发挥道德典范作用的：

第一，提倡为人民服务的革命精神。毛泽东在《为人民服务》中提出："人固有一死，或重于泰山，或轻于鸿毛。为人民利益而死，就比泰山还重；替法西斯卖力，替剥削人民和压迫人民的人去死，就比鸿毛还轻。"② 牢固树立为人民服务的意识，提升道德觉悟，是一个人社会价值实现的最高体现。白求恩作为一名优秀的外科医生，通过高超的医术救活了无数条生命，在晋察冀边区工作的一年中，展现出了

---

① 毛泽东 . 毛泽东选集：第三卷［M］. 北京：人民出版社，1991：1096.
② 毛泽东 . 毛泽东选集：第三卷［M］. 北京：人民出版社，1991：1094.

伟大革命精神，成为一名优秀的道德楷模。1939 年 11 月 1 日，白求恩在为伤员施行急救手术时感染了致命病菌，他深知自己的病情，却不肯休息，当天急行军赶往史家庄，11 月 2 日检查 200 多个伤员，11 月 3 日做手术 13 例……11 月 8 日病情进一步恶化，直至 1939 年 11 月 12 日，伟大的共产主义战士白求恩在河北省唐县逝世。① 他为中国抗日革命呕心沥血，甚至为中国革命付出生命，在他死后，毛泽东还亲手写了《纪念白求恩》来赞美他的高尚道德情操："白求恩同志是一个高尚的人，一个纯粹的人，一个有道德的人，一个脱离了低级趣味的人，一个有益于人民的人。"②

　　第二，发扬革命乐观精神。抗日战争时期，中国人民处于极端危险和极度困难的境地，但他们从不畏惧，因为他们坚持革命乐观精神，坚信抗日战争必胜，坚信社会主义是中国革命的必然趋势。著名美国作家埃德加·斯诺在《西行漫记》中曾这样描述过红军的革命乐观精神："这些千千万万青年人的经久不衰的革命热情、始终如一保持革命会取得胜利的希望、令人惊诧的革命乐观情绪，像一把烈焰，贯穿着一切，让他们不论在人类面前，或者在大自然面前，上帝面前，死亡面前都绝不承认失败。"③ 正是因为他们满含革命乐观精神，才让他们不惧挫折艰险、不惑寸利小益，即使是在严重的困难和挫折面前，也始终坚持积极进取的强健心态，奋勇向前。革命乐观主义是指中国共产党基于对社会发展规律的科学认识，在战争中展现出对中国革命胜利的十足信心，是战争时期以毛泽东为首的中国共产党人的世界观和人生观的生动写照。在抗日战争初期，毛泽东在《论持久战》一文中指出："虽然我们在军力、经济力和政治组织力各方面都没有敌人强大，但我们所领导的革命战争是正义的，中国社会是在向前进步的，这同日本帝国主义的没落状态是相反的对照，所以战争的最后胜利必将属于中国而不属于日本。"④ 他们清楚地知道，中国革命终将获得胜

---

① 毛泽东．毛泽东选集：第二卷［M］．北京：人民出版社，1991：659.
② 毛泽东．毛泽东选集：第二卷［M］．北京：人民出版社，1991：660.
③ 埃德加·斯诺．西行漫记［M］．董乐山，译．北京：生活·读书·新知三联书店，1979：164.
④ 毛泽东．毛泽东选集：第二卷［M］．北京：人民出版社，1991：450.

利，在他们眼中，永远闪烁着胜利的光芒。革命事业的伟大正义性和光明前途激励着他们始终保持乐观进取、坚韧不拔的精神状态。

第三，保持大无畏的革命英雄主义气概。用革命英雄人物的光辉事迹来教育军队，促进军队良好风尚的形成，是中国革命时期道德话语建设的重要成果。中央军委原总政治部发出《关于注意提倡鼓励英雄的指示》进一步强调："人民军队在敌后坚持抗战已经进入到第六年，许多八路军、新四军的英雄们不论是在战争过程中，还是在平常的学习和生活中都做出了许多惊天动地可歌可泣的英雄事迹。"[1] 并要求："各战略单位政治机关，应很踏实地去发现这些英雄，编成生动的通讯，电告延安新华社，同时在本地深入宣传。"[2] 各地为了响应号召，通过群众选举，推选出了一大批道德楷模，并在此思想的鼓舞下，不断涌现出可歌可泣的英雄事迹和英雄人物，为中国革命的胜利做出了不可磨灭的贡献。刘胡兰因叛徒出卖被捕，拒绝投降，从容走向铡刀，光荣牺牲，毛泽东听此消息后，专门为刘胡兰题字："生的伟大，死的光荣"；董存瑞左手托起炸药包，右手拉着导火索，用生命开启了一条胜战通道；杨靖宇在冰天雪地、弹尽粮绝的情况下，仍然孤军奋战几个昼夜，与大量日寇周旋，壮烈牺牲。这些革命先烈用生命为中国铺了一条光明大道。1944 年 7 月 7 日，朱德发表了《八路军新四军的英雄主义》，他在文中阐述，革命英雄主义是"视革命的利益高于一切，对革命事业有高度的责任心和积极性，以革命之忧为忧，以革命之乐为乐，赤胆忠心，终生为革命事业奋斗，而不是斤斤于个人打算；为了革命的利益的需要，不仅可以牺牲自己某些利益，而且可以毫不犹豫地贡献出自己的生命"[3]。革命英雄主义就是视革命利益高于一切，勇于面对一切困难，战胜一切敌人，发挥"一不怕苦，二不怕死"的革命精神，奋勇向前，终生为革命事业而奋斗，敢于牺牲、乐于奉献。革命英雄主义是中国军人战胜敌人强大的思想武器，是对自己神圣职

---

① 肖裕声. 中国共产党军队政治工作史［M］. 北京：军事科学出版社，2015：808.

② 肖裕声. 中国共产党军队政治工作史［M］. 北京：军事科学出版社，2015：809.

③ 朱德. 朱德选集［M］. 北京：人民出版社，1983：117.

责的根本态度，是巩固国防和建设强大军队的巨大动力，是中华民族精神的重要体现。

抗日战争的胜利，是中国近百年来第一次取得完全胜利的革命战争，表现出了中华民族不怕苦、不怕死的革命精神，促进了中华民族的空前觉醒，是中国革命历史上的一次伟大转折。

五、解放战争时期的道德话语

1945 年 8 月 15 日，日本侵略者终于低下了罪恶的头颅，但是国民党很快就以内战炮声打碎了人民和平的梦想，中国共产党毅然举起"以革命战争反对反革命战争"的旗帜。党中央于 1949 年 3 月在西柏坡召开党的七届二中全会，该会的召开不仅对迎接中国革命在全国范围内的胜利有重大意义，还对推动新中国的建设具有重要的指导作用。这一时期革命道德话语的建设将西柏坡精神作为核心内容而展开，体现了人民群众反对内战、希望和平民主的革命愿望，体现了中国共产党人敢于斗争、敢于胜利的革命进取精神和戒骄戒躁的谦虚作风以及艰苦奋斗的优良作风。

（一）解放战争时期道德话语建构的实践要求

1945 年 8 月，中国抗日战争取得胜利，实现和平民主建国是亿万中国民众所望的民主政治目标，人民一致希望结束从前政治动荡，战乱纷争的局面，实现和平建设新中国。"现在的情况是，我国抗日战争阶段已经结束，进入了和平建设阶段。全世界包括欧洲、东方，都进入了和平建设的阶段。第三次世界大战目前不会爆发是肯定的。"[①] 但是 1946 年 6 月在美国的干预下，国民党反动派悍然撕毁停战协定，发起了反民主的全面内战，中国共产党和人民奋起反击。为了实现真正的和平民主，中国共产党领导人民军队开始了奋勇顽强地反击，最终获得胜利，全国人民得到解放。

在和平民主革命愿望的引导下，全国范围内出现了反内战的革命思潮。1946 年 5 月，李济深发表谈话，"内战应该立即停止，广大人民

---

① 毛泽东. 毛泽东选集：第四卷 ［M］. 北京：人民出版社，1991：4.

希望的是和平"①。和平才是中国广大人民群众最急迫的真实愿望，因此国民党执意挑起内战引起了群众的严重不满。1947 年由于国统区经济状况恶化，导致物价飞涨，人民面临饥饿的威胁，因此由学生领导的反饥饿、反内战的"五二零"运动在南京爆发，之后立即得到北平学生的响应。同年 5 月 16 日，清华大学学生自治会宣布，5 月 17 日为反饥饿、反内战罢课一天，从而拉开了北平学运的序幕。学生自治会发表了《反饥饿反内战罢课宣言》，"我们认为：一切的根源在于内战，在于当局的实行武力统一政策，……内战不停，当局的武力统一政策不放弃，则饥饿将永远追随着人民"②。北大学生同时发出《告平市父老书》，表示"我们觉得内战实在不应该再打下去了……要救我们自己，要不挨饿，就只有一条路——反对内战，我们要求立即停止内战，立即成立民主的联合政府，这样，我们老百姓才有饭吃，才不会继续受苦！"宣言最后呼吁："为了要吃饭，要生活，让我们一同来反抗内战！"③ 之后引发了全国性的学潮，高呼"反饥饿，反内战"口号，成为直接危及国民党统治的政治运动。1947 年 5 月 25 日，李济深就全国各地学潮事件发表谈话，支持青年学生的反饥饿反内战运动，认为此次运动是"本其明智之思想，加以审慎之省察"的行动。

中国共产党在马克思主义民主理论的指导下，开始在党内进行民主工作，开展了新式整军运动。毛泽东于 1948 年 1 月起草了《军队内部的民主运动》的指示，首次将军队内部的民主生活概括为政治民主、经济民主和军事民主，要求各部队有领导的放手发动群众，开展政治、经济、军事三大民主，进行三查三整，"达到政治上高度团结、生活上获得改善、军事上提高技术和战术的三大目的"④。因此新式整风运动的核心内容就是进行"诉苦""三查""三整"的政治思想教育，这也

① 中国国民党革命委员会，中央宣传部．李济深诗文选［M］．北京：文史资料出版社，1985：61.
② 中共北京市委党史研究室．反饥饿反内战运动资料汇编［G］．北京：北京大学出版社，1992：131.
③ 中共北京市委党史研究室．反饥饿反内战运动资料汇编［G］．北京：北京大学出版社，1992：139-140.
④ 毛泽东．毛泽东选集：第四卷［M］．北京：人民出版社，1991：1275.

是中国道德话语的现实性展现。

一方面，开展以"诉苦"为中心的"三查""三整"思想政治教育，是深化官兵对民主革命的认识、认清国民党反动本质的重要手段。诉苦主要经过三个步骤：引苦、诉苦和挖苦根。首先提出诉苦的重要性，提高诉苦的自觉性，其次由干部首先开始诉苦，之后动员广大战士想苦、寻苦，选择那些苦大仇深的典型人物把大家的苦都给引出来，进而开始全面诉苦。最后开始挖苦根，把个人对苦的感受上升到阶级对苦的理性认识。正如彭德怀所说："我军新老战士、干部，多数都有一本血泪史，但彼此程度不同，无法相互联系，因此不能成为同仇敌忾的阶级感情。诉苦大会普遍开展后，一个人的痛苦，就变成大家的痛苦。很自然地提高了阶级觉悟，凝结为阶级仇恨。"① 通过发动以"诉苦"为中心的思想政治教育，揭露国民党反动统治的罪恶，提高广大战士的阶级觉悟。"三查"主要是指查阶级、查工作和查斗志。"三整"主要是指整顿组织、整顿思想和整顿作风。自解放战争以来，人民解放军增添了大量的革命力量，他们大多是被俘的国民党士兵，身上还带有旧社会、旧军队的坏作风和旧思想。为了解决这个问题，朱德在 1947 年 7 月至 1947 年 9 月中央召开的全国土地会议上明确指出："我们的军队需要从思想上组织上加以整顿，需要一个查阶级查思想查作风的运动，使军队在思想上达到一致，拥护土改，组织上纯洁严密。"②

另一方面，在军队实现政治民主、经济民主以及军事民主。首先，军队政治民主是指坚持官兵平等原则，官兵同为军队的主人，享有平等的政治权利，"官兵都是阶级兄弟"，平等拥有参与国家、军队管理的权利。贺龙说"离开了阶级教育和政治民主的这个基础，整个民主是不可能健全开展的"③。其次，军队经济民主是指官兵共同参与军队经济建设，共同监督军队经济发展，避免贪污和浪费。"官兵之间不再是剥削与被剥削、压迫与被压迫的关系，而是一种同志式的平等的互

---

① 彭德怀．彭德怀自述［M］．北京：人民出版社，1981：251.

② 毛泽东．毛泽东选集：第四卷［M］．北京：人民出版社，1991：1294.

③ 贺龙．中国人民解放军的民主传统［M］．北京：人民出版社，1965：58.

助合作的关系。"① 最后，军队军事上的民主是指军队在军事训练和军队战争中的民主权利。军事上的平等有利于战时官兵充分发挥自己的军事能力，增强部队的战斗力，促进军队战胜取得革命胜利。

（二）武装斗争是解放战争时期道德话语建构的重要保障

解放战争时期，为了保护抗日战争胜利的果实，实现全国解放，中国共产党领导革命军队和国民党反动派进行了艰苦卓绝的军事斗争，最终推翻了专制、独裁的国民党反动政权，实现了人民解放的伟大事业，建立了独立自主的新中国。

解放战争初期，中国共产党所领导的革命军队不管是在军队力量上，还是在军事设备上和国民党反动派都存在着很大的差距。面对如此严峻的形势，中国共产党仍然坚持革命必胜的决心和信念，相信正义的战争必将战胜不正义的战争。毛泽东曾明确指出："蒋介石虽然有美国的援助，但是国统区的人心涣散，军队士气低落，经济状况恶化。我们虽然没有外国援助，但是人心归向，士气高涨，经济亦有办法。因此，我们是能够战胜蒋介石的。全党对此应当有充分的信心。"② 他曾十分坚定地说："虽然在中国人民面前还存在着许多困难，中国人民在美国帝国主义和中国反动派的联合进攻之下，将要受到长时间的苦难但是这些反动派总有一天要失败，我们总有一天要胜利。这原因不是别的，就在于反动派代表反动，而我们代表进步。"③ 中国共产党坚信人民解放战争的正义性，时刻保持冷静客观的头脑，向全党发出"一切反动派都是纸老虎"的伟大论断和"将革命进行到底"的伟大口号，突显了中国共产党在面对强大敌人时的毫不畏惧、永不退缩，表现出中国共产党敢于斗争、敢于胜利的革命进取精神。1948 年 12 月 30日，毛泽东在《将革命进行到底》中指出："已经有了充分经验的中国人民及其总参谋部中国共产党，一定会像粉碎敌人的军事进攻一样，粉碎敌人的政治阴谋，把伟大的人民解放战争进行到底。"④ 因此，中

---

① 陈舟．中国人民解放军民主制度的理论与实践［M］．北京：军事科学出版社，1993：118.

② 毛泽东．毛泽东选集：第四卷［M］．北京：人民出版社，1991：1187.

③ 毛泽东．毛泽东选集：第四卷［M］．北京：人民出版社，1991：1195.

④ 毛泽东．毛泽东选集：第四卷［M］．北京：人民出版社，1991：1379.

国共产党领导革命军队在力量仍然处于劣势的情况下，敢于千里跃进大别山，拉开战略进攻序幕，之后在时机成熟之际，同国民党军队进行战略决战，领导和指挥辽沈、淮海、平津三大战役，最后获得解放战争的胜利。

1949 年 3 月 23 日，毛泽东、周恩来等中央领导人离开西柏坡动身前往北平，进入北平后，中国共产党的工作任务就从革命斗争转向了社会建设。毛泽东同志在中共七届二中全会报告中满怀信心地指出："我们有批评和自我批评这个马克思列宁主义的武器。我们能够去掉不良作风，保持优良作风。我们不但要善于破坏一个旧世界，我们还要善于建设一个新世界。"① 毛泽东的讲话表明了中国共产党不仅能够带领人民建立一个人民当家作主的新中国，更有信心治理好这样一个新的世界，这是中国共产党敢于斗争、敢于胜利的革命进取精神的直接体现。

解放战争时期，中国共产党敢于斗争、敢于胜利的革命进取精神，是大无畏革命英雄主义气概和"一不怕苦，二不怕死"牺牲精神的有机结合，承载着中国共产党人坚信革命必胜的决心和信念，集中表达着中国共产党人的革命本色。

（三）解放战争时期道德话语建构的伦理功能

解放战争胜利后，中国共产党即将从一个武装夺取全国政权的革命党转变为一个执掌全国政权的执政党，执政问题是党中央面临的最为紧迫的问题。1949 年 3 月 5 日至 1949 年 3 月 13 日，毛泽东在中国革命即将胜利的前夕，在中共七届二中全会上警示全党："因为胜利，党内的骄傲情绪，以功臣自居的情绪，停顿起来不求进步的情绪，贪图享乐不愿再过艰苦生活的情绪，可能生长，我们必须预防这种情况。"② 因此针对革命即将胜利，党内可能会出现的问题，毛泽东向全党提出了两个务必的重要思想，提出要在全党内继续坚持戒骄戒躁的谦虚作风以及艰苦奋斗的优良作风。勉励中国共产党党员不要因为革命的暂时胜利就停止前进，要继续保持戒骄戒躁的谦虚精神、保持艰苦奋斗

---

① 毛泽东．毛泽东选集：第四卷［M］．北京：人民出版社，1991：1439.
② 毛泽东．毛泽东选集：第四卷［M］．北京：人民出版社，1991：1438.

的优良作风，从而投入到社会建设之中去。

保持戒骄戒躁的谦虚精神，就是要求中国共产党党员不要因为革命的胜利就出现不思进取、骄傲自满的情绪，要防止资本主义"糖衣炮弹"的袭击。在离开中国革命的最后一个农村指挥所——西柏坡去往北平的途中，毛泽东将离开西柏坡前往北平比作"进京赶考"，认为中国共产党决不能当李自成，都希望考个好成绩。警醒全党保持初心，始终将人民的利益放在首位，迅速完成角色转变，带领人民完成在和平时期的建设。

保持艰苦奋斗的优良作风，就是要求中国共产党党员保持崇高的理想信念和强烈的忧患意识，克服革命前进道路上的困难，担负起建设富强繁荣新中国的使命，为实现伟大历史转折做好思想准备。习近平总书记于 2013 年 7 月在河北调研时深刻指出："毛泽东同志提出的'两个务必'，包含着对我国几千年历史上治乱规律的深刻借鉴，党在长期的革命斗争中总结出来的深刻经验，包含着社会主义的远大理想、为人民服务宗旨等核心内容"①。艰苦奋斗作为我们党优秀的政治作风，是体现中国共产党为实现国家富强，人民解放伟大事业的强大精神力量，是中国共产党始终将人民的利益放在首位的重要法宝，无论对革命时期道德话语的建设还是对社会发展都有重要的指导意义。

解放战争的胜利标志着中国一百多年屈辱和分裂的历史从此结束，人民期盼建立一个和平统一的新中国的美好愿望即将实现。同样在思想政治建设方面，也标志着中国革命时期道德话语体系的建设即将告一段落，即将开始建设社会主义道德风尚建设时期的道德话语体系。

---

① 习近平．论中国共产党历史［M］．北京：中央文献出版社，2021：25．

第三章

当代中国道德话语的转向

从 1949 年新中国成立到中国社会进入新时代，社会主义思想道德建设在不同阶段呈现出不同的内容和特点，中国道德话语体系也随着社会主义思想道德的伟大事业的发展而发展，经历了一个从重建到全面构建的历史发展过程。

一、从革命道德话语到社会主义道德话语的转变

新中国的成立开启了中国历史上一个崭新的时代，从此中国由半殖民地半封建社会转变为一个独立和平的国家，建立了真正属于人民的政府。这一时期道德话语体系的建设主要围绕坚持集体主义道德原则建设中国特色社会主义社会，发扬艰苦奋斗的优良作风，培养爱祖国、爱人民、爱劳动、爱科学、爱护公共财物的社会主义公民，中国道德话语体系的发展进入了社会主义道德风尚建设时期。

（一）社会主义道德风尚建设时期道德话语重构的实践

艰苦奋斗自古以来都是中华民族优秀传统文化的精髓，是中华民族传统道德话语体系的核心话语。"天行健，君子以自强不息。"[1] "天将降大任于斯人也，必先苦其心志，劳其筋骨，饿其体肤，空乏其身，行拂乱其所为。"[2] 君子只有艰苦奋斗，才能担当大任，进而实现自我价值。

在新民主主义革命时期，艰苦奋斗精神依然是中国共产党思想道德建设的核心要求。毛泽东在延安时期常用"艰难困苦，玉汝于成"来鼓励全党同志，他在陕北公学开学典礼上曾讲道："中国共产党应坚

---

① 郑玄. 周易郑注导读 [M]. 北京：华龄出版社，2019：47.
② 孟轲. 孟子 [M]. 李郁，译. 西安：三秦出版社，2018：125.

持艰苦奋斗的优良作风，这是每一个共产党人、每一位革命家都应具备的作风。"① 艰苦奋斗作为中国共产党人优秀的政治本色、优良的行为作风，代表了全党和全体人民有信心取得胜利的革命决心和为民族复兴共同奋斗的建设信心。解放战争后期，中国革命进入转折时期，这时中国共产党的工作重点开始由革命战争转向国家治理建设方面。中国共产党在1949年3月5日—13日，在河北西柏坡召开了中共七届二中全会，在这次会议上陆续提出了一些和之前完全不同的问题和任务，为革命道德建设的发展提供了新的课题。在此次会议上，毛泽东为即将"赴京赶考"的中国共产党人"约法几章"，他强调："务必使同志们继续地保持谦虚、谨慎、不骄、不躁的作风，务必使同志们继续地保持艰苦奋斗的作风。"② "两个务必"思想为革命时期向社会主义道德风尚建设时期转型提出新的历史任务：中国共产党人必须保持谦虚谨慎、不骄不躁、艰苦奋斗的作风，只有这样才能保证中国共产党顺利完成建设新中国的任务。

新中国成立后，艰苦奋斗不光作为革命胜利的重要法宝继续受到中国共产党的重视，而且出于发展社会主义的需要，中国共产党仍然将艰苦奋斗精神作为道德话语建设的核心话语，为人们在新的历史条件下进行道德选择，做出道德判断、价值取舍，提供了基本价值要求。

一方面，坚持艰苦奋斗精神是由中国当时的经济状况和实际发展趋势决定的。中国共产党几乎是在"一穷二白"的经济基础上开始进行国家经济建设的。在工业上，长期的战争导致工业体系凋敝、资金严重缺乏，大量工人失业；在农业上，大量农田荒废，农民流离失所。因此毛泽东提出"我们需要艰苦奋斗几十年才能使我们国家繁荣富强起来，因此必须执行厉行节约、反对浪费这样一个勤俭建国的方针"③。因此，将新中国成立初期的经济发展状况作为现实基础，艰苦奋斗的精神有了新的历史诠释，那就是在如此艰苦的时代背景下，不光要艰

① 中共中央文献研究室. 毛泽东著作专题摘编：下卷［M］. 北京：中央文献出版社，2003：2132-2133.

② 毛泽东. 毛泽东选集：第四卷［M］. 北京：人民出版社，1991：1439.

③ 中共中央研究室编. 毛泽东文集：第七卷［M］. 北京：人民出版社，1999：240.

苦奋斗，更要勤俭节约。

在艰苦奋斗、勤俭节约的思想指导下，1951年10月中共中央召开了政治局扩大会议，此次会议明确提出社会建设要实施"精兵简政，增产节约"的方针，会议后，中国共产党在全国范围内着力开展了一场大规模的"增产节约运动"。与此同时，在1951年10月23日，毛泽东在政协一届三次会议上提出要继续在全国范围内实施"增加生产，厉行节约"的方针，并将此作为社会建设的中心任务来支持人民解放军支援抗美援朝的战争。在全社会大规模的"增产节约运动"的开展过程中，各个行业、各个领域不断涌现出一大批像"陈永贵、时传祥、王进喜等劳动模范和先进人物，他们在生产劳动中发扬着艰苦奋斗、勤俭节约的优秀道德品质，促进社会生产发展，这值得广大工农群众学习"①。同时面对工业发展状况，毛泽东曾感慨："我们现在只能简单地造桌子椅子，能种粮食，将粮食磨成面粉，但是高科技的汽车、飞机、坦克、拖拉机一辆都造不出来。"② 因此在1955年，中国共产党全国代表会议同意实施中央委员会所提出的第一个五年计划报告，报告提出要集中力量进行工业化建设，优先发展重工业。国内开始大规模地发展工业，在这个过程中广大社会群众展现出了高度的生产积极性和极高的发明热情，并且取得了巨大的成就。1964年中国第一颗原子弹成功爆炸，两年后中国第一颗导弹发射成功，1970年我国自行研制的人造地球卫星"东方红一号"成功送入地球同步轨道，从此，中国有了自己的"两弹一星"。

另一方面，在思想道德建设上，中国共产党加强了以"艰苦奋斗，勤俭节约"为核心的思想作风建设。新中国成立初期，中国共产党转变了角色身份，成了执政党，但由于缺乏执政经验，党内出现了不同程度的不良思想倾向，中国共产党人为了维持社会秩序以及保证社会系统稳定运行，采取了全方位的应对措施。1950年5月1日，党中央做出《中共中央关于在全党全军开展整风运动的指示》，并指出："自

---

① 段妍. 新中国成立初期思想道德建设的历史考察［J］. 思想理论教育导刊，2015（2）：65.

② 毛泽东. 毛泽东选集：第七卷［M］. 北京：人民出版社，1991：329.

从革命胜利以来，这两年来党员人数增加至两百万人，但其中很多人的思想作风还存在很大问题；并且由于老党员中产生了骄傲自满的风气，发展了严重的命令主义作风，破坏了党和人民政府的威信，导致了人民群众严重不满。"① 面对这样严峻的政治形势，中国共产党指出要在全社会、全党、全军范围内进行一次大规模的整风运动。经过全党整风运动，净化党内风气，提高了党员的思想觉悟和行为作风，进一步促进了党员"艰苦奋斗"的政治本色的培养，加强了党内思想道德建设。

由于增产节约运动的开展，社会上暴露出大量贪图享乐、贪污、浪费的现象，官僚主义问题重新出现在社会中。面对这些问题，1951年12月1日，中央做出《关于实行精兵简政、增产节约、反对贪污、反对浪费和反对官僚主义的决定》，并提出："要坚持反对贪污、反对浪费和反对官僚主义，贯彻精兵简政、增产节约的中心任务。"② 同月8日，又做出《关于"三反"斗争必须大张旗鼓进行的指示》，并指出："应将反贪污、反浪费、反对官僚主义放在同镇压反革命的斗争同等的历史位置对待。"③ 自此以后，在全社会范围内开展反贪污、反浪费、反对官僚主义的"三反"运动。通过"三反"运动的展开，党内大批贪污腐败的领导受到了严厉的处罚，其中对刘青山、张子善重大典型案件的处理为全党上了一堂深刻的党内反腐廉政的思想政治教育课，净化了党内的不良之风。这不仅是一场纯洁党的队伍、加强党内廉政建设的社会改革运动，更是一场在全党全社会内形成以"艰苦奋斗、勤俭节约"为核心的思想道德建设运动。

在中国共产党奋斗的历程中，艰苦奋斗的精神一直是作为中国共产党政治建设中优秀的政治本色和中华民族儿女优良的道德品质存在的，它是促进国家繁荣、加强社会公民幸福感的强大精神动力，是我

---

① 中共中央文献研究室. 建国以来重要文献选编：第一卷［M］. 北京：中央文献出版社，1993：217.

② 中共中央文献研究室. 建国以来重要文献选编：第二卷［M］. 北京：中央文献出版社，1993：482.

③ 中共中央文献研究室. 建国以来重要文献选编：第二卷［M］. 北京：中央文献出版社，1993：500-501.

党取得胜利的重要法宝，同时也是作为中国道德话语体系的突出特征。

（二）社会主义道德风尚建设时期道德话语重建的核心

1949 年 9 月 29 日，在中国人民政治协商会议第一届全体会议上通过的《中国人民政治协商会议共同纲领》，其中第四十二条明确规定了"提倡爱祖国、爱人民、爱劳动、爱科学、爱护公共财物为中华人民共和国全体国民的公德"①。"五爱"社会公德的提出使得全体社会成员的基本道德规范和要求有了一个完整且清晰的道德准则，进一步促进了社会主义道德风尚建设时期道德话语体系的丰富和发展。

第一，爱祖国。爱国主义是中华民族精神的核心，深刻蕴含于中华民族传统文化的优秀历史基因中，它是维护社会安定团结，保证国家繁荣发展的思想武器。1950 年 7 月，徐特立发表《论国民公德》一文，对新中国确立的"五爱"中的爱祖国的国民公德做了系统论述，他认为："我们要把爱祖国放在社会公民道德规范的首要位置，并且将爱祖国规定为我们新政权的纲领的最高公德，不仅要把爱祖国视为一种荣誉，更要将爱祖国视为一个义务。"② 爱国主义作为"五爱"社会公德之首，不仅是中华民族精神的核心，同时也是中国道德话语体系中的核心内容。中华人民共和国成立初期，新民主主义革命虽然已经取得基本胜利，但国内国际形势依然严峻。中华人民共和国的成立使中国共产党成为执政党，为了巩固新生政权，中国共产党开展了一系列以爱国主义教育为主题的实践活动。1951 年 2 月 2 日，中央做出《中共中央关于进一步开展抗美援朝爱国运动的指示》，并指出："在社会各阶层中，应该大力开展反对美国帝国主义与提高民族自信心自尊心的运动，尤其是在工农群众中，要注重时事教育。"③ "倡导全国展开以反对美国为核心内容的爱国运动，提高国民的爱国主义意识，提高国民思想觉悟。开展一系列群众爱国运动，进而在全社会范围内进

---

① 中共中央文献研究室. 建国以来重要文献选编：第一卷［M］. 北京：中央文献出版社，1993：11.
② 徐特立. 论国民公德（上）［J］. 人民教育，1950（03）：19.
③ 中共中央文献研究室. 建国以来重要文献选编：第二卷［M］. 北京：中央文献出版社，1993：24.

行了一场普遍而深入的爱国主义教育。"① 各界人士激发出了爱国主义和为社会主义服务的热情，为我国思想道德建设做出了宝贵的贡献。

第二，爱人民。爱人民就是要全心全意为人民服务，这是社会主义道德体系的核心内容，是评价人们道德行为和道德知觉是否正确的根本标准。在中国共产党的发展历程中，"全心全意为人民服务"一直是作为根本的道德宗旨在全党范围内被坚持和倡导的。1945年，毛泽东同志在延安为纪念因公牺牲的革命战士张思德发表了著名文章《为人民服务》，文中写道："中国共产党领导的八路军，是进行新民主主义革命的队伍，这个队伍是为解放全中国，为人民服务的队伍。"② 同年，《中国共产党章程》明确指出："中国共产党必须在全党内树立为人民服务的观念，在同工人群众、农民群众及其他革命人民交往时要发挥为人民服务的精神。"③ 并且在1956年9月的八大党章中再次提出："全心全意地为人民群众服务，密切同人民群众的联系。"④ 自此，全心全意为人民服务正式作为执政理念在全党范围内应用。1959年《中共中央批转上海市委关于当前副食品、日用工业品问题的报告》明确提出：工商业工作人员要"把党的政策和群众的利益结合起来而不是对立起来；宣传党的政策，全心全意为人民服务、为社会主义建设服务"⑤。因此，"全心全意为人民服务"的思想得到了进一步的发展，为人民服务并不仅仅局限于执政理念，也不单纯是党员在党内的优良美德，而是逐渐成为社会主义社会普遍的道德话语和道德规范。

第三，爱劳动。劳动是人类生存和发展的基础，是人同其他动物的根本区别，劳动创造了人和社会，因此，社会的思想和道德也是通过人的劳动来形成和发展的。我们要"爱劳动"，个人只有在劳动中才

---

① 郭沫若. 伟大的抗美援朝运动 [N]. 人民日报，1951-10-01（3）.
② 毛泽东. 毛泽东选集：第三卷 [M]. 北京：人民出版社，1991：1004.
③ 中国共产党章程编委会.《中国共产党章程汇编》（一大—十八大）[G]. 北京：中共中央党校出版社，2013：44.
④ 中国共产党章程编委会.《中国共产党章程汇编》（一大—十八大）[G]. 北京：中共中央党校出版社，2013：62.
⑤ 中共中央文献研究室. 建国以来重要文献选编：第十二卷 [M]. 北京：中央文献出版社，1993：419.

能创造出思想，并且要形成正确的道德认知和道德知识，而只有在道德认知和知识的支配下，我们才能做出正确的道德行为。因此在社会主义道德风尚建设时期，思想道德建设也要在社会劳动中同步完成。在"爱劳动"思想的指导下，党非常重视对青年学生进行劳动教育，强调参加社会主义劳动的重要性。1957年2月27日，毛泽东在《关于正确处理人民内部矛盾的问题》中提出了党的教育方针："党的教育方针应是使受教育者在德育、智育、体育全方面得到发展，成为有社会主义思想觉悟的有文化的劳动者"①，从而在社会内确立衡量人才的标准，即要求社会劳动者德智体全面发展。1957年4月27日，《人民日报》发表社论，分析了一些中小学毕业生对参加农业生产的错误认识，有的学生认为种地是一件"没有前途""没有未来"且丢人的事情。社论指出，劳动是人们社会生存所必要的，每个人都要通过劳动获取生活所必需的物质资料，而且劳动不仅不是一件丢人的事，相反通过自我劳动获得价值是一件光荣的事。社论劝告青年学生不应该歧视劳动生产，不要害怕吃苦受累。号召青年学生要在劳动中学会成长，接受考验，到劳动生产的第一线。只有在劳动实践中，青年学生才能总结实践经验，将自己所学的科学理论知识运用到劳动实践中，成为一名合格的社会主义青年。

第四，爱科学。新中国成立初期，科技发展几乎是在"一穷二白"的情况下进行建设的，科技基础十分薄弱。因此，提出"爱科学"的道德要求就是要在全体社会成员中掀起一场学习科学思想、热爱生产发明的热潮，促进科学的复兴和创造发明的生产。1956年，周恩来在《关于知识分子问题的报告》中提道："我们需要科学专家建设现代化的国防，我们需要教师和医生建设学校和医院，我们需要文化艺术工作者来建设文化生活。"② 科学技术和我们的日常生活息息相关，只有大力发展科技，才能造福社会，实现社会成员的幸福生活。同年，郭沫若在《向科学技术进军》中提道："在中国共产党正确的领导下和毛

---

① 中共中央文献研究室．建国以来重要文献选编：第十卷［M］．北京：中央文献出版社，1993：85.
② 中共中央文献研究室．建国以来重要文献选编：第八卷［M］．北京：中央文献出版社，1993：13.

泽东思想的指导下，我国近六年来社会建设在各个领域都有辉煌的成就，有一日千里的进展。在国家发展工业的政策下，我们必须大力发展我们的科学技术，培养大批科学技术人才。"① 为了促进国家建设、社会发展，我们不仅要在教育上培养大量的科学技术人才，还要在思想道德方面培养人们热爱科学的思想意识。毛泽东在《关于正确处理人民内部矛盾的问题中》提出了"百花齐放、百家争鸣"的方针②，这一方针的提出进一步促进了中国艺术和科学的发展。

第五，爱护公共财物。"爱护公共财物"是热爱祖国、热爱人民的具体体现。由于长期的战争和压迫，新中国成立初期经济发展困难。物质资源匮乏，那时一把椅子、一张桌子、一袋面粉都弥足珍贵。在这样的背景下，成长于新社会的青年由于缺乏艰苦奋斗和革命斗争的教育，长期脱离生产实践，无法深刻体会革命的艰辛和建设的甘苦，很难体会到物质生产的艰难，所以容易形成浪费资源、不珍惜公共财物的不良习惯。毛泽东同志曾经指出："由于不少青年人生活在和平社会里，缺少政治经验和社会生活经验，不能深刻理解革命的艰辛和建设美好社会主义社会的甘苦。"③ "有些青年人认为只要步入社会主义社会就可以高枕无忧了，就可以只享受现成的幸福生活而不奋斗了。"④ 因此提出"爱护公共财物"的道德要求是对"艰苦奋斗、勤俭节约"方针的正确力行，爱护公共财物，珍惜社会生产出的资源产品，维护国家利益，倡导集体主义道德原则。

（三）社会主义道德风尚建设时期道德话语重构的道德基础

集体主义不仅是中国共产党所推行的执政理念和历史积淀下优秀的伦理思想，还是作为社会主义初级建设阶段道德话语体系的道德原则。自古以来，中国优秀传统文化中就蕴含着丰富的集体主义基因。

---

① 中共中央文献研究室．建国以来重要文献选编：第八卷［M］．北京：中央文献出版社，1993：289-290.

② 中共中央文献研究室．建国以来重要文献选编：第十卷［M］．北京：中央文献出版社，1993：88.

③ 中共中央文献研究室．建国以来重要文献选编：第十卷［M］．北京：中央文献出版社，1993：96.

④ 中共中央文献研究室．建国以来重要文献选编：第十卷［M］．北京：中央文献出版社，1993：85.

在封建传统社会中，《礼记·礼运》中提到的"天下大同"的社会理想，"大道之行也，天下为公，选贤与能，讲信修睦。……是故谋闭而不兴，盗窃乱贼而不作，故外户而不闭，是谓大同。"① 以及在《六韬·文韬》中提到的"同天下之利者则得天下"的"天下为公"的观念，这些思想都为中国共产党在中国革命和建设社会主义思想道德体系中践行集体主义的道德原则奠定了深厚的思想基础。②

在新中国成立初期，中国社会形态发生了改变，集体主义道德原则作为社会主义道德风尚建设时期的主流意识形态，也因此有了新的历史内涵，丰富了社会主义道德风尚建设的道德话语的内容。其新的历史内涵主要表现在三个方面：

第一，对"集体主义"的道德认识。1953 年，在国内外社会环境基本得以稳定时，中国共产党提出要大规模对农业、手工业和资本主义工商业进行社会主义改造。在 1953 年全国第一次农民工作会议上，邓子恢指出"为了给合作化、集体化创造条件，必须对农民集体主义教育，培养起农民的集体劳动的新道德习惯"③，通过互助组代表会、劳模会等形式对农民开展集体主义的道德教育，深化农民对"集体主义"的道德认识。不光要对农民进行集体主义教育，手工业者也要走合作化的道路，因此必须提高手工业者对集体主义的思想觉悟。1954 年 6 月 22 日，中共中央转发了中华全国合作社联合总社党组的《关于第三次全国手工业生产合作会议的报告》，并指出："加强集体主义的政治教育，培养社员集体主义道德倾向，克服社内的资本主义倾向，保证社员社会主义成分不断增加。"④ 中国共产党还将集体主义教育的内容写入了新中国建立初期的教育方针中，"根据现有学生的思想状况，

---

① 戴圣. 礼记 [M]. 陈澔，注. 上海：上海古籍出版社，2016：248.
② 赵壮道. 中国共产党集体主义思想的理论渊源、发展历程与理论特点 [J]. 中共天津市委党校学报，2014（3）：18.
③ 中共中央文献研究室. 建国以来重要文献选编：第四卷 [M]. 北京：中央文献出版社，1993：149.
④ 中共中央文献研究室. 建国以来重要文献选编：第五卷 [M]. 北京：中央文献出版社，1993：331.

学校政治思想道德，注意培养集体主义精神"①。在全社会范围内深化对"集体主义"的道德认识，促进社会道德规范的建立。

第二，辩证理解集体利益和个人利益的关系。罗国杰先生曾对集体主义进行概括："这条原则的基本精神，是封建统治集团的利益绝对高于个人的利益，个人在国家社稷面前是微不足道"②，并且提出"集体利益、优先于个人利益"的集体主义总原则。因此，在中国共产党的集体主义思想中，集体主义就是在中国共产党这个共同体中，党和国家的利益、集体的利益高于个人的利益。当个人利益和国家集体利益发生冲突时，必须坚持集体利益高于个人利益的原则，个人利益服从于集体利益。《中国共产党章程》八大党章中对党员义务明确规定："把党的、国家的、也就是人民群众的利益，摆在个人的利益之上；在两种利益发生抵触的时候，坚决地服从党的、国家的、也就是人民群众的利益。"③ 之所以要求个人利益要服从党和国家的利益，归根结底是因为党和国家的利益代表的是人民群众的根本利益。因此，维护党和国家的共同利益，也就是维护个人的根本利益。《人民日报》在1953年12月12日的社论中强调："工人作为社会领导阶级，必须具备集体主义的思想觉悟，必须强调工人群众的个人利益和国家利益的一致性，增强集体主义观念。"④ 应当提升公民的集体主义道德思想觉悟，强调国家和党的利益与人民群众的一致性，促进社会主义转型时期的思想道德建设。1954年刘少奇在《关于中华人民共和国宪法草案报告》中指出："社会主义，集体主义，不能离开个人的利益。"⑤ 1957年，毛泽东在《关于正确处理人民内部矛盾的问题》的讲话中指出："在分配问题上，我们必须兼顾国家利益、集体利益和个人利益。"⑥ 在社会主

---

① 中央人民政府政务院关于改进和发展中学教育的指示 [N]. 人民日报，1954-06-12（01）.
② 罗国杰. 对整体与个人关系的思索 [J]. 道德与文明，1989（01）：4.
③ 中国共产党章程编委会.《中国共产党章程汇编》（一大—十八大）[G]. 北京：中共中央党校出版社，2013：62.
④ 刘子久. 向广大工人群众宣传总路线 [N]. 人民日报，1953-12-12（01）.
⑤ 刘少奇. 刘少奇选集：下卷 [M]. 北京：人民出版社，1985：161-162.
⑥ 中共中央文献研究室. 建国以来重要文献选编：第十卷 [M]. 北京：中央文献出版社，1993：80.

义道德风尚建设时期，集体主义道德原则的实施注重于理解集体利益和个人利益的关系，深化了对集体主义伦理思想的内涵，促进了社会主义社会的思想道德的建设和道德话语体系的建立。

第三，树立集体主义道德理想。集体主义道德理想也就是社会主义道德理想。新中国建立初期，社会的转型和社会形态的变化容易导致社会秩序的不安和社会思想的混乱，因此为了社会主义建设的需要，必须树立社会主义共同的道德理想，凝聚全体社会成员的精神力量共同建设社会主义社会。在新民主主义革命时期，毛泽东指出："在中国，事情非常明白，谁能领导人民推翻帝国主义和封建势力，谁就能取得人民的信仰，……历史已经证明：中国资产阶级无法担当重任，引领中国人民取得革命胜利的历史任务只能依靠无产阶级领导的新民主主义革命实现。"[①] 历史证明中国只能走社会主义道路，进行新民主主义革命。1940 年毛泽东系统阐述了新民主主义理论，新民主主义理论的提出对中国革命的后期发展和新中国成立以来的社会建设提供了理论依据，对树立社会主义共同理想具有深刻的历史意义。1950 年 2月，《人民日报》刊文指出："现在工人阶级作为领导阶级，应该把国家建设的面目一新。我们应该首先替国家打算，替全国人民打算。"[②]因此，为了实现新民主主义社会向社会主义社会的顺利过渡，1953 年中共中央提出了过渡时期总路线，带领全国人民进行社会建设，随着"三大改造"的基本完成，中国实现了向社会主义社会的成功过渡，初步建立起社会主义制度。在思想道德建设层面上，中国共产党大力开展对社会公民进行"爱国主义、集体主义"的教育，提升公民思想道德素质，树立社会主义共同理想，激发社会公民建设社会主义社会的热情和信心，促进社会主义道德风尚建设时期思想道德话语体系的恢复和重建。

二、精神文明与物质文明共建中的道德话语创新

1978 年 12 月 18 日至 1978 年 12 月 22 日，中国共产党第十一届中

---

① 毛泽东.毛泽东选集：第二卷［M］.北京：人民出版社，1991：674.
② 中共中央文献研究室.建国以来重要文献选编：第一卷［M］.北京：中央文献出版社，1993：109.

央委员会第三次全体会议在北京召开，此次会议的召开是除了新中国成立以外的又一次伟大的历史转折，这一时期道德话语体系的建设是围绕着改革开放和建设中国特色社会主义社会来进行的。坚持"物质文明和精神文明一起抓"的社会主义建设方针，开展社会主义文明礼貌活动，培养有理想、有道德、有文化、有纪律的"四有"青年，丰富道德话语，促进社会各个领域的"百花齐放"。

（一）社会主义精神文明建设与物质文明共建时期道德话语建构的实践方法

改革开放之后，社会主义思想道德建设面临着全新的历史任务。因此，中国共产党在马克思主义理论、毛泽东思想的指导下，结合中国发展实际提出了"物质文明和精神文明一起抓"的社会主义建设方针，并在此方针的指导下，明确道德建设的目标，提出社会公民的道德规范标准，开展一系列"五讲四美三热爱"的文明礼貌活动，提升公民的道德素质，提高公民热爱国家、热爱社会主义制度、热爱集体主义原则的道德意识。中国共产党对精神文明建设的重视促进了中国改革开放时期的道德话语体系的蓬勃发展，全面推进建设中国特色社会主义的伟大事业。

第一，中国共产党提出"物质文明和精神文明一起抓"的方针政策。社会主义精神文明是社会主义本质特征的重要体现，1979 年 9 月 29 日，叶剑英在《庆祝中华人民共和国成立三十周年大会上的讲话》中提出："建设社会主义社会，在建设高度物质文明的同时，必须提高全社会公民的科学文化素养和教育文化水平，树立社会主义远大理想和革命道德风尚，开展丰富多彩的社会文化生活，建设高度的社会主义精神文明。"① 将建设社会主义精神文明作为社会主义现代化的重要目标，建设社会主义社会必须具备高度的精神文明，建设社会主义精神文明是将我国建设成为现代化国家的必要措施。1979 年 10 月，邓小平在中国文学艺术工作者第四次代表大会上的祝词中第一次提出社会主义精神文明概念："我们要在建设高度物质文明的同时，提高全民族

---

① 中共中央文献研究室．三中全会以来重要文献选编：上卷［M］．北京：人民出版社，1982：234.

的科学文化水平，发展高尚的丰富多彩的文化生活，建设高度的社会主义精神文明。"① 胡耀邦在《全面开创社会主义现代化建设的新局面》中也提道："我们是否坚持在建设高度物质文明的同时，建设高度的社会主义精神文明的方针是决定社会主义兴衰成败的决定因素。"② 因此建设中国特色社会主义社会不仅需要高度的物质文明，还需要建设高度的精神文明，社会主义精神文明的建设不光包括思想道德方面的内容，还包括了教育、科学、文化等社会多领域、多范围的内容。精神文明的建设不仅关系到社会主义社会建设的顺利进行，还影响到伦理思想体系的构建和发展。

第二，开展"五讲四美三热爱"的社会主义文明礼貌活动。十一届三中全会之后我国开启了建设中国特色社会主义的新的历史时期。在新的历史时期对社会主义精神文明建设提出了新的历史任务，必须加强对社会主义精神文明整体化、全面化的建构。因此为了完成新的历史任务，1981年2月25日，中国共产党与其他各个单位联合做出《关于开展文明礼貌活动的倡议》，在倡议中提出："在全国人民、特别是青少年中倡导开展以'五讲四美'为主要内容的文明礼貌活动。'五讲'，即讲文明、讲礼貌、讲卫生、讲秩序、讲道德；'四美'，即语言美、心灵美、行为美、环境美。"③ 此后，1983年中共中央又提出将"五讲四美"的活动和"热爱祖国、热爱社会主义、热爱人民"的教育活动结合起来。于是，这项活动又被称为"五讲四美三热爱"活动。一场社会主义精神文明建设活动在全社会范围内如火如荼地开展起来。"五讲四美三热爱"活动的开展大力倡导共产主义道德风尚，极大提高了全社会成员的道德素质。此次活动从城市一直深入农村，从内地一直延伸至边疆，促进了道德话语大范围的传播与扩散。这样大规模的展开促使它成为建设我国社会主义精神文明的一项重要的工作形式。

① 中共中央文献研究室.三中全会以来重要文献选编：上卷［M］.北京：人民出版社，1982：263-264.
② 中共中央文献研究室.十二大以来重要文献选编：上卷［M］.北京：人民出版社，1986：25.
③ 中共中央文献研究室.三中全会以来重要文献选编：上卷［M］.北京：人民出版社，1982：722.

第三，加强"主旋律"教育。党的十四大召开以后，我国确立了以江泽民同志为核心的第三代中央领导集体。江泽平同志对邓小平同志所提出的"建设高度的精神文明"思想做出了进一步创新和发展，他将爱国主义、社会主义、集体主义作为社会主义的"主旋律"，认为建设高度的精神文明必须开展社会"主旋律"的道德教育。1991年3月，在七届全国人大四次会议上通过了《关于国民经济和社会发展十年规划和第八个五年计划纲要的报告》，在报告中提出："大力开展爱国主义、集体主义、社会主义教育，用社会主义共同理想团结和号召全体中华儿女，积极投身于建设祖国、振兴中华的社会主义伟大事业中来。"[①] 江泽民同志曾多次强调："促进社会思想道德中有利于国家统一、社会进步、经济发展、民族团结的社会主义道德成分的增加，将先进性要求同广泛性要求结合起来，坚持在全社会提倡社会主义、共产主义道德，大力弘扬爱国主义精神、集体主义精神、为人民服务和勇于奉献精神，促进广大社会公民树立社会主义共同理想和社会主义建设的奋斗目标，而且保持中华民族强大的凝聚力和社会公民丰富的创造力。"[②] 2000年6月，江泽民同志在中央思想政治工作会议上指出："唱好主旋律、打好主动仗，坚持马克思主义的指导地位是克服党内干部和人民群众抵制错误、落后、腐朽的思想文化的有效思想手段。"[③] 开展"主旋律"教育，发挥爱国主义、集体主义、社会主义伦理思想的道德教育功能，促进社会成员树立正确的人生观、世界观和价值观，有利于道德话语内涵的进一步深化。

（二）社会主义精神文明建设与物质文明共建时期道德话语建构的伦理要求

党的十一届三中全会后，邓小平同志总结"文化大革命"时期错误探索社会主义的经验教训，根据历史的思想基础和时代的发展需要，创新发展了马克思主义，提出了中国特色社会主义思想。在新的历史时期下，社会公民需要用新的道德规范来约束自己的社会行为，因此，

① 中共中央文献研究室.十三大以来重要文献选编：下卷［M］.北京：人民出版社，1991：1509-1510.
② 江泽民.江泽民文选：第二卷［M］.北京：人民出版社，2006：259.
③ 江泽民.江泽民文选：第二卷［M］.北京：人民出版社，2006：87-88.

邓小平提出了有关公民道德标准的新要求，即建设中国特色社会主义，要求培养一代又一代有理想、有道德、有文化、有纪律的公民。1982年7月4日，邓小平在军委座谈会上的讲话第一次指出建设社会主义精神文明的根本任务："社会主义精神文明，主要是使我们的各族人民都成为有理想、有道德、有文化、守纪律的人民。"① 培养有理想、有道德、有文化、有纪律的社会公民是加强社会主义精神文明建设的有效手段。建设中国特色社会主义社会，公民需要进一步树立社会主义共同理想、树立社会主义远大理想，有了理想，就有了奋斗目标。在追求理想的过程中，还必须注重思想道德教育，培养公民的思想道德素质，做一个道德文明、能促进社会进步的人。同时，公民需要通过社会实践活动来追求理想，因此，需要社会公民具备科学文化知识，促进社会经济发展。不论是从思想层面还是从实践层面追求社会主义的远大理想，都需要法律发挥它独特的作用，社会公民需要在法律的约束下做出社会行为，进行道德实践。因此，必须将"四有"公民纳入新时期思想道德体系的建立中。

第一，有理想。邓小平说："这四有里面，理想和纪律特别重要。我们要教育我们的人民，尤其是青年，要树立理想。理想是我党在艰难困苦的背景下，战胜千难万险取得革命胜利的思想武器，我们有理想，有马克思主义信念，有共产主义信念。我们要建设社会主义伟大事业的最终目的是实现共产主义。"② "有理想"就是指处于中国特色社会主义社会的公民要树立共产主义远大理想。树立共产主义远大理想，将建设共产主义社会作为每一个社会公民的奋斗目标，以及用全社会的力量共同建设中国特色社会主义社会。邓小平说："我们这些人的脑子里是有共产主义理想和信念的。要特别教育我们的下一代下两代，一定要树立共产主义的远大理想。一定不能让我们的青少年作资本主义腐朽思想的俘虏，那绝对不行。"③ 树立共产主义的远大理想，

① 邓小平. 邓小平文选：第二卷［M］. 北京：人民出版社，1994：408.
② 中共中央文献研究室. 十二大以来重要文献选编：中卷［M］. 北京：人民出版社，1986：658.
③ 中共中央文献研究室. 十二大以来重要文献选编：上卷［M］. 北京：人民出版社，1986：659-660.

是保证社会主义思想成分的重要手段，是公民正确的世界观、人生观和价值观培养的道德价值取向，树立共产主义远大理想是身处中国特色社会主义社会的我们所必须具备的道德素质，只有投身于建设共产主义的事业中，我们的生活才会越来越美好，我们的社会价值才能更好地实现。

第二，有道德。有道德就是要加强公民的思想道德教育，提高公民的思想道德素质，促进道德话语的传播与学习。邓小平曾提出："革命的理想，共产主义的品德，要从小开始培养。我们党的教育事业历来有这样的优良传统。"① 中国共产党自建党以来就重视对社会公民进行道德教育，培养社会公民的思想道德素质，促进社会思想道德体系的建立。"要恢复和发扬我们党和人民的革命传统，培养和树立优良的道德风尚。"② 加强公民思想道德教育，就是要培养公民形成良好的社会公德，要促进社会主义公民素质的提高，彰显社会主义思想道德的价值，建立具有中国特色的道德社会。因此，为了适应建设中国特色社会主义的需要，邓小平还将新中国建立初期所提出的社会道德规范，即"爱祖国、爱人民、爱劳动、爱科学、爱护公共财物"修改为"爱祖国、爱人民、爱劳动、爱科学、爱社会主义"，进一步完善社会道德规范体系的建立，更新社会主义新时期道德话语。

第三，有文化。"有文化"是指社会主义公民必须具备科学文化知识以及科学文化素质。实现社会主义现代化必须要求社会成员掌握科学文化知识。邓小平同志在《目前的形势与任务》中指出："只靠坚持社会主义道路，没有真才实学，还是不能实现四个现代化。无论在什么岗位上，都要有一定的专业知识和专业能力。"③ 改革开放以来，中国的经济发展展现出了空前的活力，但随着经济的高速发展，社会越来越展示出对科学的需要和重视。越来越多高新科技行业的出现为经济发展和社会建设开创了新的领域，因此社会急需科学技术人才，社

① 邓小平. 邓小平文选：第二卷 [M]. 北京：人民出版社，1994：105.
② 中共中央文献研究室. 三中全会以来重要文献选编：上卷 [M]. 北京：人民出版社，1982：264.
③ 中共中央文献研究室. 三中全会以来重要文献选编：上卷 [M]. 北京：人民出版社，1982：331.

会公民对科学理论的掌握以及对技术知识的应用成为影响经济发展的重要因素。邓小平指出："我们要实现科学技术的现代化，必须要有一支浩浩荡荡的工人阶级的又红又专的科学技术大军，还要有一大批世界第一流的科学家、工程技术专家。"① 科学技术人才的急需导致对社会公民的科学文化素质的重视，科学文化素质是提高综合国力的思想前提。科学文化素质的提高对公民思想道德建设也具有极其重要的意义，公民素质的提高有利于培养公民的道德情操，促进思想道德建设。

第四，有纪律。"有纪律"是指要用法律来约束社会公民的行为，树立公民正确的法治观念，加强法纪教育，提高遵纪守法的自觉性。正如邓小平同志所说："四有里面，有理想和有纪律特别重要。社会主义青年必须树立远大理想，但理想还需要通过纪律才能得以实现。纪律和自由是对立统一的关系，两者是不可分的，缺一不可。"② 因此，建设中国特色社会主义，不仅需要树立社会主义远大理想，还需要健全的法制体系建设，需要一个安定和平的社会环境，需要有确切的纪律和严格的法律来规范社会公民的社会行为，因此，中国共产党应建立一个全面公正的法律体系。并且，"树立社会主义远大理想，坚持社会主义和共产主义是中国社会长期不变的思想路线，我们要将社会主义远大理想树立在心中，在遵守法律的基础上发展社会主义，实现共产主义"③。建设社会主义法制体系是建设中国特色社会主义的根本要求，中国特色社会主义的建设必须依照法律来实行，全体党员和全体社会成员的社会行为必须受到法律的约束，以此来推进公民社会行为的合法化和合理化及社会主义精神文明的建设。

（三）社会主义精神文明建设与物质文明共建时期道德话语的更新

随着中国改革开放进程的不断推进以及社会主义市场经济制度的实施，整个社会风气、社会面貌以及民众的道德观念都发生了急剧的

① 邓小平．邓小平文选：第二卷［M］．北京：人民出版社，1994：91.
② 中共中央文献研究室．十二大以来重要文献选编：中卷［M］．北京：人民出版社，1986：658.
③ 中共中央文献研究室．十二大以来重要文献选编：中卷［M］．北京：人民出版社，1986：659.

变革，这对传统道德观念产生了巨大的冲击。从另一个角度来看，在这样的社会背景下，产生了民众想要破除不适应社会发展的陈规陋习和建立起新的符合时代特征的道德规范和原则的愿望，因此促进了新道德观念的产生和道德话语体系的更新。

改革开放以来，社会化大生产细化了社会产业，导致非常多新兴产业的出现，同时也提供了更多的就业机会和就业岗位，因此职业道德的意义得到了巨大的体现。职业道德是指社会公民生活在社会中具有社会责任，在特定的职业领域作为社会角色，需要对他人、社会承担相应的责任，因此职业道德建设需要建立与社会发展相适应的新的行为规范，促进社会主义思想道德建设。党的十四届六中全会通过的《中共中央关于加强社会主义精神文明建设若干重要问题的决议》指出："在我们社会的各行各业，都要大力加强职业道德建设。"① 并明确提出职业道德建设的核心内容就是"爱岗敬业、诚实守信、办事公道、服务群众、奉献社会"。社会公民在职业生活中，要热爱自己的岗位，对自己的行业怀抱一颗尊敬之心；要对自己的言行负责，不得欺诈他人，要发挥契约精神，履行同他人建立的契约，树立"为人民服务"的观念，将奉献社会作为职业价值追求并为之奋斗一生。

新时代要求我们加强职业道德建设，更新职业道德观念，深化职业道德话语。中国共产党对职业道德建设的促进，明确提出了以"爱岗敬业、诚实守信、办事公道、服务群众、奉献社会"为核心内容的职业道德，这有利于治理社会成员在职业领域的不文明不道德现象，规范社会成员职业道德行为，发扬职业道德自觉精神。社会职业人员要热爱自己的职业，无论从事何种职业，都没有高低贵贱之分，都是依靠自己的劳动来创造个人利益，但在个人利益的追求中，还要尊重他人的利益，不得以侵犯别人的利益来满足自我的个人利益。在职业道德行为中，还要注重诚信，不得有欺诈的行为。

改革开放之后，由于道德思想素质的低下和诚信意识的缺乏，我国社会中出现了一些诚信缺失现象，严重扰乱了社会秩序，威胁了公

---

① 中共中央文献研究室．十二大以来重要文献选编：中卷［M］．北京：人民出版社，1986：1181.

民的生命安全以及社会稳定。

诚信是中华民族五千多年来主流价值观念的重要伦理范畴，是社会主义道德建设的核心道德操守和基本道德底线。在建设社会主义道德文明的过程中，诚信缺失已经日益成为影响社会主义市场经济发展和社会稳定的一个难题，并成为社会公民素质低下、社会风气混乱的代名词。因此在社会主义新时期，诚信建设被纳入社会主义思想道德建设更加突出和重要的位置。中国共产党在《中共中央关于加强社会主义精神文明建设若干重要问题的决议》中将"诚实守信"作为职业道德的核心内容，将诚信纳入了职业道德规范的基本内容中。诚信是社会成员处理社会关系、保持人际交往的道德标准，是社会成员在职业生活中必须履行的职业道德规范。2001 年中央印发的《公民道德建设实施纲要》中提出了"爱国守法、明礼诚信、团结友善、勤俭自强、敬业奉献"的 20 字公民基本道德规范①，"诚信"被确定为公民的基本道德规范和社会行为准则，适用于市场经济条件下公民与社会之间的一切行为，也适用于政治、经济、文化和社会生活等一切领域，深化了中国共产党道德话语的内涵。

三、社会主义公民道德建设时期道德话语的发展

纵观新中国成立以来思想道德建设的历史经验，其中很重要的一点就是要求道德建设与法律建设同步进行。在建设社会主义的过程中，既要重视法律的作用，又不能忽视道德的功能。因此，2001 年确立了"以德治国"的基本方略，将依法治国和以德治国有机结合起来，建设社会主义和谐社会。在"以德治国"基本方略的实施基础上，道德话语体系的建设不光要促进社会主义核心价值体系的整体性构建，还要树立社会主义荣辱观念为社会应该"坚持什么，反对什么"明确政治立场。与此同时，作为新中国成立以来公民道德建设的第一个纲领性文件——《公民道德建设实施纲要》正式颁布，第一次明确提出"公民道德建设"的概念，并概括出 20 字公民道德基本规范，这也就标志

---

① 中共中央文献研究室. 十五大以来重要文献选编：下卷［M］. 北京：人民出版社，2003：1982.

着我国社会主义公民道德建设进入一个崭新的时期。公民道德建设与"以德治国"基本战略方针紧密结合起来，中国开始走上规范化和制度化的道路。

（一）社会主义公民道德建设时期道德话语体系建构的思想理路

法律和道德都是调整社会关系和规范社会行为的手段，各自有其独特的历史地位和时代价值。新中国成立以来，1954 年第一届全国人民代表大会胜利召开，会议通过的"五四宪法"对新中国的经济、政治、文化制度及人民的权利与义务等多个方面做了一个全面整体的框架化规定，标志着中国社会主义建设正式进入法制阶段。在法治建设时期，国家的立法速度非常快，法律体系也逐渐完善，取得了很多的成就。1992 年 10 月，江泽民在党的十四大报告中指出："人民民主是社会主义的本质要求和内在属性。没有民主和法制就没有社会主义，就没有社会主义的现代化。"① 1997 年，党的十五大提出："依法治国，是党领导人民治理国家的基本方略。"② 1999 年 3 月，第九届全国人大第二次会议对宪法做了修改，把依法治国、建设社会主义法治国家载入了宪法，用法律来规范公民的社会生活，进而提升公民的法律素养，建立具有中国特色社会主义的法制体系，为建设中国特色社会主义伟大事业奠定法制基石。

法律规定了公民在生活中可进行的事务和不可进行的事务。在人们的日常生活中，人的行为不光包括通过外在形式表现出来的社会行为，还包括存在于大脑和心灵中的道德行为。因此，在进行社会主义法治建设的同时，也要进行社会主义道德建设。2000 年 6 月，江泽民《在中央思想政治工作会议上的讲话》中指出："法律与道德同时作为上层建筑的重要组成部分和维护社会秩序、规范社会公民的思想行为和社会行为的重要手段，它们相互联系共同发挥作用，它们相互补充扩大治理范围。法治通过发挥其强制力和权威性手段来约束公民的社

---

① 中共中央文献研究室．十四大以来重要文献选编：上卷 [M]．北京：人民出版社，1996：28.

② 中共中央文献研究室．十五大以来重要文献选编：上卷 [M]．北京：人民出版社，2000：31.

会行为；德治依靠说服力、劝导力来规范公民的思想行为，提高公民思想道德觉悟。"① 法律通过强制力严格控制公民的社会行为，而道德则通过社会舆论、传统道德、内心信念来促进思想道德素质的提高。只有将两者统一结合起来，才能有效治理国家。2001 年 1 月 10 日，江泽民同志在全国宣传部部长会议上提出："要坚持不懈地加强社会主义法治建设，依法治国，同时也要坚持不懈地加强社会主义道德建设，以德治国。"② 把依法治国与以德治国紧密结合起来，是江泽民同志深刻总结古今中外优秀的治理国家的经验和我国治理的实践经验提出的治国新理念，是我们党在治国方略上的创新与发展。德治和法治从来都不是水火不容的，它们在功能、地位上是相辅相成、互相联系的。建设社会主义社会，仅仅依靠法治或仅仅依靠德治是不够的，只有将二者结合起来，治理范围才能覆盖全社会的各个领域，不论是政治、经济还是思想道德建设都不能将二者分开，只有将以德治国和依法治国有机统一起来，才能建立中国特色社会主义和谐社会。

一方面，"以德治国"基本方略的提出，在继承优秀传统"德治思想"的基础上进行了社会主义改造，创新了新时期"德治"思想，促进了道德话语的批判继承和创新发展。"德治"是中国传统政治伦理思想的核心话语，例如《论语》中孔子所云："为政以德，譬如北辰，居其所而众星共之"③，主张用道德教化作为治国理政的原则。孟子则进一步发展了孔子的"德治"思想，提出了"以德王天下"，他指出："以力假仁者霸，霸必有大国；以德行仁者王，王不待大。汤以七十里，文王以百里。以力服人者，非心服也，力不赡也；以德服人者，中心悦而诚服也，如七十子之服孔子也。"④ 孟子提出统治天下有两条道路：王道和霸道。他认为只有正确地选择王道实行仁政才能有效地治理国家，通过礼义教化、道德感招来治理社会，这样才能得到天下

---

① 中共中央文献研究室编．十五大以来重要文献选编：中卷［M］．北京：人民出版社，2001：1329．

② 中共中央文献研究室编．十五大以来重要文献选编：中卷［M］．北京：人民出版社，2001：1587．

③ 孔子．论语［M］．杨伯峻，译．天津：天津古籍出版社，1988：17．

④ 孟轲．孟子［M］．李郁，译．西安：三秦出版社，2018：34．

民心的归附。但儒家所主张的"德治"思想是为统治阶级服务的思想主张，目的是维护统治者的统治，用道德来教化人民，从而使人民服从统治。而"以德治国"方略的提出，其根本目的是通过发挥道德管理功能，加强道德建设，提升人的道德素养，升华人们的精神境界，促进社会主义市场经济的健康发展，推动社会进步。在中国特色社会主义的背景下提出的新型"德治"，是中国共产党在继承古代优秀传统"德治"思想的基础上，在马克思列宁主义、毛泽东思想、邓小平理论指导下，以"为人民服务""集体主义"作为核心理念和道德原则，以"爱祖国、爱人民、爱劳动、爱科学、爱社会主义"作为社会公民应遵守的基本道德要求，从社会公德、职业道德、家庭美德、个人品德的建设出发，建立起适应社会主义市场经济发展与社会主义法治建设的社会主义思想体系的重要实践。将道德的功能上升到治理国家的高度，不仅体现了在建设社会主义精神文明的过程中，中国共产党对社会公民思想道德的重视，还有利于提高公民的思想道德水平，促进了道德建设的大力发展，为新时期道德话语体系的建立提供了战略上的支持。

另一方面，"以德治国"基本方略的提出有利于净化社会风气，促进社会主义思想道德建设。20 世纪 90 年代进入以建立社会主义市场经济体制为目标的改革以来，由于经济的快速发展，社会出现了一些道德冷漠、道德滑坡的事件。因此，"以德治国"基本方略的提出，可以加深人们对道德的认识，提高公民思想道德素质，"以德治国"的基本方略也是减少社会道德冷漠、道德滑坡现象发生的必要措施，为净化社会风气、治理社会环境提供了坚实的思想基础，促进社会主义道德体系的建立。

（二）社会主义公民道德建设时期道德话语体系建构的伦理要求

改革开放以来，我国社会主义建设在思想道德方面取得了巨大的成就，但由于社会的深刻变革，经济的快速发展，人们的思想道德规范、生活方式和伦理经历了重大变革，出现了道德失范、诚信缺失、是非不分、善恶不辨、以耻为荣、以丑为美的不健康、不文明的社会现象。这些现象的出现和蔓延，不仅严重败坏了社会风气，污染了社会道德环境，还对社会道德体系造成了严重的破坏，阻碍了社会经济的发展。因此，为了优化社会治理环境，需要在全社会范围内建立一个确切的道德行为标准，对应该在社会主义社会坚持什么、反对什么有一个坚定的立场。以胡锦涛为核心的党中央在科学发展观的指导下，提出了以"八荣八耻"为核心的社会主义荣辱观。"八荣八耻"的重要论述，对构建社会主义和谐社会中的道德话语体系具有非常重要的现实意义，明确荣辱观念，促进社会公民建立正确的世界观、人生观、价值观，只有在正确道德价值的指导下，公民才能做出正确的道德行为，提升自我道德价值，深化主体道德行为中的道德话语。

　　荣辱观念，自古以来就受到众多思想家的青睐。春秋时期的管子将荣辱提到了关乎国家存亡的高度。他说："国有四维，一维绝则倾，二维绝则危，三维绝则覆，四维绝则灭。倾可正也，危可安也，覆可起也，灭不可复错也。何谓四维？一曰礼，二曰义，三曰廉，四曰耻。"① 而后儒家继承了这一思想，孔子提出"知耻近乎勇"，有羞耻心，才能勇于面对自己的缺点和错误，战胜自我。荀子在《荀子·正论》中提道："有义荣者，有势荣者；有义辱者，有势辱者。志意修，德行厚，知虑明，是荣之由中出者也，夫是之谓义荣。爵列尊，贡禄厚，形势胜，上为天子诸侯，下为卿相大夫，是荣之从外至者也，夫是之谓势荣。流淫污僈，犯分乱理，骄暴贪利，是辱之由中出者也，夫是谓之义辱。詈侮捽搏，捶笞膑脚，斩断枯磔，籍靡后缚，是辱之由外至者也，夫是之谓执辱。是荣辱之两端也"②。一个人真正的荣誉只能是通过自身道德修养得来的荣誉，而那些由于权势、财富而来的荣誉不是真正的荣誉，一个人如果心胸狭隘、见利忘义，哪怕在外获得再大的"尊荣"，也无法得到真正的荣誉，而且会得到真正的耻辱。社会主义荣辱观的提出，不仅要面向中华民族优秀"荣辱"观念，还要面对当代中国主流的价值取向；既要与中国当代先进文化的科学内涵、实践需求有着内在相关性，又要与社会主义思想道德建设和精神文明建设相辅相成。

---

① 管子. 管子［M］. 房玄龄，注. 上海：上海古籍出版社，2015：2.
② 荀子. 荀子［M］. 叶绍钧，注. 上海：上海古籍出版社，2014：73.

2006 年 3 月 4 日，胡锦涛在《牢固树立社会主义荣辱观》中提出："要引导广大干部群众特别是青少年树立社会主义荣辱观，坚持以热爱祖国为荣、以危害祖国为耻，以服务人民为荣、以背离人民为耻，以崇尚科学为荣、以愚昧无知为耻，以辛勤劳动为荣、以好逸恶劳为耻，以团结互助为荣、以损人利己为耻，以诚实守信为荣、以见利忘义为耻，以遵纪守法为荣、以违法乱纪为耻，以艰苦奋斗为荣、以骄奢淫逸为耻。"① 此"八个为荣、八个为耻"全面阐述了社会公民在行为处事中、人际交往中所应遵守的价值标准，为树立正确人生观、价值观、世界观提供了具体的标准。只有在全社会范围内树立社会主义荣辱观念，厘清社会主义社会中正确行为和错误行为的界限，才有利于社会公民做出正确的社会行为，将自己培养成为一个有道德、讲文明的社会公民，从而促进社会公民的相互交往，树立良好道德风尚，维护社会稳定发展。

一方面，以"八荣八耻"为核心的社会主义荣辱观的提出，为公民提供了一个明确的荣与辱的道德评价标准。虽然自古以来，不同历史时期，不同朝代的思想家提出了大量的"荣辱"思想，但时代背景、社会阶层的不同以及主流意识形态的差异，导致了对同一现象的荣与辱存在着不同的看法，所以在新的时代背景下，需要新的社会主义荣辱观念。社会主义荣辱观的提出，明确了新时代下是非、善恶、美丑的界限，对于倡导什么、抵制什么有了一个坚定的立场。净化了社会风气，深化了公民对"荣誉感""羞耻感"的道德认知，促进公民树立正确的价值观、世界观、人生观。以"八荣八耻"为核心的社会主义荣辱观为公民在社会生活中确定价值取向、做出道德判断提供了明确的道德评价标准，促进了中国特色社会主义道德思想的建设。

另一方面，以"八荣八耻"为核心的社会主义荣辱观的提出，进一步发挥了道德教育功能，使公民明确了道德底线，提升了道德素养；为社会主义道德建设设立了一条道德底线，明确了社会公民道德行为的界限，促进了社会的全面进步和人的全面发展。事实证明，内含社

---

① 中共中央文献研究室．十六大以来重要文献选编：下卷［M］．北京：中央文献出版社，2008：317.

会主义荣辱观念的道德评价标准不是在人民头脑中天生就具有的，因此在全社会范围内倡导对荣辱观的学习，促进公民树立正确的、符合时代特征的社会主义荣誉观念。现代生活物欲横流，充满诱惑，公民应恪守道德底线，不能颠倒是非，不辨善恶，不分美丑，荣辱不清。通过发挥道德教育功能，培养公民正确的荣辱观，是坚持社会主流意识形态，建设社会主义核心价值体系的关键，也是构建社会主义和谐社会重要的思想保证，为构建现代社会主义道德话语体系明确道德底线，提供价值指导。

（三）社会主义公民道德建设时期道德话语体系建构的伦理价值

在社会主义市场经济体制下，社会公民形成了多样复杂的社会思想和价值观念。个人、社会和国家之间的关系变得更加复杂，产生了一系列社会矛盾，对社会主义核心价值体系的建立造成了巨大的冲击。随着时代的快速发展，我们的思想道德建设也应该紧随其后，通过建立一个整体的、符合社会主流意识形态的社会主义核心价值体系，来应对因经济快速发展而提出的新的历史挑战，促进社会道德体系的完善，有效解决公民思想道德问题，促进现代道德话语体系的规范化构建。

新中国成立以来，中国共产党始终重视核心价值体系的建构。新中国成立后，中国共产党把核心价值体系的建立与思想道德实践紧密结合，并在此基础上不断提出新的道德要求。在建设社会主义社会初期，需要对社会进行改造，不光要在经济基础上进行社会主义改造，还要在思想基础上进行社会主义改造，不光农民、手工业者、资本主义工商业者需要改造，作为领导阶级的工人阶级也需要改造。全体社会成员都必须在改造过程中，克服缺点，战胜自我。中国共产党在社会主义建设中完成了"三大改造""抗美援朝"等重要历史任务，并在思想道德上开展"爱国主义""集体主义"的道德教育，改正社会公民在思想上的错误和不端正，树立社会主义共同理想，初步建立社会主义核心价值体系。从1949年新中国成立到"文化大革命"之前，中国共产党领导社会公民在文化、经济、思想、教育等领域继续进行社会主义改造，在社会主义思想道德建设方面取得了巨大成就。改革开放之后，邓小平同志继续党的正确路线，坚持实事求是建设社会主义精神文明。20世纪90年代之后，社会主义市场经济的高速发展带来了严重的社会矛盾，极大影响了社会主义核心价值体系的建构。以江泽民同志为代表的第三代领导集体，在"三个代表"重要思想的指导下，在新的时代探索中构建起了一个符合社会主义市场经济体制的社会主义思想道德体系。

党的十六大以来，以胡锦涛为核心的党中央将马克思主义的普遍原理与中国实际紧密结合，提出了极具时代意义的科学发展观，胡锦涛同志在科学发展观思想的指导下，提出了"社会主义核心价值体系"的科学命题，将以爱国主义为核心的民族精神和以改革开放为核心的时代精神有机结合起来，坚持马克思主义思想的核心地位，树立正确的社会主义荣辱观念明辨社会是非，树立社会主义共同理想，将社会主义道德建设作为社会主义核心价值体系的基本内容。2007年10月15日至2007年10月21日，在中国共产党第十七次全国代表大会上，胡锦涛同志在讲话中指出："社会主义核心价值体系是社会主义意识形态上的本质体现。"① 党的十六大以后，社会主义核心价值体系进入了深化核心价值的阶段，社会主义核心价值体系就是抓住中国特色社会主义社会的主流意识形态，只有明确了政治方向和价值取向，社会主义核心价值体系才能得以有效建立。社会主义核心价值体系的建立把马克思主义发展到一个新的历史高度。胡锦涛同志曾指出："马克思主义理论的巨大生命力，在于能够给实践提供科学指导，使人们在认识规律、把握规律、运用规律的基础上更好地改造客观世界和主观世界。我们要全面贯彻落实科学发展观，坚持马克思主义在意识形态上的指导地位，使马克思主义中国化的重大理论成果成为引领中国社会不断发展进步的强大思想先导。"② 坚持马克思主义，是中国共产党取得革命胜利的根本法宝以及指导治国理政的核心思想，是社会主义意识形态的灵魂，建设中国特色社会主义的道德话语，必须将马克思主

---

① 中共中央文献研究室．十七大以来重要文献选编 [M]．北京：中央文献出版社，2009：28.

② 中共中央文献研究室．十六大以来重要文献选编：下卷 [M]．北京：中央文献出版社，2008：599-560.

义理论作为思想基础，在此基础上进行理论创新。只有在马克思主义理论指导下建立的道德话语体系才能保持鲜活的生命力，不断辩证发展。

第四章

当代中国共产党的道德话语体系的创新

在中国共产党的带领下，思想上我国始终坚持马克思主义与中国实际的紧密结合，牢牢把握住不断变化的时代趋势，经济社会取得了举世瞩目的伟大成就。为更好地面对社会发展带来的道德问题和新的伦理诉求，建立符合中国模式内在要求的道德伦理秩序，中国共产党立足国家、民族的现实需求，从传统道德价值体系建设的历史中汲取智慧，不断巩固和强化自身的道德话语体系。

一、当代中国共产党道德话语体系的核心理念

中国共产党自成立以来，始终坚持以马克思主义道德观为导向，大力弘扬中华传统文化中的道德精髓，辩证吸取西方文明中的道德价值，形成了以一切以人民为中心、集体主义为基本原则，以发展、公正、和谐为基本理念的独具特色的当代道德话语体系，为全面建设社会主义现代化强国提供重要思想保证。

（一）当代中国共产党的道德话语体系的基本原则

"一切以人民为中心"以及"集体主义"是当代中国共产党道德话语的基本原则，这是由中国道德话语发展的历史所决定的，更是中国共产党执政的根基所在。

1. 一切以人民为中心

"一切以人民为中心"作为当代中国共产党道德话语体系的基本原则之一，透射出百年来中国共产党始终同人民群众同呼吸共命运的历史担当，也为新时代党坚定不移的群众路线，团结带领广大人民群众谋求国家富强、民族振兴、人民幸福提供重要的语言遵循。

"一切以人民为中心"具有传承性。道德话语中精神引领、价值体系正确直接关乎现行制度的权威性。在不同的历史时期，中国共产党

作为牢牢秉持马克思主义的先进政党，始终将人民放在心中，将为人民谋福祉作为党执政下的话语诠释与永恒目标。以毛泽东为核心的党的第一代领导集体提出"一切为了群众、一切依靠群众，从群众中，到群众中"作为党的思想路线，保障人民当家做主。改革开放后，以邓小平为核心的党的第二代领导集体将"人民拥护不拥护""人民赞成不赞成""人民高兴不高兴""人民答应不答应"的道德话语作为党各项方针政策的落脚点。之后，以江泽民为领导的党的第三代领导集体围绕党的建设提出"三个代表"重要思想，将"中国共产党始终代表最广大人民的根本利益"作为全党政治工作的根本指向。党的十六大以胡锦涛为核心的党中央将"以人为本"作为科学发展观的核心要义，将最广大人民的根本利益作为党一切工作中始终不变的初心与原则。党的十八大以来，以习近平同志为核心的党中央坚守党的初心和使命，将人民主体地位提升到一个新的高度，强调党性与人民性的统一性与一致性，提出"人民性"是中国特色社会主义建设中最鲜明的品格，并在十九大报告中明确提出"以人民为中心"这一社会发展基本方略，指出"人民是我们党执政的最大底气"。中国共产党的百年历史是党以人民为中心这一初心不变的道德话语的贯彻史，以无数事实彰显出党始终坚持人民至上的价值立场和执政理念，只有始终心系人民才能在不断扩大的群众基础中让党的道德话语理念和主流意识形态得到社会有效认同，在民众间广泛传播。

"一切以人民为中心"具有理论性。道德话语本身具有高度的理论性、概括性和抽象性，单纯文本的道德话语概念极易脱离群众认知水平和客观实际，难以同人民群众产生情感共鸣，难以对社会思想和行为进行合理有效的引导。在政治层面，"一切以人民为中心"意味着公共决策要综合考虑社会整体利益和共同利益，"四个全面"布局在人民中产生感召而获得拥护，"五位一体"的总体布局也已经写入党的重要文件，成为社会共识。在文化层面，注重增强文化软实力，激励和鼓舞人民朝着伟大复兴的中国梦、中华民族的繁荣富强一路高歌猛进，从政治、经济、文化等方面真切地展现出党对人民权益的充分保障和国家对人民利益的诉求。

"一切以人民为中心"具有实践性。"一切以人民为中心"转化在实践层面，意味着社会资源的共享。习近平总书记秉承了"全心全意为人民服务"的根本宗旨，尊重人民在实践中表达的意愿、经验、权利和作用，尊重人民对美好生活的强烈欲望，在教育、医疗、就业、社会保障等民生问题的现实层面中，不断完善其发展，追寻资源、要素、利益分配的合理与正当，在推进小康社会、和谐社会的实现中，让改革开放成果为全体人民共享，更好地服务经济民生。从现实层面逐步实现大众对美好生活的期待，保障全体人民能共享社会建设和发展成果，最终实现全社会的共同富裕。

2. 集体主义

"物质生活的生产方式制约着整个社会生活、政治生活、精神生活的过程"①，考察中国古代道德话语体系必然离不开生产方式。古代社会"民本"思想中，"民"便作为集合体、集合概念指向民众、人民等群体，而非单独的个人。在传统社会"家国同构"的框架下，物质生产以家庭为单位施以分配，人民以血缘关系为纽带相互协助联合成整体进行农业发展。这种血缘纽带无疑成为人实现生产最简单和最基础的联合方式。在封建社会中，国家从逐层分封成为由君主统御下的"大家庭"，资源由家族掌握，在家族中由大家长掌握并与家庭成员共同占有生产资料。中国传统伦理强调个人与群体在最终利益和价值上的合一性，以及个人对所属共同体的绝对顺从。封建社会这种以血缘关系形成的封建宗法家族制度，成为维系君主统治和整体利益的纽带。新中国成立初期，受苏联模式和计划经济的影响，社会对集体主义过分强调抽象的集体利益而忽视具体的个体利益，但"集体主义从来就不是一个静止的、孤立的概念，而是一项不断运动、变化和发展的过程"②，随着社会主义市场经济发展，中国社会弥漫着一股对集体主义原则进行深刻反思的思潮，个体利益的诉求逐渐被重视，个体与集体利益关系也更加深入，集体利益的内涵更加科学立体与时俱进。集体主义是对马克思主义共同体思想的契合与诠释，科学地解读了个人和

---

① 中共中央马克思恩格斯列宁斯大林著作编译局. 马克思恩格斯文集：第二卷 [M]. 北京：人民出版社，2009：591.

② 朱小娟. 从历史分析方法的角度把握集体主义 [J]. 思想理论教育，2017 (7)：35.

集体的辩证关系，即个人与集体的良性互动和共同发展。当今中国的集体主义表现为以集体主义为主导的社会主义核心价值观，不断丰富着集体主义的思想内涵。

集体主义作为中国共产党道德话语体系的基本原则之一，在语义中将"集体"定位于马克思主义的"真正的共同体"，区别于"虚假共同体"。"集体"广义上可以是囊括中国人民的整个社会集体，狭义上也可以是中国人民群众基于自主意愿建立的各种小型集体。集体主义原则，作为在社会道德体系中占主导地位的原则，它的合理内核是"集体利益优先于个人利益"，视集体利益优先原则为集体主义的统领原则，以大局为重，个人利益服从集体利益。

在集体主义原则的辩证关系中，既要注重集体利益的优先性，也不能忽视个体利益的正当性。马克思、恩格斯指出集体利益和个人利益的矛盾对立并非绝对，只有在个人利益与非出自个人意愿而形成的共同利益才是对立的，也即私有制条件下才会呈现对立性。因而马克思提出要消灭私有制，建立一个自由人的联合体。因为在共同体中，人的独立性与关联性都呈现出个人意愿的自由性。

我国作为人民当家作主的社会主义国家，集体利益高于个人利益的价值观念，既传承自中国传统伦理思想，也是马克思主义中国化的成果。在个体与集体的辩证关系中既倡扬个体之于整体的奉献牺牲精神，强调先公后私、公而忘私的个体道德的崇高，又主张整体应力求实现个体的基本利益诉求，个体利益与群体是不可分割的相互依赖关系，要求统筹个人利益、局部利益、全局利益，化解社会利益矛盾、自觉维护社会和谐稳定。既有个人能自觉服从集体利益，甚至牺牲个人利益来维护集体利益的思想和行动，也有集体能正确履行自身权责，有效化解集体内部矛盾冲突，对个人利益的牺牲做出一定补偿和价值认可的理念和实践。

"集体主义"最初是作为一种共产主义的道德原则进入中国社会视野的，具有马克思主义的理论底色和文化基因。集体主义以马克思真正共同体思想为基地，与中国特色社会主义制度相契合，伴随着马克思主义中国化、大众化的进程逐渐镶嵌在中国人民的思想观念之中。在中国特色社会主义制度下，促使中国特色社会主义现代化始终朝着自由人联合体的目标方向发展。

集体主义作为当代中国共产党的道德话语体系的基本原则之一，其中"集体"定位于整个国家和社会，是与人民相互依赖、水乳交融的真实集体，表现为个人与集体的良性互动和共同发展。而作为政治原则集中表达为大局意识和大局观念，作为一种社会性的交往交互原则和发展层面的指导性原则，集中体现在以集体主义为主导的社会主义核心价值观中。社会主义核心价值观精炼的核心范畴，是新时代集体主义的深层性概括和凝练表达，包含着国家层面的共同价值、社会层面的共同价值、个人层面的参与与责任。这三个维度既有利益的共同性也有责任的同享性，坚持两者的良性互动和共同发展，树立良好的价值观，有助于减少冲突，为保障集体荣誉和利益，为个人自由创造良好的社会环境，营造和谐的社会氛围。

（二）当代中国共产党的道德话语体系的基本理念

发展、公正以及和谐是当代中国共产党的道德话语体系的基本理念，其中发展体现出当代中国道德话语的基本状态，公正体现出中国模式的伦理秩序，和谐则是中国道路的伦理目标。

1. 发展

发展是当今世界的主题之一，也是中国的主题之一。作为当代中国共产党道德话语体系建设不可或缺的一个基本理念，发展在不同时代有着不同的内涵，因历史、政治、文化等因素表现出不同的差异性和需求度。在中国取得的举世瞩目的伟大成就中，"发展"这一概念体系从"发展就是硬道理"到"发展是第一要务"到"科学发展观"再到"五大发展理念"，在不断更新与突破中导入实践，产生重大的社会变革，实现重要的社会价值和伦理价值。可以说，当代中国的创造过程，也是"发展"进行伦理表达的过程。

改革开放后，党急需破除普遍贫穷的虚假社会主义观念这一荒谬论调，清除长期以来国内外人民对社会主义发展观的错误理解。邓小平同志对发展理念展开新的阐释，进行新的原初语境构建，将问题重点放在经济发展上，提出"中国的主要目标是发展""发展才是硬道理"等论调。他指出，马克思最重视发展生产力，而非仅停留在计划经济和公有制等特征中，亟须大力改变生产力落后的面貌。邓小平针对马克思实事求是的方法思路，立足寻找适宜中国发展的实际道路，围绕社会主义初级阶段的实际国情，提出一系列极富鲜明特色的社会主义发展语言，主张发展的根本任务是"四个现代化"，制定了"三步走"的发展战略，提出人均国民生产总值达到中等发达国家水平，人民过上比较富裕的生活，制定"三个有利于"来作为发展模式的评价标准，主张实现发展的最终目标是"实现共同富裕"，形成了富有中国特色的社会主义发展语言体系。自邓小平以后，我国各个时期党的领导人与时俱进，根据形势不断调整对"发展"体系的表达。

改革开放以来对平均主义的破冰，对计划与市场结合道路的探索，都为我国经济发展积累了宝贵经验。1993 年 11 月党的十四届三中全会，提出建立社会主义市场经济作为经济体制改革的目标，这也对中国道德话语体系的建构提出了新的要求。与此同时，历史遗留下的一些问题在我国改革发展路程中起到了阻碍作用。发展结构不合理、生态环境问题突出、资源浪费等问题的解决亟须新思路、新思维。国际层面上，和平与发展已成为时代主题，如何跟上时代的脚步，适应国际竞争的需要，"发展"的新构建刻不容缓。作为后现代国家的中国，发展是解决一切问题的关键。江泽民提出"发展是执政兴国的第一要务"，将发展的战略定位从"硬道理"提到一个新高度。党的十五大正式确立了发展的两大战略：科教兴国和可持续发展战略。由追求数量转战到质量，提升科技和劳动者素质，"从主要依靠增加投入，铺新摊子、追求数量，转到主要依靠科技进步和提高劳动者素质上来，转到以经济效益为中心的轨道上来"[1]，强调发展的代价公平，经济发展要同环境发展相协调。同时还将"人的全面发展"纳入社会主义发展的目的语言系统。可以说，在这个阶段党中央已经开始注重发展的整体效益和素质。

十七大以来，"科学发展观"成为以胡锦涛同志为代表的中国共产党人回答中国如何进一步推进经济改革和发展的新思路。在这一阶段，"发展"内涵的更新可以分为四方面：以人为本的发展、全面协调可持续发展、统筹兼顾发展以及和谐发展。一是以人为本的发展，标志着

---

① 江泽民．江泽民文选：第二卷［M］．北京：人民出版社，2006：254.

经济发展语言的更新由经济增长转换到人的发展上来。二是全面协调可持续发展，邓小平和江泽民都对"全面""协调""持续"思想做出了不同程度的强调，从"科学发展观"起，"发展"正式作为人民的要求确定下来，克服了从前强调可持续的片面性。三是统筹兼顾发展，要求从整体出发，兼顾各方，中国发展起来后问题出现得更多更复杂，正值经济加速发展和改革攻坚的关键时刻，要求要善于抓重点抓关键，实现中央和地方、集体和个体、整体与局部的长远发展、协调发展。四是和谐发展，国内面对社会阶层持续拉大，收入差距持续拉大，以前在"唯GDP论"的发展观念下造成的资源与生态破坏等问题相互交织，发展的矛盾带来各方面的失调，但这些非对抗性的发展矛盾最终目标一致就能形成和谐。在国际形势上，"中国威胁论""新殖民主义"等论调盛行，如何应对文化冲突，获取发展机遇，胡锦涛同志强调和谐作为发展的前提，不是抹杀差异，而是一种对多元性的尊重，这既有利于化解国内矛盾，也能助力全世界了解中国。

党的十八届五中全会首次提出"创新、协调、绿色、开放、共享"的新发展理念，此时中国的道德话语体系在贴合时代特点的基础上，更加注重整体和国际语言规范。创新之处在于将发展的不同层次和要求结合起来，形成了新时代发展的有机整体对已有发展观念的进一步提升。在世界新一轮产业革命和科技革命孕育期，如何抓住科技机遇、执掌牛耳成为各国新一轮发展难题。"创新发展"作为发展的根本动力，要求发展不再停留于过去"高速发展""创新驱动"，而是着重于如何解决好发展不平衡问题，实现绿色发展，推动科技、理论、文化、制度创新向高质量发展，推动解决发展的诸多结构性矛盾。"协调发展"是发展的方法统筹，作为发展的根本要求意味着要采取综合平衡统筹兼顾原则，意图解决发展中的结构问题。"绿色发展"作为发展的生态品质，聚焦于"人的需要"和"生态保护"之间传统冲突的和解，意图解决发展的生态问题，谋求经济发展同人与自然和谐相处的可持续发展。"开放发展"着重解决发展的内外联动问题，统筹国内外，立足于中国实际，放眼全球发展大局，为全球共同发展难题开出"中国药方"。"共享发展"作为发展的价值旨归，体现出当代人民对公平正义的政治伦理诉求，要求发展的成果必须为所有人所共享。共享发展致力于解决当前社会的公平正义问题，保民生、平衡权责、落实分配正义。

新发展理念作为一个中国共产党聚焦中国现阶段的社会实际而提出来的概念，其在立足于现实的实践方法上，反映当代发展中人与物、人与人、人与社会、人与自然的关系立场。这是基于对经济社会中的阻力进行精细化，从而分析寻求破除路径，也是当代中国全局化发展的战略性理念升华，为中国在国际上提供了中国贡献和中国方案。

2. 公正

当代中国若是要实现人的真正平等，转换为现实选择便是推进社会公平正义。从社会建构而言，自由主义的公正观发源于西方政治学语言体系，不可避免地带有西方政治意识形态色彩。将公正纳入中国道德话语体系的时候，不能停留在西方资本逻辑层面，必须审视语言本质，重视公正观，在社会主义人本逻辑基础上构建具有中国特色的社会主义公正话语体系。

党的十八大以来，习近平总书记针对公平正义问题发表了系列讲话，视社会公平正义为中国特色社会主义事业的目标和方向。这是一种不同于西方政治语言中自由主义公正价值的"总体公正观"，既包含政治领域权利与义务的对等，也包括经济领域劳动的合理分配，细化分解可分为：价值导向、制度设计、人民体悟，我们可以从这三个维度视"公正"为当代中国共产党道德话语体系下的伦理表达。

"公正"在价值层面是作为社会主义核心导向而存在的。其一，公正是当代中国发展社会主义的本质。"公正"居于社会主义核心价值观的主导地位，是其他内容的前提条件，作为国家建设、社会发展和公民幸福的价值目标和尺度而存在。其二，公正更是社会主义的本质体现。它作为一种围绕社会结构和经济结构的重要价值，意味着当代中国要营造公平正义的社会环境，保障"发展成果能更多更公平地惠及全体人民"，在共享共建中不断实现共同富裕。

"公正"所构建的伦理秩序体现在治国理政的顶层设计中。它对内体现为中国改革发展的基本方向，中国在社会主义的总体布局中，由顶层设计来确保公正的实现度。其一，打破西方以资本主义为中心的公正原则，将公正视为当代中国经济发展方式的核心，主张保民生和促经济齐头并进，均得到平稳健康发展。其二，"要努力打造勤政、廉洁、高效、公正的法治政府"①，将公平正义作为政府改革的首要要求，将政府建设、经济社会发展和党的执政水平有机结合起来。其三，公正体现在具体的制度设计中。如促进教育公平、助力规则公平、建立公平正义的分配机制、完善社会保障体系、发展社会慈善事业等，在社会发展的动态路程中，促进公正正义的实现。

"公正"最终要落实在人民群众身上。促进社会公平正义既要保障人民安居乐业，也要加强人民对公正的切身感受。其一，以人民为中心，切实维护好最广大人民的根本利益。国家建设是全体人民共同的事业，既然制度是公平正义的最终保障，在民生保障中必须以人民是否能感受到公正、幸福为标准，使改革成果更多更公平地惠及全体人民。其二，不断消除社会不公正现象来培养公正感的深度认同。既要保障公平化、正义化、透明化贯通各领域，促使社会成员在各行业都能获得均等的发展机会，也要重视司法公正，视其为国家现代化建设不可缺少的重要内容和社会公正正义的最后一道防线。其三，以社会主义政治教育培育公正感。"公正"作为道德话语体系的基本理念之一，要极力避免"价值符号的滥用"造成的核心价值泛化。在意识形态的争夺战中，政治教育作为一种培育公正的教育实践必不可少。在教育中，灌输一种创造正义的思维，启迪人民关心共同事务、社会整体发展，以规定性的方式让民众接受、认同进而产生对公正观的共识。

3. 和谐

语言体系的背后是观念与文化，中国"和"文化源远流长，具有悠久的历史与丰富的内涵。放眼当今，"和谐"作为中华民族具有标志性的道德话语概念，将传统与现代相结合，蕴含着天人合一的宇宙观、和而不同的社会观、人心和善的道德观、协和万邦的世界观。

"和谐"语言来源于"天人合一"的宇宙观，它要求尊重自然的客观规律，人与自然和谐共生。孔子云："四时行焉，百物生焉，天何言

---

① 习近平. 在庆祝澳门回归祖国 15 周年大会暨澳门特别行政区第四届政府就职典礼上的讲话［N］. 人民日报，2014-12-21（01）.

哉"①，其视古代"天"为自然之天，但同时也赋予了"天"伟大的地位，"唯天为大，唯尧则之"②，天理法则唯有尧帝这样的圣明之人才能掌握，择天意而行。孟子则是追求"尽心""知性""知天"，指出人若是通晓本性，则顺从内心去尊重自然、顺应自然法则，方能达到人与自然和谐统一。可以说传统儒家文化中，天人合一思想充分体现出和谐理念，天和人作为两个独立的存在物，说明世间万事万物都存在于这个整体的世界中。习近平总书记也生动阐释了"天人合一"的和谐观在当代的价值意蕴，提出："琴瑟和鸣，黄钟大吕，这是音律的和谐；青山绿水，山峦峰谷，这是自然的和谐；天有其时，地有其财，人有其治，天人合一，这是人与自然的和谐。"③ 经济发展与自然保护的辩证关系，深刻影响着人类的前途与命运。

"和谐"来源于和而不同的社会观。"和而不同"思想，是中国传统和谐文化在社会交往领域的重要体现。"天人合一"的宇宙观突出的是多样性和差异性，但传统思维下并不强调它们的对立斗争，更多的是一种互补与和谐。孔子提出"君子和而不同，小人同而不和"④，强调的是有差别的统一，既保持个人的独立性、坚持原则，也不排斥共同意见，力争在辩论中达成共识，从而实现人际关系的和谐。这也是孔子"中庸"之道的一种体现，不失偏颇的无过无不及，把握适中。社会发展是一个复杂的过程，未知因素众多，存在矛盾是必然。"和而不同"思想彰显出高度智慧与深刻哲理，只有尊重万物"不同"，最终达到"和谐"，从而推动新事物产生和发展。

"和谐"来源于人心和善的道德观。这是传统"和谐"思想在思想道德层面的充分彰显。"人心和善"的根本在于"仁"。自古以来，儒家推崇以"仁爱"来协调相处之道，达到和谐统一、"内外升平"的美

---

① 孔子.论语·阳货［M］.杨伯峻，杨逢彬，译.长沙：岳麓书社，2000：171.

② 孔子.论语·泰伯［M］.杨伯峻，杨逢彬，译.长沙：岳麓书社，2000：75.

③ 叶辉.和谐社会需要平安［N］.光明日报，2006-03-19（03）.

④ 孔子.论语·子路［M］.杨伯峻，杨逢彬，译.长沙：岳麓书社，2000：125.

好愿景。孔子主张"入则孝，出则悌，谨而信，泛爱众，而亲仁"①，由最初的血缘之爱延伸至朋友之"信"再推到天下大众。在孔子看来，"仁"作为内心的道德自觉，并非体现为交互关系，而是一种与他人无关的为"仁"之心。孟子提出"性善论"，人的本性为善，统治者治国要以己为榜样"行仁政"，促使百姓为"仁"的道德观。在今日，"亲仁善邻""讲信修睦"的和谐思想贯穿中华民族道德话语发展的全部历程，是对亲情伦理关系的升华，也是对传统思想下基于血缘关系、家族本位的伦理思想的时代超越，在民族团结、国家安定、社会和谐方面发挥着巨大作用。

"和谐"来源于协和万邦的世界观。古代中国一直视自己为世界中心，"普天之下莫非王土，率土之滨莫非王臣"②，但这种秩序观更多地体现在协和万邦、以和邦国的思想基础上。古代中国在崇尚"天人合一"的宇宙观的基础上视整个世界为一个整体，力图通过仁义礼智来建立天下一家、兼容并蓄的和谐秩序关系。不同于西方的武力征服，中国"和而不同"的秩序观、天下观并不是要向全世界扩张，更多的是强调文化感化，以海纳百川的包容力，成为人与人、人与社会之间的交往准则。纵览中国近代史，可以看出，从开国伟人毛泽东同志的"中国要和平，凡是讲和平的，我们就赞成"③起，传统"和谐"文化就一直深刻地影响着各代领导人治理下的对外政策，从新中国成立至今从未改变过初心。

发展的目标就是要促进和谐，这也是社会主义发展本质的要求。和谐文化的内涵随着时代的发展也在不断丰富，在当代对于构建和谐社会、和谐世界来说，具有重大理论价值。在如何建构和谐的国际秩序层面，我国主张运用"和谐"建立合作共赢的国际观。当今世界，和平与发展是时代主题与世界的发展潮流，也要求中国更为理性地看待世界差异，对新兴国际秩序要一分为二地坚定秉持"扬弃"态度。

---

① 孔子. 论语·学而［M］. 杨伯峻，杨逢彬，译. 长沙：岳麓书社，2000：3.
② 诗经·小雅·北山［M］. 王秀梅，译. 北京：中华书局，2015：219.
③ 毛泽东. 毛泽东著作选读：下册［M］. 北京：人民出版社，1986：691.

传统语言体系下"天下同归而殊途，一致而百虑"①，展现出文化的兼容并包与求同存异，使得"和而不同"逐渐演化为当代中国处理政事事务和社会事务的重要实践准则。2017年习近平总书记在联合国总部进行演讲时谈到"和羹之美，在于合异""坚持交流互鉴，建设一个开放包容的世界"，尊重差异的存在方能助推共同发展。与此同时，我们也运用"和谐"建设和衷共济的安全观。习近平总书记指出："世上没有绝对安全的世外桃源，一国的安全不能建立在别国的动荡之上，他国的威胁也可能成为本国的挑战。邻居出了问题，不能光想着扎好自家篱笆，而应该去帮一把"②。安全是"国之地基"，是国家实现发展的基本条件。当今世界正处于百年未有之大变局，传统以对抗为特征寻求庇护的安全手段已不再适应于各种问题的解决，"'单则易折，众则难摧。'各方应该树立共同、综合、合作、可持续的安全观。"③ 唯有和衷共济，方能携手应对挑战，唯有秉持"和谐"语言作为对外手段，才能实现国与国之间的共同发展，从而维护世界的和平与稳定。

二、当代中国共产党道德话语体系的基本概念

人无德则不立，国无德则不兴。爱国、敬业、诚信、友善作为党的道德话语体系的基本理念，既是对传承中华民族千百年来精神追求的展现，也表现着当代中国公民须遵循的应然价值追求。

（一）爱国

爱国主义是个人或集体对祖国最为深厚的情感，反映为个人对祖国价值全面认同的肯定性心理倾向。爱国作为一个古老而永恒的话题，在一定程度上也是动态的，在不同的社会发展阶段，展现出有所变化的时代特征。"爱国主义的具体内容，看在什么样的历史条件之下来决定。"④ 西方学界常常将爱国主义与狭隘的民族主义、纳粹主义、军国主义等联系起来，将维护主权和抵御外部侵害与霸权思想、扩张主义

① 姬昌 . 周易 · 系辞传下 ［M］. 杨天才，张善文，译注 . 北京：中华书局，2011：617.

② 习近平 . 共同构建人类命运共同体 ［N］. 人民日报，2017-01-20（02）.

③ 习近平 . 共同构建人类命运共同体 ［N］. 人民日报，2017-01-20（02）.

④ 毛泽东 . 毛泽东选集：第二卷 ［M］. 北京：人民出版社，1991：520.

相联系，别有用心地对待中国的爱国主义。"爱国"作为一种基本的道德话语与道德情感，要求人民爱护国家利益、民族利益，以爱国主义为核心将人民的思想意志凝聚起来，将感性的爱国情感化作实践落实到行动中，从而实现理性升华。

中国传统爱国主义根植于古代"家国一体"的社会结构中，发源于中国古代人民的"图腾文化"崇拜，以及以祭祀活动等形式来表达对原始氏族的忠诚和崇拜。之后，随着生产力的发展和儒家礼仪文化的深入，诸多部落由原始的图腾崇拜演化为对多元一体、家国同构的社会秩序的遵从。血缘关系纽带下，儒家"三纲五常"的价值规范将日常伦理关系、个人与国家的政治关系全部纳入以"君天下"观念统摄的封建体制中，展现个人对祖先或先贤的思念缅怀、对宗族的认同、对教养文化的认同，对生存和养育自己的这片土地的认同，表达为"精忠报国""舍身为国""位卑未敢忘忧国""天下兴亡，匹夫有责"等。随着近代西方列强的入侵，传统思维下视中国为世界中心的思想破碎，有识的思想家逐渐认识到中国"是世界万国中之一国"，"家国同构"的道德伦理关系转为个人与国家的新型道德关系。

爱国既体现为一种政治选择，又体现为一种政治义务，它在国家层面、社会层面、个人层面都拥有具体而明确的内涵。在国家层面，党的道德话语建设将爱国融入根本制度、各项基本制度和重要制度中。在经济、政治、文化、社会、生态文明和法治体系中对爱国情感、爱国行为和爱国现象进行了系统性的把握和引领，以引导社会成员进行理性判断和价值选择，积极投身于现代化发展的历史洪流之中，同时，满足人民美好生活的需要，增强人民的幸福感与获得感，使得人民在不断的实践体验中增强爱国、爱党、爱社会主义的道德自觉。习近平总书记谈道："在社会主义核心价值观中，最深层、最根本、最永恒的是爱国主义"①，以爱国道德话语为核心，将国家、社会、公民三者间的价值要求融为一体。在社会层面，爱国作为社会主义核心价值观之一，是基于社会制度取向的价值观念之一，是调节个人与国家关系的

---

① 习近平.习近平关于社会主义文化建设论述摘编［M］.北京：中央文献出版社，2017：125.

集中表征。在这种表征中既构成了社会制度安排的内在逻辑，也反映出主导制度安排的统治阶级利益，即最广大人民的利益。从社会主义制度的核心价值取向而言，爱国就是要坚定站在以人民为中心的社会主义立场。在个人层面，爱国是一种价值要求，包含情感、思想、行为这三个基本方面。情感是基础，代表着人民对祖国最为深厚的情绪体验；思想是灵魂，代表着人民对祖国发展的深刻认识；行动是体现，表现在人民群众在国家前进道路上的义务与责任。它具体体现在对个人素质、能力和精神的追求上，作为个人成长成才的前提不断贯穿于人的现代化发展全过程，锻造出为国奋斗的实践品质和积极向上、敢于担当的社会责任。习近平指出："对每一个中国人来说，爱国是本分，也是职责，是心之所系、情之所归。"① 坚定制度自信、文化自信，并与作为一种精神追求的爱国语言有机结合起来，引导每一个社会成员争做新时代的进取者，为国家发展提供源源不断的智力支撑。发扬爱国道德话语就是要将人民的情感化为行动，愈加深入地参与社会生活，坚持强国之志和报国之行有机统一，形成"为祖国而生活"的意识，实现国家繁荣富强。

（二）敬业

"敬业"一词近年来得到极大关注，从最初对学习和工作的职业发展要求转化成为社会价值观念，演化为当代党领导下的道德话语体系的基本理念，形成了一个由现实到整体的重大认知判断。一方面，人民在辛勤劳动中产出物质财富，在工作劳动中形成敬业的观念；另一方面，敬业观念又指导着劳动者的工作态度与方式，可以说敬业道德话语的培育是社会发展的必然结果。

在不同发展时期，由于社会特征的不同，对"敬业"内涵的要求也并非一成不变。在实践上，"敬业"表现在劳动人民是历史的创造者中；在内容上，"敬业"一词最早出现于《礼记·学记》，"一年视离经辨志，三年视敬业乐群，五年视博习亲师。"② 此处之"业"指学

① 习近平. 在纪念五四运动 100 周年大会上的讲话［N］. 人民日报，2019-05-01（02）.
② 戴圣. 礼记［M］. 张博，译. 沈阳：万卷出版公司，2019：234.

业，指考查学生是否沉心学术、敬重学业。后来"业"的含义扩大，包含着自身从事的本职工作。可以说，传统儒家敬业精神是建立在生产力低下、物资匮乏的自然经济上的道德观念，具有强烈的人身依附关系，要求普通民众恪尽职守，带有"忠诚""勤劳"的朴素色彩，兢兢业业、无私奉献地进行职业活动，在社会上形成了良好的职业道德精神。古代人民群众既是一切成就的创造者，也是备受压迫的对象。这种局面直到新中国成立后才得到改善，在中国特色社会主义道路的建设上干一行爱一行的敬业情感对国民经济恢复、生产力水平的提高发挥了重要作用，党和人民在岗位上的全身心投入也保障了国民经济恢复和国家政权的进一步稳固。十八大以来，"敬业"成为社会主义核心价值观的重要内容之一，要求每位公民都能"在其位谋其职，心无旁骛，恪尽职守"①。

从"敬业"到敬业价值观再到新时代敬业道德话语体系的建立，三者间的关系是相互联系、无法割裂的。新时代的敬业道德话语有诸多内涵表现，体现在党的层面，具体可分为三点。一是以人民为中心的价值理念。"敬业"从职业范畴上升为国家道德话语的根本原因是国家与人民利益的一致性。共产党在临危之时受命于民，一直站在人民的立场。"我将无我，不负人民"②，是新时代共产党人的敬业观的体现和责任担当。各级党政机关从"最广大人民根本利益出发，从社会发展水平、从社会大局、从全体人民的角度看待和处理问题"③，朝着建设社会主义强国目标前进。二是精益求精的工匠精神。工匠精神源于手工业时期，指工匠精于钻研，能雕琢出超越当时平均生产力水平的工艺品。当今时代谁能掌握科技高地，便能在世界产业革命的浪潮中站稳船头。面对产业升级、生产迈进高质量发展，实现中国制造业大国向制造业强国迈进，敬业的价值观念深入广大劳动者心中并形成共识，是凝聚全社会力量的最好办法。三是作为民族复兴的历史担当，

---

① 刘丹. 社会主义核心价值观·关键词 [M]. 北京：人民大学出版社，2015：4.

② 杜尚泽. 习近平总书记访问欧洲微镜头 [N]. 人民日报（海外版），2019-03-24（01）.

③ 习近平. 习近平谈治国理政 [M]. 北京：外文出版社，2014：96.

"共产党的初心和使命就是为中华民族谋幸福，为中华民族谋复兴"，在这一过程中"需要付出更为艰巨、更为艰苦的努力"①。体现在广大党员干部身上就是要有"功成不必在我"的敬业情怀、"功成必定有我"的敬业担当和在实际工作中展现真抓实干的敬业精神，办实事、求实效，肩负起党员干部的义务和责任，带领人民走向美好未来。体现在人民层面，新时代劳动者要拥有实干作风，避免"盲干"，发挥劳动者的主体能动性，使精神意志获得锻炼，再提升至社会主义敬业精神层面。创新成果离不开持之以恒地辛勤付出，这种奉献精神它并不排斥个人诉求，甚至带有对合理性的功利思想的推崇，以求获取更多的利润从而进一步发展。不能单纯地从道德维度来审视敬业，但同时也要克制过分私欲，要求人民在劳动中反复打磨自己、锻炼奉献品格和追求卓越精神，充分认识到自身肩负的时代重任，积极响应国家号召，在实干作风的引领下，在最平凡的岗位奉献自己的力量。实现"知行合一"，不断提升劳动者的道德水平和精神世界，形成追求极致、对工作充满热情的社会风气，是新时代敬业道德话语中所倡导的精神追求，也是社会主义敬业道德话语的最高体现。

（三）诚信

古往今来，诚信观是人际交往的道德要求，要求人做到尽言、尽心和尽性。孔子将"信"作为"文、行、忠、信"四教之一，要求人们言行一致、遵守诺言。在行为层面作为人际交往的道德规范：为人处世诚信不欺。在古代社会中"言忠信，行笃敬，虽蛮貊之邦，行矣"②，诚信观作为普遍规范，即使行走乡野也能畅通无阻，得到他人的理解和尊重，保障行为的顺利和有效性。诚信是立事、立人、立物、立身之本。

中华民族历来便是礼仪之邦，奉行诚信原则，"诚信是金""一言九鼎"等由最初中国人民信仰的道德古训逐渐成为人际交往的基本准则与制度。党的十六届四中全会后，社会主义诚信体系建设作为构建

① 中共中央文献研究室．十九大以来重要文献选编（上）［M］．北京：中央文献出版社，2019：11.

② 孔子．论语·卫灵公［M］．杨伯峻，杨逢彬，译．长沙：岳麓书社，2000：145.

社会主义和谐社会的一个重要议题被提出。2005 年胡锦涛同志在《省部级主要领导干部提高构建社会主义和谐社会能力专题研讨班上的讲话》中明确"诚信友爱"也是和谐社会的基本概念之一。党的十八大提出"坚持依法治国与以德治国相结合",将"诚信"作为社会层面的核心价值观的重要组成部分。

诚信问题直接关乎民族、国家的信誉问题、形象问题和前途。构建社会主义诚信体系是一个系统而庞大的工程。从诚信的构建手段而言,有刚性与柔性之分,即制度的刚性和舆论的柔性。刚性指以法律法规对严重欺骗行为进行惩罚,以儆效尤,从而达到遏制不良风气的效果,内容上涵盖了政务诚信、商务诚信、社会诚信和司法公信等;柔性与中华传统道德相适应,以道德手段通过社会舆论方式在社会层面树立诚信理念和伦理规范,不能只停留在当初的说教层面。借助舆论工具以倡导诚信观念,鞭挞失信及失德行为,营造诚信的社会氛围。官方通过主流媒体大力宣扬,以讲故事、树标杆等方式通过正面宣传为社会树立诚信典范,达到净化社会风气的目的。在民间层面,自发形成"全民监督"局面,失信行为不再讳莫如深。对于个人而言,要做到表里如一、诚信待人、诚信奉职,无论是从政、经商、为医、治学还是治农,都要报以真诚,讲信用,"言必信,行必果",在各自领域默默耕耘,这样,诚信道德话语建设在全社会才会有更坚实的基础。诚信作为中华民族自古以来的基本美德和社会道德话语体系的基本理念,是国家"立政之本"和"立国之本",在个人层面是"立人之道""进德修业之本"。

(四)友善

在传统文化中,友爱思想是从仁爱出发,根植于"仁爱"这一儒家道德话语体系中的最根本的理念。孔子曰"爱人",孟子主张"亲亲,仁也",让亲缘纽带的"仁"逐渐扩大变为普遍之爱,王阳明进一步以"万物一体"阐释"仁",认为其不只局限于人与人之间,更是"万物一体"的爱。可以说,"仁爱"是社会成员之间友善观的价值源泉,古代友爱思想是从仁爱出发,作为一种内在表达,兼容了兼爱和博爱。但在宗法社会制度下,这种价值观建立在等级秩序之下,"友爱"的前提条件变为对身份的维护,而并非平等之爱。同样,西方古希腊时期，亚里士多德将友爱看作一种德性，基于这种德性的人建立起的美好人格，能吸引拥有相同友爱的同伴，形成共同体。这位伟大的思想家将"友爱"看作通向最终"善"的理念，作为联系城邦的纽带，认为人与人之间友爱的生活才是最高尚的生活。需要指出的是，在亚里士多德主张的友爱观下，不同阶级之人拥有不同的灵魂，友爱只能建立在相同灵魂之上。

"友善"作为当代中国道德话语体系中的基本理念之一，一直为党和政府所强调。1949年《共同纲领》中友爱作为"五爱"中的"爱人民"出现，1982年宪法中将"爱人民"作为社会主义道德的基本要求，2001年中央印发《公民道德建设实施纲要》，其中首次将"友善"作为公民道德规范，并将"友善"纳入社会主义核心价值观中，表现了国家对友善语言的价值理念的重视和对友善话语指导社会重塑精神的氛围营造。

社会要将友善的道德观念贯穿于和谐的人际关系和社会关系建设的全过程，当代友善道德话语的内涵在人与人、人与社会、人与世界的交往层面中大致可以分为四点。一是平等尊重。现代社会的显著特征是重视法治，个体善良的最低底线表现为避免伤害。个人主体地位的平等驱使人们寻求同等的待遇，相互尊重就成为友善范围内的普遍义务，支撑起公共社会的道德伦理秩序。二是宽容理解。现代社会是一个充满竞争的社会，利益上的争夺加剧了人与人之间的冲突。但由于社会分工的不断细化，人与人之间的依赖性也越来越强。友善意味着作为利益主体的个人必须跳出自利的围墙，关注他人利益的实现，理解诉求，对他人友善，尊重并帮助其实现利益诉求，在利益对抗时兼顾他人利益。在集体方面，以社会整体利益出发，协调个人与集体利益的统一，最大程度追求个人的全面发展。公私兼顾、先人后己，最大限度地实现友善语言的道德价值，倡导人与人、人与社会之间的理解与包容。三是助人为乐。友善拥有鲜明的社会主义特性，它的价值落脚点在于助人。当今时代原有的阶级矛盾早已被全国人民根本利益的一致性所取代，人民渴求实现和谐社会和可持续发展。"以人民为中心"作为社会主义道德话语的基本原则，要求助人不仅仅是抽象的爱心，更要秉持文明待人、勤劳致富、奉公职守、扶危济困的理念，将助人为乐提升至为人民服务的自觉层面，进而实现人际和谐，从而推动社会和谐，以小力量汇聚成大力量。四是遵从自然，实现人与自然的和谐相处，在生命共同体中实现自然和人的和谐共生。总而言之，友善观可作为当代公民的价值取向和交往原则，既满足当前国情，也满足人民对和谐关系的渴望以及对美好生活的向往。

三、当代中国共产党道德话语体系的突破

一个社会的文明程度想要达到新的高度，需要道德话语始终在场。道德话语作为国家思想的上层建筑，在社会上形成的道德价值认可与制度存在的合理性息息相关，向"善"的社会价值与道德风尚同国家治理、制度巩固难以分割，它的作用性和重要程度不可名状。

时代是语言体系出场的根据，过去某些高尚的道德话语与价值观念已经不适应当代实践的要求，不能成为永恒的道德律令。不同的时代要求语言体系进行不同程度的突破与创新。在中国传统文化下，我们生活在一个统一的世界中，而今则处在多元、复杂、动态的社会背景下，面对传统与现代、中国与世界的多重矛盾和张力，要实现中国本土的道德话语体系的突破，必须先从历史关系与文化范畴中进行探寻，建设社会主义现代化强国和实现民族复兴的全局，使得中国共产党领导下的道德话语体系从主体的意图、观念转化为被大众理解、认同、能够增强实践的力量。

（一）本体语言的突破：对民意的重视

中国共产党作为马克思主义的政党，在政治社会中，观察、分析和处理各类问题，进行语言表达和阐述时具有充分的倾向性和阶级性。党领导下的道德话语体系的根本宗旨就是为人民服务，这影响整个新体系的价值导向和行为导向。它根植于传统思想"爱民养民"的仁政德治，将深切关注如何为人民发声、如何为人民群众立言、如何保护每个人的生存和发展权力等问题，将对问题的解答贯穿于新时代共产党道德话语体系建设的全过程。

中国传统道德语言体系具有整体主义的特质。① 古代"民本"思想，作为一个集合概念，在道德话语建设层面为党的建设提供了丰厚的政治语言资源。但古往今来，无论多么具体的论述，都会受到当时世界观和方法论的支配。中国自古便有"君舟民水"的说法，由于古人理性主义的局限，人们对民意的重视，更多表现出一种自然主义倾向，自然秩序规定着人民的生活。我国传统社会主张君权神授，视"顺天"为最高伦理原则，认为人并非独立自主而是受到某种形式制约，"应民"作为民本思想的践行，只是来自统治阶级的恩赐。虽然"民本"思想在历朝历代并非抽象观念，且皆有关于"重民""爱民""养民""教民"等不同的具体阐释，但"民意"的现实价值一直受到所属阶级利益的局限，各王朝治下人民的权利只是作为君权至上的附属品，凡是被执政者所接受的"以民为本"的道德观念及与之相匹配的社会秩序，大多立足于统治阶级，并为阶级利益所服务。等级秩序观下中国传统社会中存在两种封建道德话语，一是封建统治阶级道德话语，二是人民的道德话语。从发源于殷周时期的"敬天保民"到明末清初的民本思想，皆达到前所未有的高潮，"天下为主，君为客"主张限制君权，君与民两者共治天下。可以说，在统治集团一直试图以官方道德话语统御民间道德的境况中，传统道德话语体系一直沿着二元化的路径有限度地前进。

自鸦片战争迫使闭关锁国的大门打开，中国一直处在持续动荡中，经济体制、社会结构、利益格局和思想观念都发生了深刻变动，人民也逐步突破了封建礼教话语体系的束缚。辛亥革命提倡的"三民主义"，依旧是建立在资产阶级私有制基础上的人剥削人、人压迫人，民主、民权、民生概念只停留在倡导者的口头上，共和思想难以实现，并不能真正维护人民的主体地位，百姓摆脱不了被压迫和被剥削的命运。可见，从中国古代到近代革命，以民为本只是用以巩固统治的手段，更多体现的是人民的工具性。与资产阶级所憧憬的空洞、抽象的社会理想相比，共产党继承了马克思主义世界观，是与人民完全一致、

---

① 金德楠. 中国传统道德伦理体系的整体主义特质及其时代价值［J］. 理论探索，2021（3）：36-42.

拥有最完全彻底的人民性的政党，其执政为民，视人民为执政的基石，展现出对人民前所未有的重视。

中国共产党道德话语体系中，从本体论层面实现了人民利益与政党利益的高度统一，这既是对传统道德文化下"民权"的继承，同时也是重大突破。共产党人民立场中的"民"指全体劳动人民，代表着大多数人的利益。毛泽东特别强调党和人民是完全平等、站在一起的，"共产党人的一切言论行动，必须以合乎最广大人民群众的最大利益，为最广大人民群众所拥护为最高标准。"① 十八大以来，以习近平同志为核心的党中央坚守党的初心和使命，将人民主体地位提升到一个新的高度。习近平总书记多次指出，"尊重人民主体地位，保证人民当家作主，是我们党的一贯主张"②，将人民群众作为践行人民立场的主体，视人民为社会发展中心。"民为邦本，本固邦宁"的传统民本思想与共产党的立党宗旨相互契合，在新时代通过创造性的转化与突破，将原本的精华语言运用到新时代的语言体系建设中，贯彻于群众路线，"民意"超越所有，被党和国家写入宪法，成为公众语言体系中的平常话题。

中国共产党对民意十分重视，使"以人民为中心"成为与时代相融的社会价值观，发出来紧紧依靠人民的道德话语基调，衍生出造福人民道德价值取向和为人民服务的道德行为标准。站在党和人民的立场上，以"人民"作为核心道德话语支撑起当代共产党道德话语体系的基本框架。

（二）共同价值的突破——社会主义核心价值观

当代中国共产党领导的道德话语体系是中国特色社会主义道德体系的语言表达，是建立在基本经济制度和政治制度上并为之服务的主流意识形态。根据世情、国情、党情、民情的变化，道德话语作为思想上层建筑被我党认识并对其进行了长时间的强化，较之传统道德话语体系提出了新的突破，作为我国社会价值共识的最大公约数的社会主义核心价值观便是其中的另一大表征，建立在当代国家治理层面中

①　毛泽东.毛泽东选集：第三卷［M］.北京：人民出版社，1991：1096.
②　习近平.习近平谈治国理政：第二卷［M］.北京：外文出版社，2017：40.

的主流道德话语和现实层面的道德价值标尺，用以支撑社会系统正常运转，有效对接社会制度运行。作为与中国时代发展相接轨、在国家治理现代化的需要下确立的道德价值，社会主义核心价值观为中国特色社会主义事业提供了源源不断的精神动力和道德滋养。

道德话语体系的运转主要功能是治社会秩序，清世道人心。社会主义核心价值观作为一个完整且系统的道德体系，从国家层面的"富强、民主、文明、和谐"，到社会层面的"自由、平等、公正、法治"，再到个人层面的"爱国、敬业、诚信、友善"都体现着新时代党领导下的道德话语的重要精神和科学表达，是凝心聚力的"道德思想旗帜"。

在国家层面，作为最高层面的倡导之道，突破了传统思潮下"家国同构"的道德话语。"家国同构"的提出最初是为了维护社会稳定。儒家提倡"修齐治平"，家为小家、国为大家，国作为家的延伸，致使统治者在执政层面拥有君主和封建大家长的二元合一权利，展现出浓厚的父权政治权威。政治权力逐渐向伦理化趋近，自然之情的"忠"与"孝"结合成为衡量政治行为的标准，狭隘的家庭语言逐渐取代官场语言，家庭伦理统御政治观念，家与国相背离，政治观念发展受阻，政治角色缺位，传统思维下原本被儒家所提倡的君民双向互动，在实践中演化为统治者由下至上、由民至君的单项行为。在这种人为干预的弊端下，普通民众在政治生活中表现出国家观念薄弱、亲疏厚薄有别、组织能力缺乏等消极形象，认定道德万能，公共意识缺位，缺乏对政治本质上的真知灼见。当代中国共产党取其精华，去其糟粕，吸取儒家"家国同构"语言来调节国家与人民双向互动的合理性，以社会主义核心价值观作为道德话语体系的共同价值，突破建立起一套客观理性的制度框架，引导培育人们的公共理性精神，从而抹去传统"家国同构"的消极影响。这体现出党在国家治理建设上比以往更强烈的奋斗目标，为中华儿女实现社会主义强国的价值追求提供强烈精神动力。在党的领导下形成强大的向心力，在"富强、民主、文明、和谐"的道德目标下，争取经济社会更加和谐、稳定、健康，全社会形成以改革促发展、以创新促风气，早日实现国家富强、人民幸福，把我国建设成为社会主义的现代化强国。

在社会层面，集中描绘了在中国特色社会主义建设中面对的人类社会美好向往和价值追求，是继承传统道德话语下社会关系的当代突破，古语有云："中也者，天下之大本也；和也者，天下之达道也。致中和，天地位焉，万物育焉。"新时代要以"中"为公，中国共产党提出"自由、平等、公正、法治"的道德导向，是为实现人民在社会层面的公正平等而奋斗，是为社会成员拥有平等参与、平等发展的现实权利、享受公平正义的制度保证。作为现阶段中国特色社会主义基础的核心价值，在教育、医疗、就业、社会保障等现实问题中，有着不断成熟与完善的发展空间。另外，新时代中国下一个"百年奋斗目标"的实现，对改革创新的速度、力度、效度有着更高要求，这意味着需要一个超于以往的，由自由、平等、公正、法治组成的道德话语构建体系形成的社会环境作为基本保证，形成强大的精神纽带，团结全国人民共同努力。

在个人层面，核心价值观是公民个体在应然层面的道德价值追求与基本道德规范。中国特色社会主义核心价值观一以贯之继承了传统道德话语下的"爱国"情怀，将爱国主义向内续接起中华民族的优秀传统，"爱国"由传统的无自由选择变为个人理性判断，向外超越了西方"普世"观下的价值体系，彻底实现国家与个人在根本利益上的一致，爱党、爱国、爱社会主义的统一。在敬业方面，传统的儒家敬业精神是建立在生产力低下、物资匮乏的自然经济上的道德观念，具有强烈的人身依附关系，恪尽职守，"忠诚"是最重要的品质。现如今人们在强调"忠诚"责任感和使命感的同时也看重利益，提倡新时代义利观作为市场经济中应遵循的职业准则，努力向改革创新成果进发。在诚信方面，传统思想要求道德良心的诚信语言与市场经济所要求的诚信道德有所出入。前者守德性，更注重人与人之间的信任，视道德为维护诚信、保障社会秩序的主要手段。后者守契约、强调信用，将制度视为人与人联系的手段，道德诚信是在道德话语体系下人们对某种普遍意志的认同，是维护社会秩序的辅助手段，而当今前者的功效被法律所取代。在新时代背景下，以"诚信"作为社会道德基石以维系社会运转，信用、诚信作为道德伦理准则转化为现实制度安排。在友善方面，古代宗法社会制度以"父慈子孝，兄友弟恭，夫义妇顺"

为纲要产生的友爱观念是建立在等级秩序框架之下的道德话语。作为"仁爱"思想在人际关系上的一种表现，"友爱"语言的前提条件是借礼乐制度对伦理身份的维护。当今社会，中国共产党运用"友善"这一道德价值原则维护社会各行业和谐共处，士农工商不再存在高低贵贱。在实践要求中，拥有深入骨髓的民族道德精神本质的各族同胞怀揣着对伟大复兴中国梦的美好憧憬，融入社会各行各业齐心协力、不懈奋斗。

道德话语体系中的核心价值观既与传统中国精神有着深层次的联系，也是对传统道德话语体系的新突破。其中蕴含的伦理精神通过制度设计与安排潜移默化地对社会成员产生一种凝聚力和向心作用，不仅从道德话语层面引领人民，更是将道德信仰融入治国理政中，成为担当新的历史使命和坚定文化自信的精神支撑，有利于更深层次地凝聚社会共识，形成联结全社会的情感认同与行为习惯。

（三）意识形态的突破——人类命运共同体

变化是宇宙中永恒且唯一的性质，这对道德话语体系建设具有启发意义。在中国共产党伴随着推进改革开放的进程中，语言得到不断突破、传承和发展，党的道德话语体系在不同时期表现为不同的价值纲领和主题，中国共产党的道德话语体系完成了从革命话语体系到建设话语体系的转变。随着中国国力的提升，如何在国际上展现新形象，如何应对国际发展新趋势，需要道德话语体系在传统体系的基础上进行更新。习近平总书记创造性地提出了"人类命运共同体"理念，该理念是中国融合马克思主义理论和突破中国传统文化的现实表现，也是面向人民、面向世界的中国特色道德话语体系下的产物。

"大道之行也，天下为公"的大同社会在儒家政治秩序中占据着重要地位。物尽其力，人尽其用，人们通过和谐互助得以生存，同时报以高度的自觉劳动，篇章中描述的美好性和理想性，让"大同社会"成为历代儒家思想家所向往的社会理想秩序和后世儒家治国理政所追求的终极目标。可以说，孔子所整理的《礼记·大同》篇中的理想社会体现了早在几千年前，中国人民就已经展现出对和谐、友爱、公正、团结的追求以及对自由平等的向往，表现出传统道德话语体系下的中国人民的高尚追求与博大胸怀。但大同社会的设想只是一些原则性的设想，它的提出和论述永远无法超出时代和历史的限制。

　　"人类命运共同体"理念是以儒学为中心的传统优秀思想在当代的现实转化，也是对古代社会"大同社会"构想的一种突破。首先是对"天下为公、选贤与能"政治制度的突破，大同社会中人民和睦相处，全社会百姓秉持"不恤亲疏，不恤贵贱"，主张依靠个人的道德修养和选举贤能之人来管理社会，认为只有这样社会才能和谐有序运行。这与千百年间儒家坚持统治者需坚守内圣外王之道相合，中国突破了古代地缘政治局限，主张建构公平正义、共建共享的世界安全格局，政治上建立平等相待、互商互量的伙伴关系，构建起"合作共赢"的"新型大国关系"。其次是对讲信修睦，讲求良好人际关系的突破。坚守道德诚信是大同社会下社会成员行为的基础，讲求和睦、合于道义也是构建良好人际交往的基本要求。儒家更是讲究"好礼""好义""好信"，每个社会成员都拥有高度的责任心，在政治上选贤与能，在经济上共同发展，渴望为天下人谋福利。当今世界是由不同文化、种族、宗教、肤色、制度融合而组成的世界，存在着不同的意识形态、国家利益、宗教信仰、社会制度，在这个全球人民所共有的世界中，中国共产党立足"人类命运共同体"理念，提出"亲诚惠容"四字箴言，作为超越传统"讲信修睦"的道德话语，展现出传统道德话语与现代道德话语的关联伦理和交往性思维。它的道德内涵在于以亲缘关系为纽带联结中国与周边国家在地缘、人缘、文缘等方面的亲近相通之感，以真诚无妄、言而有信的国家素养展现对周边各国的交往态度和互惠互利的正确义利观，在承认文化差异性的同时，追求差异中的和谐共存。在现实层面，以诚立本，将互惠互利作为新形势下对外交理念的解读，作为服务于"两个一百年"奋斗目标的交往共识，与"一带一路"进行有机结合，同各国一起编织更加精密的共同利益网，实现共享发展。最后是对"鳏、寡、孤、独、废疾者，皆有所养"社会保障制度的突破。在"大同社会"的美好构想中，任何人在其中都能得到社会关怀，身处社会中每个人都有不可被剥夺的生存权利。在和谐社会的顺利运行中，每个人依据年龄、性别都有各自分工，承担相应职能，各尽其力，让整个社会处于安定祥和之中。如今全球贫富差距不断拉大，如何保障人的生存权利依然是个问题。党领导下的"人类命运共同体"道德理念立足传统思想中"博施于民而能济众"的思想，从全球治理观出发，以交流超越隔阂、以互鉴超越冲突、以共存超越优越，主张构建一个具有机制约束力和道德规范力的国际新秩序，从人类发展的长远利益出发考虑当下社会所面临的问题，用以处理国与国之间分配不均、世界各国经济差距越拉越大的不平现象，各国同心协力走出一条对话之路、结伴之路，在价值共识中彰显对个体生命价值的尊重，提倡全人类的价值观，保证人类整体利益的实现，将"世界各国人民对美好生活的向往变成现实"。

中国共产党在如何处理好国与国之间的关系这个当今社会面临的重要共同话题上，结合中国的发展，立足文明的进步，对传统道德话语体系中"大同社会"这一优秀观念进行了与时代接轨的突破更新，民与民的价值关系升华为国与国之间的价值关系。中国共产党提出构建"人类命运共同体"理念，作为超越民族、国家、意识形态的"全球观"进行表达。这是基于儒家对生存价值的尊重，倡导全人类的和平共处，国与国之间的合作共赢，也展现出当代中国高度的文化自信，是当代党在道德话语体系下对当前全球化发展的现实回应，"人类命运共同体"理念将全体中国人民放入实现中华民族伟大复兴的中国梦中，既承载了对人类命运的深切思考，也是一种道德共同价值与社会进步的普遍准则，展现面向全人类的、凝聚着追求文明和谐社会的道德诉求，呼唤世界各国相互依存、利益相融、休戚与共。

第五章

《公民道德建设实施纲要》：当代中国道德话语的制度性展现

2001年《公民道德建设实施纲要》的提出引起了学界的极大关注。2001年1月，江泽民同志在全国宣传部部长会议上提出："要坚持不懈地加强社会主义法治建设，依法治国，同时也要坚持不懈地加强社会主义道德建设，以德治国。对于一个国家的治理来说，法治和德治，从来都是相辅相成、相互促进的。二者缺一不可，也不可偏废。"①《公民道德建设实施纲要》指出，公民道德建设有其重要意义，在加强社会主义法治建设过程中不断深化社会主义道德建设，把以德治国提上新日程。随着公民道德素质的不断提高，社会主义思想更加深入人心，我国逐步形成了与社会主义市场经济相适应的社会主义公民道德体系。中国特色社会主义建设进入新时代，当代中国道德话语在现代科学与信息技术的飞速发展进程中不断更新换代，在2001年《公民道德建设实施纲要》与2019年《新时代公民道德建设实施纲要》的对比中，我们可以发现当代中国道德话语体系已经在社会主义核心价值观的指引下形成了创造性转化与创新性发展。在不断推出的学习道德榜样进程中，道德话语更体现出强大的伦理渗透功能，当然，互联网文化的发展对现行道德话语的冲击也亟待解决。规范新时代道德话语有利于增强国人对自身语言文化的道德认同，为社会主义精神文明建设提供智力支持。

一、《公民道德建设实施纲要》的道德理念建构

2001年《公民道德建设实施纲要》是自新中国成立以来第一个主

---

① 江泽民. 全国宣传部长会议在京召开江泽民与出席会议同志座谈并作重要讲话 [N]. 人民日报, 2001-01-11 (1).

要讨论公民道德建设的文件，这也是我国道德话语建设的重要环节，其从制度层面展现了当代中国道德话语的转向。《公民道德建设实施纲要》基于国家对公民的德行要求，致力于提升公民的道德思想觉悟，加快推进公民道德建设，落实提升公民素养与道德水平的工作。

（一）《公民道德建设实施纲要》的伦理内涵

在社会主义精神文明建设不断发展之时，我国的社会公民道德风尚出现了可喜的变化，却也在一些领域出现了道德失范现象，如拜金主义、享乐主义、见利忘义等，如果这些问题得不到有效的解决将会对社会的繁荣稳定造成严重危害。《公民道德建设实施纲要》指出要以马克思列宁主义、毛泽东思想、邓小平理论为指导，全面贯彻江泽民同志"三个代表"重要思想，在坚持党的基本路线过程之中全面提高公民道德素质，坚守"爱国守法、明礼诚信、团结友善、勤俭自强、敬业奉献"的公民基本道德规范，培育四有公民。社会主义道德建设要从我国的基本国情出发，坚持以为人民服务为核心，以集体主义为原则，建设社会公德、职业道德与家庭美德，大力拓展基层的公民道德教育工作，落实家庭、学校、各机关单位等各方对公民道德的教育，宣传加强社会教育，使公民德育思想深入人心。《公民道德建设实施纲要》指出，要深入贯彻落实群众性公民道德实践活动，使教育与实践两手抓，学习先进人物，树立榜样，学习典型，善于发现道德楷模，发挥榜样作用，使榜样成为重要德育教育资源。社会实践活动要反映人民群众对美好生活的追求，发挥组织干部带领作用，使道德实践工作与各项任务紧密联系，不断营造有利于全体公民思想道德建设的社会氛围。密切关注依法治国与以德治国的关系，加强社会主义法治建设，加大执法力度的同时加强科学管理，为公民实施道德实践提供法律保障，促进社会整体风气形成，巩固公民道德思想健康发展。领导公民道德建设形成长期性工作，发挥党员干部带领作用，加强道德修养，协调社会各方使之共同致力于分析新问题，提出新思路，总结经验、改进方法，集中力量推进公民道德建设持续健康发展。

《公民道德建设实施纲要》的颁布是当代中国道德话语建设的重要成果，其以制度的形式将中国道德话语展现出来，对中国的道德建设至关重要。首先，道德主体的广泛性有所提高，扩大了范围，在全体公民的道德认同下逐步确立起与时代发展相适应的公民道德建设思想体系。其次，在内容与要求上，指出了重视社会公德、职业道德与家庭美德各个层面对公民伦理道德意见的涵盖，概括了可实施性的公民基本道德规范。最后，在道德建设方面，更加重视以德治国与依法治国相统一，为公民道德建设提供法律依据与法律保障，重视理论与实践的具体有效结合，使公民在实施道德行为过程中有具体的行为依据，为后来的《新时代公民道德建设实施纲要》提供了理论基础。

（二）《公民道德建设实施纲要》中道德话语的建构基础

思想是人对客观世界的主观反映，它反映了人们在认识世界时的水平与程度，能够在认识与把握世界的基础上对客观世界进行改造。人类社会在漫长的发展过程中不断加深对物质形态与思想观念的把握，使人类不断满足自身的发展需求。不同的社会形态下的人生观、价值观与世界观的主导形态是不同的，运用一些手段与方法在一个社会群体内部确立一种稳定的世界观、人生观与价值观就是该社会的思想道德建设。《公民道德建设实施纲要》是中国道德话语的制度性体现，是将道德话语以制度化的形式呈现出来，用以规范公民的行为，推动社会的道德建设。道德在完善人的社会品格、提高全体公民的素质、维护社会的井然有序、推进经济社会的持续健康发展等方面起重要作用，而道德原则、道德规范、道德要求等内容是当代中国道德话语的重要内容，同时也是调整社会秩序与规范社会行为的重要手段。其中，一切以人民为中心和集体主义是当代中国共产党道德话语体系的基本原则。

在社会主义精神文明建设中，道德话语建设必须坚持马克思主义思想的指导，引导全体社会成员牢固树立起科学的价值观、世界观与人生观，并在此理论基础上开展共产主义的思想教育，引导全社会树立共产主义的理想信念。江泽民同志于2001年1月在全国宣传部长会议上提出："我们建设有中国特色社会主义，发展社会主义市场经济的过程中，要坚持不懈地加强社会主义法治建设，依法治国，同时也要坚持不懈地加强社会主义道德建设，以德治国。"① 此次会议认为，我国的法律以其权威性与强制力来规范全体公民的行为，而德治则用其说服力与劝导力来提高社会成员的思想认识与道德觉悟，并把公民的思想道德建设提高到了治国方略的战略高度。所以，公民思想道德建设的过程也就是以德治国方略实施的过程，而思想道德建设的实践也就是以德治国方略的实践。党的十六大报告中提道："要建立与社会主义市场经济相适应、与社会主义法律规范相协调、与中华民族传统美德相承接的社会主义思想道德体系。"② 这也就指明了当代中国道德话语建设的内涵与目标。社会主义思想道德体系必须与社会主义市场经济相适应。因为只有这样的思想道德体系，才能够真正对社会生活起到指导、规范与调节的作用。中国道德话语体系必须与社会主义的法律规范相协调，德治与法治是要相互协调、相互促进的。法治是政治文明建设，德治是精神文明建设。法律是硬性要求，它具有强制性和权威性，主要是依靠"他律"，需要外在的强制力量来发挥作用；而道德则是软性要求，它具有感召力和引导力，主要是依靠"自律"，即依靠内在的自觉来发挥作用。其中，法律与道德的不同特点就决定了在建设中国特色社会主义的过程中，要坚持依法治国与以德治国相结合的道路。

当代中国道德话语建设是在中国共产党的领导下，以马克思列宁主义、毛泽东思想、邓小平理论和"三个代表"重要思想为指导，并深入贯彻落实科学发展观，同时在中国特色社会主义建设的全部进程中，以树立正确的世界观、人生观与价值观为核心，从而引导全社会牢固树立起社会主义的共同理想，又以提高全民族的思想道德素质和培养有理想、有道德、有文化、有纪律的公民为目标，来实施以德治国基本方略的社会主义精神文明建设理论与实践活动。

（三）《公民道德建设实施纲要》的伦理意义

2001 年《公民道德建设实施纲要》提出"爱国守法、明礼诚信、

---

① 中共中央文献研究室. 江泽民论有中国特色社会主义专题摘编［M］. 北京：中央文献出版社，2002：337.
② 江泽民. 江泽民文选：第 3 卷［M］. 北京：人民出版社，2006：560.

团结友善、勤俭自强、敬业奉献",这二十个字为公民基本道德要求,已经基本涵盖了公民在处理社会关系交往过程中的各个层面,体现了公民在与国家、社会、个体进行交流时的最基础伦理素养,《公民道德建设实施纲要》的颁布具有重大伦理意义。首先,它规范了公民整体思想道德要求,提高了公民思想道德觉悟,加强了公民的社会责任感,在社会主义市场经济体制下逐步推进公民道德素质与现行经济制度相适应,将提升公民道德素养作为国家重要战略任务稳步推进。其次,将以人民服务为中心、集体主义为原则作为公民道德建设的工作重点,不断加强马克思主义思想对社会主义道德体系的指导,使我们的公民道德规范有了战略指引,在思想层面有了正确科学的领导。在马克思主义道德思想的正确带领之下、结合我国伦理实践发展,不断革除拜金主义、享乐主义、见利忘义等社会不良现象,与一切不符合社会主义伦理思想的行为坚决做斗争。最后,《公民道德建设实施纲要》为公民道德建设的具体发展提供了一个新的方案。《公民道德建设实施纲要》中提到,将德育工作与社会治理相协调,在社会各个层面安排道德教育,使之与社会管理相配合,同时重视法律对公民道德行为的约束,在党与政府的教育管理中通过法制的力量不断推进公民道德建设,使全体公民增强道德认同意识。

《公民道德建设实施纲要》的出台体现着中国道德话语中个体与社会的联系通过精神属性与社会属性的关系统一呈现出来。其中公民的社会属性并不会直接构成个体的意义系统,而是作为个体意义系统的关联对象对其产生作用。"意义指引的伦理路径需要结合社会公众心理、实践经验进行思维、语言等层次的提取,以从复杂多样的社会实践经验中获取意义指引内容的伦理资源,实现意义指引的内容资源随社会环境变化而持续丰富完善。"[①] 在《公共道德建设实施纲要》的贯彻落实中,国家引领公民提高思想政治素养,这种教育意义指引着伦理话语路径依托于社会实践活动,并结合社会实践的发展规律与个体认知的发展规律不断完善自我,是基于社会物质生活与个体精神境界

---

① 赵毅衡. 实践意义世界是如何从物世界生成的 [J]. 南京社会科学,2017
(6):15-21.

的综合提炼与升华。"因此，意义指引伦理路径的本质是一种在实践中介作用下超越物质生产又回归精神世界的精神文化活动。"① 这其实就是个体在结合实践基础上引导公民自主自觉、主动地进行自我升华的过程，经过一系列意义指引伦理路径后，将社会的生产力发展、个体的精神需要与自我实践能力相统一，从而实现公民由被动到主动、由他律到自律的过渡与转化，进而完成在社会秩序中寻找自我生命意义的价值实现。

在社会主义道德话语体系之中，公民个人的生命意义呈现出社会生活领域的世俗秩序与精神生活领域的超越秩序，它们两者有机地统一于个体的意义之中。其中，世俗秩序为公民个人提供了社会生存的根基与情景，而超越秩序则为公民提供了世界意义上的美好愿景。与此相对应的，《公民道德建设实施纲要》对公民的思想政治教育意义在于公民的思想与行动上，这两者互为表里，相互影响，从两个方面共同推进公民思想道德的提升：第一，公民个人的社会行为，即社会行动与体验以及结果的选择都要受到社会伦理因素的影响与制约；第二，公民个体在社会生活中的精神层面的道德选择需要强烈的伦理意志的支配。公民在践行《公民道德建设实施纲要》的同时也是在接受思想政治教育的指引，在这种情况下，受教育主体正是接受了个体的社会实践和精神领域的功能，才将其落实到自己的行动中，变成个体自觉主动遵守的行为。这一过程也正是使个人价值指引的心理内化与伦理升华为以实践为中心的心理路径，公民个人也正是由此才得以实现对自身生命意义的不断追寻与探索。

马克思的意义世界理论将实践视为个体生命意义理解与阐发的起点，以实践为基础追问人的意义是该思想体系的基本向度。② 人是自然存在和社会存在的统一，既具备自然属性，又具备社会属性，同时能够发挥自己的主观能动性，完成对自然与工具的改造，在社会实践过程中获得自身发展所需要的物质材料与价值理念，将人类的生命活动

---

① 陈群，龙雁．论"意义世界"之生成的工夫次第［J］．学术交流，2018（7）：30-36.

② 王习胜．马克思思想的咨商解惑意蕴［J］．安徽师范大学学报（人文社会科学版），2015（2）：153-159.

变成自我意识的作用对象。实践是人类创造价值与生成意义的关键步骤。在这一过程中，人们能够逐渐认识到自己的内心，并将自我的需要与意图等外显为社会实践过程中对客观事物的人类的智慧与创造。当个体能够从他所创造的世界中直视自我时，他就能够切身体会到由此产生的自我满足与生命意义，从而完成自我价值的实现。

二、《新时代公民道德建设实施纲要》中道德话语的更新

《新时代公民道德建设实施纲要》在《公民道德建设实施纲要》的基础上做了明显调整。自党的十八大以来，以习近平同志为核心的党中央更加重视公民思想道德建设，《新时代公民道德建设实施纲要》在新时代公民道德建设的总要求、重点任务、强化道德、教育教化、促进道德实践养成、落实网络空间道德建设、发挥好制度保障作用与加强组织领导等方面做出了重要战略部署，新时代对于新公民的道德素养提出了更高的要求，党和政府在总结过去工作经验的过程中不断提出和解决新问题，迎接新挑战。

（一）道德话语体系中核心概念的更新

《新时代公民道德建设实施纲要》更加体现出对传统道德话语的继承与发展，《公民道德建设实施纲要》中"爱国守法、明礼诚信、团结友善、勤俭自强、敬业奉献"的基本道德要求大体已经完成了对当时公民在道德话语与规范上的要求。而我们在新时代再论现行道德话语建构，已然变成了与现在基本国情相适应的社会主义核心价值观，"富强、民主、文明、和谐、自由、平等、公正、法治、爱国、敬业、诚信、友善"更加深入人心。将国家的德、社会的德、公民的德共同融入公民道德建设的全过程，更好地发挥社会主义核心价值观的引领作用。在《公民道德建设实施纲要》与《新时代公民道德建设实施纲要》的对比中我们明显可以看出：第一，爱国是永恒的主题，是我国公民坚定不移的最基本道德理念与法律要求；第二，"守法"在当今的道德话语下变更为"公正法治"，体现出公正作为一种价值观基于平等正义的原则，以个人幸福与社会公正为目标进行道德价值判断，依靠法律制度进一步保障公民行为公正；第三，更加重视"诚信"的社会影响力。习近平总书记在社会主义诚信建设中提出，要以马克思主义诚信

观为指导，重视政务诚信、商务诚信、社会诚信与司法公正建设，诚信外交，展现中国人的战略思维与世界视野；第四，人民民主中"自由平等"的实现。新时代更加注重公民的人权、自由与幸福感满足程度，公民对美好生活的需要已经达到了一个新台阶，对生活的向往已经不再局限于物质生活水平，而是更加追求个人价值和社会认同。

《新时代公民道德建设实施纲要》中道德话语体系核心概念的更新是现代社会发展新形势的需要。习近平总书记强调："核心价值观，其实就是一种德，既是个人的德，也是一种大德，就是国家的德、社会的德。国无德不兴，人无德不立。"① 核心价值观是新时代全国人民道德价值观的最大公约数，同时也是最大的道德共识，它客观反映了新时代的国家利益、社会集体利益与个人利益三者之间统一的关系，是中国特色社会主义制度优越性在国家、社会与个人这三个不同主体上的具体道德呈现。社会主义核心价值观将"三位一体"的道德主体更加细化，从而克服了以往对道德要求中存在的道德主体抽象的不足，让我们对建设什么样的国家、构建什么样的社会和塑造什么样的公民有了十分明确、科学、合理的基本遵循。所以，社会主义核心价值观是习近平新时代中国特色社会主义意识形态的集中体现，也成为当代中国道德话语的重要组成部分。

在对公民群体的道德建设方面，《新时代公民道德建设实施纲要》重点关注了党员领导干部、青少年与社会公众人物这三种群体之间的道德建设。首先，青少年是处于形成价值观的重要时期，而且青少年决定了祖国的未来；其次，领导干部在党员群众之中有着重大的影响力，只有他们加强自身道德建设，才能领导和团结人民做成大事，更好地为人民服务；最后，公众人物对社会的潜意识指引作用巨大，而且对养成青少年正确的三观有强大的暗示作用。在个人品德中，《新时代公民道德建设实施纲要》重点指出了公民的遵规与自律，弘扬规则意识是新时代社会生活的现代化客观要求，同时，自律是公民道德信仰健康的体现，对理想信念的追求也是《新时代公民道德建设实施纲要》的亮点所在，因为理想信念有着指导人生方向的功能，是人的精

---

① 新时代公民道德建设实施纲要［N］．人民日报，2019-10-28（1）．

神之钙。此外,《新时代公民道德建设实施纲要》的创新之处还在于网络道德建设概念的拓展。

(二) 道德话语体系中重点领域的更新

在网络这个虚拟空间里产生了许多新型的道德问题,网络道德成为新时代公民道德建设的重要课题与伦理重点。与此同时,生态道德和国际道德两方面的道德建设也成了新的关注重点。这类道德问题是新时代以及公民生活中极为关注的重要伦理问题,是建设新时代伦理道德文化必须解决的重要道德问题。

第一,在网络道德层面,当今网络已经成为我们生活中不可分割的一部分,所以在网络生活中提倡道德话语的教育就显得极为重要,特别是在现代公民群体的网络生活中。一方面,社会主义网络道德教育是公民思想道德教育的重要内容,所以在《新时代公民道德建设实施纲要》中提出建设网络道德不仅仅是单纯地进行道德理论方面的说教,而是要在网络生活中引导广大公民树立正确的三观,实现民众对理想信念的追求与在现实空间和网络虚拟空间的一致性;另一方面,开展网络道德思想教育有利于引导公民网络道德生活的趋优向善。《新时代公民道德建设实施纲要》明确指出:"信仰信念指引人生方向,引领道德追求。"[①] 在公民进行网络道德教育的具体实践之中,我们需要坚持不懈地用马克思主义基本原理与马克思主义中国化的理论来教育引导广大百姓,确立其在现实社会与网络社会中一致性的道德话语理论基础,使公民自觉在网络生活中把共产主义远大理想与中国特色社会主义共同理想统一起来,将个人理想与社会理想结合起来,在网络生活中进行实践活动时,积极服从与服务于国家富强、民族振兴与人民幸福的中国梦,在网络空间中为中华民族伟大复兴贡献出自己的应有力量。《新时代公民道德建设实施纲要》强调社会主义公民应该意识到,在虚拟社会中对实践过程中应当遵守的规则与现实社会是同样的。一旦公民在网络生活中降低了对人生价值的坚守标准与意志追求,就必然会弱化大众自身的道德发展志向,同样也会限制自身网络道德素

---

① 中共中央国务院. 新时代公民道德建设实施纲要 [N]. 人民日报, 2019-10-28 (1).

养的提升空间。

第二，在生态道德层面，"人与自然是生命共同体"这种理念纠正了长期以来自然与人二分的思维，也明确了自然与人的同一关系，同时厘清了人类如何善待自然、自然又将怎样善待人类的生态伦理的辩证关系。只有人类与自然实现平衡，人类才能够发挥主观能动性，为自己创造未来。如果人类再持续打破这一平衡，尤其是在全球社会中，就会威胁到人类发展的根基。① "人与自然是生命共同体"强调了人与自然是一种共生的关系。因为人与自然的关系应该是统一的而非对立的。人类来自自然，自然界也为人类的生存发展提供了无尽的生存资源，保护自然就是保护人类自身、保护人类自己的家园。同时人类本身就是自然的一部分。"人类可以利用自然、改造自然，但归根结底是自然的一部分，必须呵护自然，不能凌驾于自然之上。"② 人类不能超越自然，人的活动本身也是自然的一部分，两者互相依存才能形成有机的统一体。最后，自然是人类生存发展的基石。"人与自然是生命共同体"，要求在中国建立新的生态伦理观，恢复人与自然的平衡，构建生态命运共同体。

第三，在国际道德责任层面，国家作为国际社会大家庭的成员，它需要承担一定的道德义务。传统的国际政治道德将这种义务体现在一些国际法的原则之中，比如尊重他国的主权、安全与国家利益，民族平等独立、承担国际责任、履行国际义务，承诺不以武力或武力威胁作为国家的政治手段，遵守国际外交制度，在和平与战争时期尊重保护人类生命等。这种传统的国际政治道德，其核心就是尊重主权安全，维护和平稳定。但是在传统的国际政治道义之外，个人或国家的道德也会成为国际社会道德应该遵循的重要内容。在外交道德方面，中国作为一个负责任的社会主义的大国，要想能够为整个世界所接受，就必须在对外关系中具有一定的亲和力。因此，中国始终保持近几十年外交的特色，依靠软权势，和平贸易、微笑外交。这种外交方式的

---

① 庾虎.论习近平的联合思想［J］.辽宁工业大学学报，2017（2）：1-3.

② 习近平.携手构建合作共赢新伙伴同心打造人类命运共同体［N］.人民日报，2015-09-29（2）.

优点在于"其非暴力伤害性、渐进累积性、广泛弥漫性以及很大程度的互利性，这样的力量是最不易阻挡、最少引发强烈阻力、最小化的成本发生和后果方面相对最可接受的"①。最后，中国在建立道德制高点时要更加强调内外两方面的同一性，既要促进中国在内政上的积极改革，又要继承推进在外交上的传统优势，更好地发挥中国的外交能力，担当起一个崛起中的大国的责任。总之，《新时代公民道德建设实施纲要》更加凸显了以人为本的价值观念，一方面强化公民的道德环境，比如解决虚拟空间的网络道德问题、环境空间的生态道德问题等；另一方面采用多方位具体措施，在新时代伦理思想建构的要求下培育时代新人。

三、新时代背景下道德话语变迁的伦理功能

《新时代公民道德建设实施纲要》将个人品德作为我国公民道德建设社会公德、职业道德、家庭美德之后的第四个基本着力点。《新时代公民道德建设实施纲要》中道德话语变迁的伦理功能主要体现在公民这个主体在实践理性的指导之下，主体道德思想与行为的统一性，即知行合一问题。这就要求公民在掌握理论研究的基础上自觉规范自身行为，内化于心，外化为行。显示着我国人民为实现中华民族伟大复兴，加速转型发展的不断奋斗，所以我国特别需要创新创造，更加需要在公民思想政治教育的道德话语中倡导和发展知行合一。

（一）个人品德作为公民道德建设的第四个着力点

道德评价是道德话语伦理功能体现的重要领域。在公民道德建设的内容上，《新时代公民道德建设实施纲要》与《公民道德建设实施纲要》都提出了公民对道德建设的一致性认识，后者明确指出了社会主义公民道德建设应该坚持以为人民服务为核心、集体主义为原则，以爱祖国、爱人民、爱劳动、爱科学、爱社会主义为基本要求，并以社会公德、职业道德、家庭美德作为我国公民道德建设的基本着力点。《新时代公民道德建设实施纲要》在后者的基础上进行了拓展，它明确

---

① 时殷弘.成就与挑战：中国和平发展、和谐世界理念与对外政策形势 [J].当代世界与社会主义，2008（2）：81.

了公民道德建设的第四个着力点，那就是个人品德。

在公民道德建设的问题上，个人品德问题是基础，因为"人"是道德的唯一主体，道德也从来都是关于"人"的道德，只有人的行为或者与人相关的行为才具有道德属性。在公民道德建设中，强调个人品德就相当于是强调个体的道德主体性。康德认为，主体性的伦理功能在于人能够自觉运用理性进行道德判断，继而做出道德选择。能够自觉运用自己的理性，在伦理学的意义上既意味着个体自身的自主性，同时也意味着社会规范的自觉性与内在性。同样，在公民道德建设中，个人道德是使得公民道德建设能够形成的基础，因为只有全体公民全部把个人行动落实下来，提高自身主体性，才能将个人品德完善。所以，《新时代公民道德建设实施纲要》把个人品德作为公民道德建设的第四个着力点十分必要。在我国传统道德话语中就强调"大学之道，在明明德，在亲民，在止于至善"①，《大学》在谈论伦理道德时，就已经把个人品德的培育置于社会生活的最核心位置。在公民伦理道德的建设过程中，公民道德建设也成为考察个人品德的实践标准："从马克思主义的观点看来，人的主体身份和主体性不是天生的、先验的存在，而是在人的实践和认识活动中生成的本质，是后天获得的人的本质力量。"② 从当下的社会道德现状来看，自新中国成立以来，中国特色社会主义建设已经取得了举世瞩目的伟大成就，人民的生活水平与伦理道德水平也都有了较大的提升。可以说，社会道德发展的大体方向一直都是向上的、向善的。但是在某些领域或某些层面，一些极个别公民的表现却与现行社会主流思想相悖，造成了极其恶劣的道德影响。所以，《新时代公民道德建设实施纲要》将社会主义核心价值观重点体现出来，重视用诚信、公平、法治等核心理念来解决市场经济领域中假冒伪劣产品问题，社会领导领域建设中的官员腐败问题，教育科学领域中的学术不端问题，国际交流与合作中的外交诚信问题等。《新时代公民道德建设实施纲要》从国际视角提出了公民道德建设的方

---

① 朱熹. 四书［M］. 陈晓芬，王国轩，万丽华，等译. 北京：中华书局，1983：12.

② 郭湛. 主体性哲学：人的存在及其意义［M］. 昆明：云南人民出版社，2002：38.

向与发展道路，阐明了中国特色社会主义进入新时代所面临的全新道德问题，也从中国文化维度阐明了对公民道德建设的新理解，为我国公民伦理思想建构提供行为指南，同时也为解决世界道德难题发掘中国思想、贡献中国智慧、提供中国方案。《新时代公民道德建设实施纲要》担当起实现中国特色社会主义文化发展趋向的历史重任与时代使命。

现阶段我国的社会主要矛盾已经发生了变化，这种社会主要矛盾的新变化是顺应时代新形势发展的必然结果，对公民的思想道德建设提出了新的要求与规定，同时也为中国道德话语体系的建构提供了新的场域。在公民的道德建设领域，我国现在的主要矛盾集中体现在新时代对公民高尚道德品质的要求与现实社会中广大百姓的道德水平相比还有一定的差距。因为新时代人们对美好生活的需要日益增长，"美好生活"的最终指向是人的物质丰富与精神高尚的相互统一，这也就是在强调人们在追求物质生活的基础上，更加不能忽视精神文明建设的充分提高。"人的本质是一切社会关系的总和"①，个人的满足与发展和社会的全面发展具有非常紧密的契合性，而作为上层建筑领域的个人品德道德话语建设同样也会对社会经济基础的发展产生相应的反作用。所以，新时代要想促进人们的物质追求与精神追求同步均衡发展，实现社会全面进步，那就要将社会的全体公民思想道德水平提高落实到个人品德建设上来。

公民的思想道德建设是一项能够充分体现"人本"的工程。就其建设主体而言，公民的思想道德建设是一种个体充分发挥其实践自主的创建活动；而就其建设对象而言，公民的思想道德建设最终目的是在于摆脱现阶段人被奴役的矛盾关系，实现每一个人的全面自由发展；最后就其内容而言，公民的思想道德建设包括社会公德建设、家庭美德建设、职业道德建设和个人品德建设，它涵盖人与人、人与社会、人与自然以及人与自身的关系范畴。如果没有单独公民个体的相互依存与相互联系，那就无所谓家国与社会；而如果没有个人品德建设的

---

① 中共中央马克思恩格斯列宁斯大林著作编译局．马克思恩格斯选集：第一卷 [M]．北京：人民出版社，1995：135．

支撑，就更不可能实现社会中全方位的社会道德建构。所以中国现阶段的思想道德建设应该最终一体化到个人品德的建设上来，进而以此统筹推进新时代的公民道德话语思想建设的全面发展。

在中国传统文化当中"修身"居于重要位置，强调个人品德建设是家和、国兴、天下一统的前提与基础。习近平总书记在对新时代青年的寄语中明确要求，青年首先要"锤炼品德修为"①。而在对青年大学生的期望之中，"德"作为德智体美劳全面发展的第一条件，则意味着高校培育时代新人必须使他们塑造美好品德，从而实现立德树人的根本任务，要通过建设个人思想品德，为党和人民的伟业培育出一代又一代有理想品格、过硬本领与担当意识的德才兼备之人。在新时代中，个人品德建设是新时代青年培育的重要组成部分，这对于树立"国无德不兴，人无德不立"的家国认知，促进公民个体将内在的道德力量转化为助力实现伟大复兴中国梦的力量，具有非常重要的推动作用。

（二）理论认知与实践改造的统一

《新时代公民道德建设实施纲要》道德话语变迁的伦理功能主要体现在公民这个主体在实践理性的指导之下，主体道德思想与行为的统一性，即知行合一问题，这就要求公民在掌握理论研究的基础上自觉规范自身行为，内化于心，外化为行，从而实现马克思所讲的"环境的改变和人的活动或自我改变的一致"②。王阳明认为："某尝说知是行的主意，行是知的功夫。"即：既没有脱离行的独立的知，更没有脱离知而独立的行，知与行不可分离。"知是行之始，行是知之成。若会得时，只说一个知，已自有行在；只说一个行，已自有知在。"③ 从知到行的过程相互联系又相互包含。如果从知是行的开始来讲，知不仅是整个行为过程的一部分，同时也是行为过程的初始阶段，所以说知

---

① 习近平. 在纪念五四运动100周年大会上的讲话［N］. 人民日报，2019-05-01（02）.

② 中共中央马克思恩格斯列宁斯大林著作编译局. 马克思恩格斯选集：第一卷［M］. 北京：人民出版社，1995：91.

③ 张建华. 吴加进. 知行本来体段与自然的知行合一［J］. 中华文化论坛，2016（5）：83-89.

即是行；而就行是知的实现来说，行可以看作整个知的过程的终结阶段，因此也可以说行即是知，从而强调了知行合一。新时代公民道德建设是新时代党领导人民实践伦理道德，把握精神世界的特殊方式，是理论认知与实践改造的统一，所以新时代公民的道德建设必须落实到道德生活的实际中，与伦理治理有机结合。《新时代公民道德建设实施纲要》是中国特色社会主义事业发展过程中实践道德理性的行为指南，它也必须在党的正确领导下，以社会主义核心价值观为引领，落实到中国特色社会主义建设的全部过程的各个方面中：坚持以公有制为主体，坚持共同富裕的根本原则，坚持和保障人民当家作主，发展中国特色社会主义先进文化，牢牢把握先进文化发展方向、建设社会主义精神文明。《新时代公民道德建设实施纲要》指出了在党和政府的领导下，要求我们真正做到发展为了人民、发展依靠人民、发展成果由人民共享，在社会主义现代化建设中提高道德建设伦理思想，为社会主义新时代道德话语的更新变迁提供强大的精神动力。

在《新时代公民道德建设实施纲要》的道德话语体系中，"知"和"行"这两点贯通于"知行合一"。陶行知作为我国对知行关系探讨最为持久与深入的思想家和教育家，他年轻时对明代的思想家、教育家王阳明特别崇拜，深受其"知者行之始，行者知之成"为理论核心的知行合一思想的影响，所以在他19岁时就将自幼一直使用的名字做了更改，而随着他学习和研究的不断深化，越发感到"知者行之始，行者知之成"的说法欠妥，所以他在43岁时发出《行知行》一文，并提出了"行是知之始，知是行之成"，把王阳明所阐释的知行关系互相颠倒了一下，又把自己名字的前后顺序调换了一下，改成陶行知。再后来，他的思想由知、行的二元关系向知、行、创的三元关系研究转变，他认为"行动是老子，知识是儿子，创造是孙子"。陶行知先生对我国教育事业发展与民众思想教育上的进步做出了重大贡献。为实现中华民族伟大复兴，加速转型发展，我国特别需要创新创造，更加需要在公民思想政治教育的道德话语中倡导和发展知行合一。

更为重要的是，在精神哲学的意义上，精神即伦理实体，它是一切个人行动不可动摇与不可消除的根据地和出发点，并且是一切人的行动目标。伦理在本质上是一种普遍的东西，是人们之间的伦理关系，不是情感或爱的关系，而是个别性的成员对其作为实体的社会伦理共同体成员之间的关系。一个人只有作为社会伦理共同体的成员之一才具有实体性与现实性，不然就会陷入孤立的伦理困境中。伦理性的东西不是抽象的，而是具有很强烈的现实性。《新时代公民道德建设实施纲要》体现着新时代道德话语上的理论认知与实践改造相统一，所以，在现实的生活世界之中，知行合一就更要恰当处理好个体利益与社会公共利益之间的关系。

第六章

道德榜样树立：当代中国道德话语建设的现实性体现

　　道德榜样是在一定历史时期内，获得大多数群体的普遍认同的理想追求，它是一定社会道德理想的实践形态。道德榜样具有一定的崇高性，代表其在思想道德境界上达到了较高层次。道德榜样的树立其实就是当代中国道德话语建设的现实性体现。目前来看，全国道德模范分为诚实守信、见义勇为、爱岗敬业、助人为乐、孝老爱亲五种类型，而这其实也是当代中国道德话语体系中的五大重要范畴。全国道德模范评选活动对于我国的道德建设、核心价值观培育有着重大而深远的影响，道德模范标准的研究也具有重大的理论意义和现实意义。

一、道德榜样的语言含义

　　道德榜样是一定历史时期内，获得大多数群体普遍认同的理想追求，它是一定社会道德理想的实践形态。道德榜样具有一定的崇高性，代表其在思想道德境界上达到了较高层次。道德榜样这个词也在不同的历史时期有其不同含义，但整体来看道德榜样其实就是中国道德话语的现实性体现。

（一）道德榜样伦理语义变迁

　　"榜样"二字对于人们来说并不陌生，在生活、学习中时常出现，每每提及"榜样"，脑海中便可以联想到无数伟岸的人物形象。"榜样"一词来源已久，且随着时间的推移，人们赋予它的意义也在不断变化，因而有必要联系古今，对其概念内涵做一个全面详细的了解。

　　"道德榜样"的语言含义从语言学的层面来看，就是道德领域中值得人们学习的好人好事、先进和典范，在语义上可用楷模、模范来替代榜样二字。传统伦理学将其界定为："一定社会、一定阶级的理想人格的典范或者楷模，是一定阶级的道德原则和规范在具体人物身上的反映。"我国著名伦理学家罗国杰将其定义为："历史上或现实中比较完备地体现一定社会或阶级的道德理想，被人们看作理想人格化身和道德选择楷模的杰出人物。"① 道德榜样的一大特点在于其道德性，它承载了大众认可的精神期许和社会秩序，它的内涵也是由道德来具体规定的。道德榜样的另一大特点在于其道德性与社会实践性。道德榜样是一定历史时期内，获得大多数群体普遍认同的理想追求，它是一定社会道德理想的实践形态。道德榜样具有一定的崇高性，代表其在思想道德境界上达到了较高层次。正因如此，道德榜样才能对其他人具有一定的教育引导作用，才是一种理想的人格范式，每个时代的道德榜样都体现了该时代主流的道德原则和道德规范，是道德原则和道德规范具体的、实际的体现。道德并非自然产生，而是进入人类社会后，伴随着人的生产、生活等实践活动所产生的，因而在这个前提下，道德榜样也属于社会历史范畴之内的概念。道德榜样是在一定的历史条件下，由人类的实践活动造就的。人们会自觉本能地去模仿道德榜样，因而它具有示范、激励、教化作用。

在传统语言中，"榜"在古代汉语中有多个含义，可以指矫正弓弩的工具，韩非子："榜者，所以矫不正也。"《韩非子·外储说右下》："椎锻平夷，榜檠矫直……椎锻者，所以平不夷也；榜檠者，所以矫不直也。圣人之为法也，所以平不夷、矫不直也。"② "样"本义为栎木的果实，《说文》中这样解释："样，栩（栎木）实"。后来引申出多种意义，如形状、种类和做标准的东西（样板、榜样）。"榜"与"样"在固定标准的意义上有相通之处。"榜样"最早出自宋代张镃《桂隐纪咏·俯镜亭》的诗句"唤作大圆镜，波文从此生。何妨云影杂，榜样自天成"，这里的"榜样"是用来形容物品的样子。明代李贽《续焚书·李善长》中也有"榜样"一词，"其不私亲，以为天下榜样，亦大昭揭明白矣"，这里的"榜样"是模范、表率之意。

现代社会中的"榜样"概念较之古代，在承袭的基础上，也延展

---

① 彭怀祖，姜朝晖，成云雷.榜样论［M］.北京：人民教育出版社，2002：46.

② 王力.古汉语字词典［M］.北京：中国青年出版社，2007：32.

出了新的内涵。我国学者从多个角度对该词进行了研究。第一种观点从方法论的角度，把树立榜样当成一种教育方法。王道俊在《教育学》中指出"榜样是以他人的高尚思想、模范行为和卓越成就来影响学生品德的方法"①。张茹粉提出"榜样就是人的某一实际的行为实践活动及其活动的成果或行为实践中蕴含、体现、彰显出来的，对其他社会成员具有借鉴、激励、警示作用的东西"②。此种观点在肯定榜样人物或榜样事件的前提下，突出该人该事对学生的激励作用，认为可以把其中的正面价值运用到教育教学中，让学生广泛学习，这是一种工具主义的榜样观。第二种观点从属性角度把榜样看作社会公众模范和好人好事。在社会学领域中榜样是一种"角色模型"。班杜拉认为："大部分人类行动是通过对榜样的观察而习得，即一个人通过观察他人知道了新的行动应该怎样做。"③ 人们会去模仿、去实践典型模范的行为，并在这个过程中获得一定的社会模仿经验，这种观点更多偏向解释行为而非解释价值。第三种观点从功能角度把榜样视为具有示范、激励、教化作用的特定的人或事，认为符合主流价值观的好人好事会对个人、对社会、对国家产生积极的意义。彭怀祖、姜朝晖等为代表的学者认为"榜样是在一定历史时期经组织认定，公众舆论认可和公共传媒广泛传播，体现时代精神和人民意愿，代表先进生产力的发展要求，代表先进文化的发展方向，代表最广大人民群众的根本利益，值得公众效仿和学习的先进典型"④。

与榜样含义相近的词汇诸多，如典范、偶像。"典"在《说文解字》中解释为"典，五帝之书也"。"范"在《说文解字》中解释为"范，艸也。从艸、氾声"。"典范"最早见于宋朝郭若虚的《图画见闻志·叙图画名意》，"古之秘画珍图名随意立，典范则有《春秋》《毛

① 王道俊，王汉湖．教育学［M］．北京：人民教育出版社，1989：399.
② 张茹粉．榜样教育的理性诉求［J］．河南师范大学学报（哲学社会科学版），2008（2）：216.
③ 班杜拉．社会学习心理学［M］．郭占基，译．长春：吉林教育出版社，1988：42.
④ 彭怀祖，姜朝晖，成云雷．榜样论［M］．北京：人民教育出版社，2002：46.

诗》《论语》《孝经》《尔雅》等图"。因此，在古义中"典范"有典型、代表之意，这与现代汉语的典范含义十分接近。典范即有一定的学习价值的人或事物，即有正面意义的典型，在此意义上与榜样无多区别。在词义上，典范和榜样都有褒义属性，指好的、有示范价值的对象。当两者都表示值得学习的对象时，典范所适用的范围更广，并不局限于道德领域，适用对象可以是人也可以是物；而榜样所适用的范围更窄，适用对象通常都是人，且天然带有道德含义，无意之中就树立起了道德形象。"偶"在《说文解字》中解释为"偶，桐人也"。"像"在《说文解字》中解释为"像，象也。从人，从象，象亦声，读若养"。因此，在古义中"偶像"即为像人的木制品。在现代汉语中，"偶像"即人所模仿的对象。在现代语言体系中，偶像二字逐渐演化为带有盲目崇拜之意，更倾向于精神寄托和精神崇拜，因而是出于感性驱使；而榜样更倾向于道德价值和精神意义，因而是出于理性驱动。

综合来看榜样就是产生于一定的社会生产和实践活动中的好人好事，符合并引领当下的主流价值观，为社会普遍认可，具有示范、激励、教化作用的理想人格范式。道德榜样就必然是在一定的社会关系中，经过一定的道德实践，植根于一定的社会工作中，体现一定时期对人的本质与社会共同价值的追求，进而得到社会大众的景仰和模仿，起到带动整个社会道德水平的作用。"人是个道德动物，每个人或多或少必定都有遵守道德规范从而做一个好人的道德需要、道德欲望和道德愿望。"① 道德榜样通过对个人的引导价值来影响和感染个人，使公民自觉追求高尚的道德行为。道德榜样的树立成为当代中国道德话语体系建设的重要内容，其能够将道德话语用实践案例充分表达出来。

（二）道德榜样的理论基础

我国历史上涌现了许多道德榜样，每一时期道德榜样的标准都有所不同。不同时期的道德榜样映射出不同时期的道德榜样文化，由此可见，道德文化的发展实然就是历史的发展。卡尔·雅斯贝斯说："一

---

① 王海明. 论道德榜样 [J]. 贵州社会科学, 2007 (3): 4.

切伟大之物都是变迁中的现象。"① 原始社会产生了许多崇拜现象，如图腾崇拜、生殖崇拜等，这些崇拜并非真正意义上的榜样崇拜，更多是出于本能。但这些崇拜现象却孕育了道德榜样文化，由崇拜神向崇拜人转变，这是出于人类的理性选择，是有意识、有目的的实践活动，开启了真正意义上道德榜样文化，涌现了数不胜数的道德榜样，探索某一特定时期的道德榜样，便可知其标准。道德榜样是怎么产生的，关于这个问题在学界主要有四种看法：先验论、发现论、需要论和实践论。

道德榜样先验论就是指能不能成为道德榜样是先天就注定了的，后天的学习、努力是无法改变这种结果的。这是一种唯心主义认识论。唯心主义者认为心灵主宰着身体，内在的精神价值、伦理道德价值等高于外在物质事物的价值。在早期的西方，哲学家们对先验知识做出了两种规定：第一，柏拉图的理念知识。这是一种不直接由经验观察而得到的知识，是人生来就有的，先天存在于人的心灵，人无法通过经验去认识理念世界，通过学习可以唤起关于理念知识的回忆；第二，以安瑟伦为代表的神学家的先验知识，自然理性能够不依赖于经验而获得的知识，其根源是上帝。西方近代，笛卡尔、莱布尼茨、斯宾诺莎等理性主义者，他们对先验知识的具体内容有不同理解，但都肯定了存在先天知识可以不由经验而依靠理性直觉建立起来。道德榜样先验论在思想内核上与唯心主义认识论一致，认为道德榜样的产生是先天的，"生而知之者，上也；学而知之者，次也；困而学之，又其次也；困而不学，民斯为下矣。"② 生而知之者在心性等级上处于绝对的优势地位，道德榜样先验论必然导致人们道德地位的不平等，那些下等心性的人无论如何都不可能成为道德榜样，中等心性的人只能以上等心性的人为标杆，努力学习、无限接近却无法真正成为道德榜样。

道德榜样发现论就是指道德榜样是由那些掌握着强大宣传工具的机构所发现的，这是从信息传播的角度来阐述道德榜样的产生机制。

---

① 卡尔·雅斯贝斯. 历史的起源与目标 [M]. 魏楚雄，译. 北京：华夏出版社，1989：283，279，192.

② 孔子. 论语·季氏 [M]. 杨伯峻，杨逢彬，译. 长沙：岳麓书社，2000：161.

人类进入文明社会几千年，过去的技术发展十分缓慢，处于农耕时代的人们所接触的任何事物都十分有限，生活的重心也不过是劳作，用以维持日常的生活生产需要。19世纪80年代，人类从漫长的农耕时代迈入工业时代，特别是随着信息时代的到来，人类的生活发生了翻天覆地的变化。在过去不发达的信息传播机制下，由于信息的不对称，人们很难去发现、去认识千里之外的道德榜样，如若发现，凭借的也只是偶然性和运气。随着技术的进步，人们获取信息的途径很多，可谓不胜枚举，但是受制于有限理性，普通人很难甄别信息的真假，客观看待事件和人物。因此，基于信息传播的阻碍和人类理性的有限，道德榜样发现论认为道德榜样的"主动权"掌握在政权机构中，普遍来说，只有政权机构才有能力去发现道德榜样并且树立道德榜样。

道德榜样需要论就是道德榜样可以调动人们的积极性，去追求更高层次的道德价值，不断发展自身、完善自身。在作用于人的同时也作用于整个社会，提升社会道德水平、改善道德风貌。当社会出现道德滑坡时，道德榜样被呼唤的频率就会显著加快。"需要能使人们常常想起人类社会活动的目的是人类自身的存在和发展，需要就是人的各种积极性的源泉。"① 需要不同于匮乏，因为匮乏的东西只要得到满足便可以解决，而无法激励人们持续追求、创造。"需要"和"道德榜样需要"是一般与个别的关系，道德榜样可以给普通人提供一个参照，因为在一个社会中，成为道德榜样的人一定是少数人，而人有向善的本性，多数人可以参照道德榜样的道德品质和道德行为，不断提升自身，不断发展创造，使自己与道德榜样逐渐接近。

道德榜样实践论就是指"道德榜样是在社会实践的过程中产生和成熟的"②。道德主体在社会实践中获得关于道德的知识，把实践经验总结起来，再把总结的经验运用到实践之中。在这个"实践—总结—实践"的循环中，不断更新关于道德的知识，一方面，利用经验来改造世界；另一方面，改造自身以适应世界，在特定的历史条件下形成

---

① 曾钊新，李建华．道德心理学（上卷）［M］．北京：商务印书馆，2017：73.
② 廖小平．论道德榜样——对现代社会道德榜样的检视［J］．道德与文明，2007（2）：73.

稳定的道德认知，不断提升自己的道德水平，成为道德榜样。

二、道德榜样的道德评价

道德榜样是在处理利益关系中可效仿的现实典型，关于道德榜样的评价标准，每个时代的具体要求都不一样，都是由当时的历史环境、政治背景、社会风俗所决定的，因而道德榜样的评价标准也在一直变化。而道德榜样评价标准的变迁也是道德话语变迁的重要表现形式。

（一）道德榜样评价标准的理论基础

道德评价作为人类社会的一种精神活动，它反映了人们对世界的认知和把握，反映了"应当如何"的问题，表明了主体的价值取向、价值认同和价值追求，在人类的社会生活中占据了很重要的位置。"在一个社会的道德建设中，社会性道德评价是一种经常要用到的重要手段。同时，社会性道德评价也是各类道德主体在社会生活中经常要从事的一种道德实践活动，并且，正是因为这个活动关乎对个人、群体和社会的已有实践和将有实践的道德反思，从而有利于使各类道德主体的作为越来越合乎道德，这才使社会性道德评价成为社会道德建设的一种重要手段。"① 作为一种重要的社会道德建设手段，道德评价充斥着人们的生活，在市井之间、在亲朋好友之间、在新闻媒体的报道评论中等，许多地方正在发生着道德评价。道德榜样的评价是道德评价的具体表现，道德评价指导着道德榜样的评价，两者之间相互关联，可以透过道德评价的标准来窥探道德榜样的评价标准。

道德的评价标准不仅是伦理学范畴中一个重要的理论问题，同时也是道德实践活动中的一个重要问题，是道德话语现实性体现的重要途径。"道德评价标准乃是一个具层次性结构的体系，它至少包括下列内容：1. 良心标准。它是道德评价的直接依据。2. 社会集团标准。它是道德评价的普遍依据。3. 历史标准。它是道德评价的根本依据。"②

---

① 韩东屏. 论社会性道德评价及其现代效用 [J]. 伦理与道德，2018 (6)：84.

② 窦炎国. 道德评价及其标准体系 [J]. 铁道师院学报（社会科学版），1995 (1)：11.

良心标准在这个结构体系中位于第一层。这意味着当人们在进行道德评价时首先会以良心去评价，无须反应，也无须深思，良心发自人们内心深处，使人们对人或事件做出快速的价值判断。良心会依据个人所认同的、所理解的社会道德价值去评价行为。值得注意的是，"良心"并不是主观先验的，而是社会实践的产物。马克思指出："共和党人的良心不同于保皇党人的良心，有产者的良心不同于无产者的良心，有思想人的良心不同于没有思想的人的良心。"① 由此可见，良心标准是一种比较个人化的标准，不同的人对社会道德价值会有不同的理解，每个人都会有自己的标准。如果人人都用自己理解和把握的社会道德价值去评判，那么就会出现混乱的局面。因而，用良心去评价标准不具有普遍性。更高一层的标准是社会集团标准。相对于人内部的良心标准而言，外部环境存在着各种各样的社会道德规范，人们会在各种各样的规范中选择一种符合自己利益需要的规范，即与自己的良心保持一致。但是该标准与第一层标准存在着同样的问题，因为社会上存在着各种各样的社会集团，不同阶层的利益诉求不一样，每个社会阶层都认为自己掌握了真理。但是相对第一层标准，社会集团标准在普遍性上远胜于良心标准。最高一层的标准是历史标准。"道德评价的历史标准，就是以人类社会历史进步的客观要求作为判断善恶的尺度。"① 历史标准在这个评价结构体系中处于最高层次，在客观性上比前两个层次的标准更胜一筹。它不仅可以直接对人或事进行价值判断，还可以对第二层标准——社会集团标准进行衡量。当社会集团标准与人类社会历史进步的客观要求保持一致时，那么就可以认定它具有善的价值，反之，便可认为它不具有善的价值。道德评价的道德历史标准与前两个标准相比，具有明显的客观性，它结合了事实判断和价值判断，不仅仅是单纯的价值判断，不以某个人或某个社会集团的价值尺度为标准，因而可以避免陷入各说各话的尴尬局面。

（二）道德榜样评价标准的现实建构

《新时代公民道德建设实施纲要》指出："要把社会公德、职业道

---

① 中共中央马克思恩格斯列宁斯大林著作编译局．马克思恩格斯全集：第六卷[M]．北京：人民出版社，1963：152.

德、家庭美德、个人品德建设作为着力点。"社会公德就是人们在公共领域应当具备的社会礼仪、道德品质，如讲文明讲礼貌、助人为乐、爱护公共设施等，争取人人都成为一个社会好公民；职业道德就是人们在自己所从事的行业中或岗位中应当遵守的职业规范，如热爱自己的岗位、坚守诚信底线、办事公道等，争取人人都在自己的工作中做出一番成绩；家庭美德就是在家庭关系中应具备的品德，如尊敬长辈、爱护小辈、男女平等、夫妻和谐等，争取人人都在家庭中做一个优秀的成员；个人品德则提倡人们在社会生活中养成良好的道德品质，行为举止遵守法律法规和公序良俗，如爱国、自强自律、善良等，争取人人都可以养成优秀的品格。

道德榜样评价标准的现实建构要以当代中国道德话语体系为基础，以《新时代公民道德建设实施纲要》为核心，以社会主义核心价值观为主要内容来展开。"社会价值观是在一定历史时期，在一定社会中具有普遍意义的价值标准、判断体系。"① 社会价值观代表着人们对价值诉求和善恶观念的最普遍的追求。社会价值观既有个体层面的意义又有社会层面的意义，在个体层面，社会价值观就是指人们所形成的对社会、对自我与他人关系的系统性的理解和认识；在社会层面，社会价值观就是被社会及其群体普遍认同、普遍接受的价值观。由此可见，社会价值观兼具社会性和群体性，两者缺一不可。在一个复杂的社会环境中，由于存在着不同的文化背景、地缘差异，每个地方甚至每个人的发展都是不一样的，因此势必会存在多种价值观，但是人们相互交往的过程，就是价值观不断冲突、消解又融合的过程。如果一种价值观只被小部分群体认可，那么它远远没有到达社会价值观的层面，因为社会价值观承载了社会成员基本的价值取向和道德观念，它具有道德榜样在道德评价内容上的普遍性。习近平总书记强调："全国道德模范体现了热爱祖国、奉献人民的家国情怀，自强不息、砥砺前行的奋斗精神，积极进取、崇德向善的高尚情操。"② 在核心价值观的渲染

① 李建华．社会主义核心价值观构建与践行研究［M］．北京：人民出版社，2017：21.

② 学习强国．习近平对全国道德模范表彰活动作出重要指示［R/OL］．学习强国网，2019-09-05.

下，我国当代涌现了很多道德榜样，他们的事迹令人动容、令人钦佩，他们用实际行动践行着社会主义核心价值观。全国道德模范就是其中的典型代表，"他们是社会主义理想道德和核心价值观的化身，他们的善行义举生动地阐释了社会公德、职业道德和家庭美德的主要内容，推进了社会主义思想道德建设的进程"①。

三、学习道德榜样的伦理价值

"道德模范是社会道德建设的重要旗帜，要深入开展学习宣传道德模范活动，弘扬真善美，传播正能量，激励人民群众崇德向善、见贤思齐，鼓励全社会积善成德、明德惟馨，为实现中华民族伟大复兴的中国梦凝聚起强大的精神力量和有力的道德支撑。"② 道德榜样具有无穷的力量，它可以对广大人民群众起到激励、示范的作用，人们模仿、再现、实践道德榜样的道德行为，学习蕴含于其中的道德精神。在向道德榜样学习的过程中，人们实践社会主义核心价值观，推动我国社会主义精神文明建设。

（一）道德榜样的社会力量

2018年8月，习近平总书记在全国宣传思想工作会议上的讲话中指出："要大力弘扬时代新风，加强思想道德建设，深入实施公民道德建设工程，加强和改进思想政治工作，推进新时代文明实践中心建设，不断提升人民思想觉悟、道德水准、文明素养和全社会文明程度。要弘扬新风正气，推进移风易俗，培育文明乡风、良好家风、淳朴民风，焕发乡村文明新气象。"③ 全国道德模范评选活动是由中央文明办、全国总工会、共青团中央、全国妇联共同举办的，该活动在道德模范评选的相关活动中是自新中国成立以来的规模最大、规格最高、选拔最广的活动。自2007年开展首届道德模范评选后，每两年评选一次，至

---

① 崔卓群. 全国道德模范评选表彰活动的价值及其实现途径研究［D］. 吉林：东北电力大学，2017：9.

② 习近平. 深入开展学习宣传道德模范活动，为实现中国梦凝聚有力道德支撑［N］. 人民日报，2013-09-27（1）.

③ 习近平. 举旗帜聚民心育新人兴文化展形象，更好完成新形势下宣传思想工作使命任务［N］. 人民日报，2018-08-23（1）.

今已经连续举办了七届道德模范评选活动。经过推荐阶段、投票评选、审批表彰、推荐评议四个阶段层层筛选，民主投票后每届产生 50 位左右的道德模范，并且予以隆重表彰。这在全国范围内引起巨大反响和讨论，在社会上形成了学习道德模范、争当道德模范的浓厚氛围。国无德不兴，人无德不立。经过不懈的努力和时间的沉淀，我国在精神文明建设领域和宣传思想工作方面取得了许多成就，全国道德模范评选活动是其中极具代表性的成就之一，影响广泛，深受广大人民群众的关注。

　　全国道德模范评选活动对我国的道德建设、核心价值观的培育有着重大而深远的影响，道德模范标准的研究也具有重大的理论意义和现实意义。从理论意义上来说，其是当代中国道德话语建设的重要内容。道德是人们关于善恶、荣辱等的价值判断和价值选择，它是一个人价值体系的重要组成部分。无规矩不成方圆，标准就是一个准绳，是衡量事物的准则，对于培育社会主义核心价值观来说，研究全国道德模范的标准意义重大，它可以明确相关的标准规范，提高人们对道德模范的认可度和崇敬感，从而引发模范行为，自觉去践行社会主义核心价值观，将道德认同转化为道德自觉。从实际意义上来说，研究全国道德模范的标准可以推进我国社会主义道德建设的发展。标准意味着一定范围内的最佳秩序，是一种不偏不倚的规范，是规范人们行为的重要基础。

　　"诚实守信、见义勇为、爱岗敬业、助人为乐、孝老爱亲"既是道德榜样的基本种类，也是当代中国道德话语的重要范畴。在过往的评选活动中，每一类大概评选出十位道德模范，《关于进一步做好评选表彰全国道德模范工作的决定》对五类道德模范做出了规定。全国诚实守信模范要求公民榜样做到遵守诚信是自然的规律，追求诚信是做人的规律。新时代的诚实守信不仅继承了传统文化中"诚"的内涵，更丰富了其定义；全国见义勇为模范要求公民榜样在人民合法权益受到侵害时挺身而出，进行保护和援救工作，勇于同违法犯罪行为做斗争，保护国家、集体和群众的生命财产安全。新时代的见义勇为保留了"勇"的特性，呼吁人们在关键时刻勇敢地挺身而出；全国敬业奉献模范要求公民榜样具有崇高的职业道德与敬业精神，立足岗位，刻苦钻研，勇于创新，要干一行爱一行，能够长期在艰苦条件下默默奉献，恪守职业规范，服务优质、办事公道。新时代的敬业奉献继承了古代踏实做事的朴素观念，但与之不同的是，公民履行工作职责的同时，更要干一行爱一行，打造新时代的工匠精神，对从事的行业做出推动性、创新性贡献；全国助人为乐模范要求公民榜样能够长期坚持帮助无血缘或亲缘关系的老幼病弱、鳏寡孤独或者其他困难群众，同时对遭遇不幸或遭受灾害的人奉献爱心，努力帮助他们排忧解难，能够积极参加捐资助学、扶残助残、志愿服务等社会公益事业和公益活动。赠人玫瑰，手有余香，"要学习道德模范助人为乐、关爱他人的高尚情怀，在关心他人、帮助他人中，实现内心的充实、获得人生的美满。"①新时代的助人为乐在继承传统内涵的基础上，还强调了助人为乐这一行为的持续性；全国孝老爱亲模范要求公民榜样践行家庭美德，孝敬父母，悉心照料体弱病残的老人，让他们享受人生幸福，关爱子女，和睦夫妻，兄弟姐妹友爱团结，家庭生活温馨和谐，当家人亲属有伤病、残疾等困难情况时能够做到不离不弃、守护相助、患难与共。

（二）道德榜样行为的伦理观察

"行为的本质是行为者计划的实现，通过行为，行为者把自己的意愿体现出来，所以，当我们考察行为者的规范问题时，只有把意图考虑进来，我们才能谈论规范是否合理。"② 行为就是实践主体为了实现自己的意愿所付出的行动。"哈贝马斯认为，从行为概念出发，可以内在性地探求到行为者'规范意识'的来源，而'行为'概念的本质是与在因果性范畴下的目的性或合目的性相关的。"③ 哈贝马斯把行为定义为行为主体的意愿及其意愿背后所体现的世界观所在。"黑格尔同样坚持行动与行为之间的区别，行为是从根本上区别于无意志规定的单

---

① 刘云山．学习全国道德模范 加强公民道德建设［N］．人民日报，2013-09-28（2）．

② 杨丽．交往行为与现代社会规范秩序的基础［J］．学习与探索，2017（4）：19.

③ 杨丽．交往行为与现代社会规范秩序的基础［J］．学习与探索，2017（4）：20.

纯行为，行为本质是内在的意志规定性在活动上的外化。"① "道德行为指的是在一定的道德意识支配下所表现出的有道德意义的相关行为。道德行为是人的道德认知的外在表现，与'非道德行为'相对。道德行为的判断标准随时代背景与文化背景的变迁而变化，通常情况下而言，道德行为指的是对他人或者整个社会有利的行为，相反则被称之为非道德行为。"② 在道德行为与非道德行为之间还存在着一种无道德行为，这种行为没有道德上的善恶之分，无所谓善也无所谓恶，不包含价值判断。而道德行为代表着善的行为，非道德行为代表着恶的行为，具体的评判，要依据当时的道德原则和社会规范。不同时期有不同的评价标准，随着社会历史和文化风俗的变化而变化。道德行为也是一种社会行为，是依据当时社会所规定的道德原则、道德规范而进行的社会行为，道德行为既有偶然性的道德行为，也有持续性的道德行为。道德行为是否发生并且持续发生，取决于行为背后的动机是否源源不断地产生动力。在生活中道德主体感知到行为的价值和意义都会正向促使个体保持原有的行为。而道德榜样的评价标准需要重点考虑持续性的道德行为。因为偶然性的道德行为没有上升到形成稳定的道德品质的高度，而持续性的道德行为因为稳定输出形成了稳定的道德品质。道德榜样的树立，不仅仅要看到道德实践主体的所作所为，还要关注道德实践主体身上所拥有的稳定的、良好的道德品质。持续性的道德行为主体在道德认知、道德情感、道德意志上达到了正向的一致，这样的道德主体更应被关注、被树立。

"道德情感是人类所特有的一种高级情感，是人类道德心理结构中一个极为重要的因素，道德实践活动不是理性因素的单一作用所致，而是伴随着深刻的情感体验。"③ 人类在进行道德实践活动时，理性的因素固然在其中扮演着重要角色，与此同时，感性的因素在其中也发挥了重要作用。道德情感不仅会引起人类情绪的剧烈变化，还会进一

---

① 杨丽. 交往行为与现代社会规范秩序的基础 [J]. 学习与探索，2017 (4)：20.

② 赵超强. "立德树人"背景下的小学生体育课堂道德行为研究 [D]. 石家庄：河北师范大学，2019：8.

③ 曾钊新，李建华. 道德心理学：上卷 [M]. 北京：商务印书馆，2017：129.

步影响到道德认知，两者具有紧密的联系。它们在内容上相互渗透、相互补充，前者充当理性角色，后者充当感性角色；在作用上彼此促进，道德认知把握道德情感的内容和方向，道德情感影响、激化着道德认知。一个人的道德情感是复杂多样的，当他有了某种道德情感，便会引发相应的意愿，但是他不一定会去实践这个意愿，只有当这个意愿强烈到一定程度，克服了与其冲突的道德情感，使之处于主导地位时，才会去做出相应的道德行为。人类所具有的情感多如牛毛，如喜、怒、哀、乐、厌恶或悲悯，道德情感也同样丰富多彩，人们会在各种道德行为中体验道德情感，同时道德情感也在道德主体进行道德活动时积极参与反应，促使主体形成道德品质，不同的道德情感发挥出来的影响力是不一样的，"在人的道德品质形成和发展的过程中最有决定性意义的是义务感、羞耻感、荣誉感和幸福感。"① 义务感促使人们在社会生活中积极承担社会责任；羞耻感使人对自己的不道德行为感到惭愧、对他人的不道德行为感到愤怒；荣誉感促使人们正确处理个人荣誉、他人荣誉和社会荣誉的关系；幸福感促使自己的道德活动目标与社会利益的价值目标达到一致，产生自我需要的满足体验。持续性的道德行为反映出道德实践主体拥有美妙的道德情感。

"个人道德意志便是个人实现其道德感情和道德愿望的整个心理过程，就是个人道德愿望转化为实际伦理行为的整个心理过程，就是一个人的伦理行为从心理、思想确定到实际实现的整个心理过程，就是个人的伦理行为动机从确定到执行的整个心理过程，就是个人伦理行为目的与手段从思想确定到实际实现的整个心理过程"②。一个人有了道德认知和道德情感后，不一定会将自己的意愿变为现实，往往还需要道德意志来执行这个过程，实现意愿到现实的转变。拥有坚定的道德意志可以帮助道德主体实现道德愿望，人无完人，漫漫人生，恶的欲望不可能完全杜绝，每个人或多或少产生过并且之后还会产生恶的欲望。当恶的欲望与善的欲望产生了对立冲突，拥有坚定道德意志的人可以克服恶的欲望，使善的欲望的实现或为可能，可以克服层次较

---

① 曾钊新，李建华．道德心理学：上卷 ［M］．北京：商务印书馆，2017：132.
② 王海明．论品德结构 ［J］．湖南师范大学社会科学学报，2008（2）：28.

低、价值较小的善的欲望，使层次较高、价值较大的善的欲望的实现成为可能；而对于道德意志赢弱的人来说，恶的欲望会占据上风，无法成功克服那些层次较低、价值较小的善的欲望。持续性的道德行为主体往往拥有坚定的道德意志，能够克服种种恶的欲望或者层次较低、价值较小的善的欲望，便有可能实现善的欲望或者层次较高、价值较大的善的欲望。

持续性道德行为的道德实践主体折射出稳定的、良好的道德品质，也表现了主体具有正向的道德认知、美妙的道德情感和坚定的道德意志，这样的道德榜样更应该被树立，在考虑道德榜样的评价标准时，应当对道德行为是否持续性进行着重考察。

（三）道德榜样的行为品质

持续性的道德行为表明道德实践主体已经形成了稳定的、良好的道德品质，且道德品质具有稳定性。"品德是一个人长期的伦理行为所形成和表现出来的稳定的心理自我，是一个人长期遵守或违背道德的行为所形成和表现出来的道德人格和道德个性。"[①] 一方面，道德品质的形成绝非一朝一夕之功，需要通过长期的伦理行为表现出来。偶然性的道德行为是低频率的、巧合的行为，在时间跨度上很短或者在行动频率上较低，无法因此判断道德实践主体是否形成了稳定的、良好的道德品质；而持续性的道德行为是高频率的、非巧合性的行为，在时间跨度上很大或者在行动频率上很高，它代表着道德实践主体已经形成了稳定的道德品质。另一方面，偶然的道德行为因其背后不稳定的道德品质，使得道德主体是否进行道德实践活动变得不确定，带有很强的个别性、随机性、可变性；而持续性的道德行为折射出道德实践主体蕴含着稳定的道德品质，因而在进行道德实践活动时，具有高度自觉性、必然性和稳定性。道德品质与道德行为是不同的，既有联系又有区别。个人的道德品质需要通过一定的道德行为表现出来，而道德行为也可以反映道德品质，实践主体在道德行为中所体现出来的稳定的特征和取向就是道德品质，两者的联系十分紧密。"道德行为指的是在

① 王海明. 论品德结构［J］. 湖南师范大学社会科学学报，2008（2）：25.

一定的道德意识支配下所表现出的有道德意义的相关行为。"① 道德行为虽然也受到了道德意识的支配，但是它有可能与主体既有的道德品质表现一致，也可能相反，例如，张三是一个品行不端的人，但是他也可能偶尔做件好事。偶尔做件好事就是偶然的道德行为，因其不稳定性、随机性，我们无法从这个偶然的行为中判断张三到底有没有拥有稳定的、良好的道德品质。如果用评价道德行为的方式来评价道德品质，就极有可能发生误判的情况。鉴于此，在道德榜样的评价标准中，我们不仅要评价道德实践主体的道德行为，还要多加考察其持续性，这样才能将持续性的道德行为背后所反映的道德品质考察进来，尽可能避免误判的情况，保证树立榜样的权威性。

树立道德榜样是为了发挥其社会价值和精神影响力，而在现实生活中，究竟能发挥出多少作用，实际上这个机制是很复杂的，但是道德榜样拥有稳定的、良好的道德品质是发挥道德榜样相关作用的逻辑起点。"道德人格本身是否具有一定的社会价值和影响力，是否能为他人所接受和效仿，是道德人格功能发挥的首要环节。"② 不可否认的是，所有的道德人格在特定的社会背景下都具有一定的道德价值，但是想要在实际生活中发挥出效用，这还远远不够，还取决于能否被他人接受和模仿。如果一种道德人格具备社会价值且可以被受教育者接受和模仿，那么它的功能就有可能得到十足的发挥，反之，它的功能就有可能被埋没。道德人格能否被广大群众接受的前提是道德榜样拥有道德人格，而稳定的、良好的道德品质便是一种道德人格。当我们说一种颜色能否被孩子们所喜欢，能否受到孩子们的欢迎，其中有一个重要的前提，那就是必须存在一种颜色，再来对颜色进行评价。道德品质亦是如此，从偶然性的道德行为中无法窥探出道德实践主体是否拥有稳定的、良好的道德品质，而持续性的道德行为可以做到，树立更多具有持续性道德行为的道德榜样，肯定其行为背后蕴藏的世界观、价值观以及精神世界和道德品质，再去考察道德品质本身具有的社会

---

① 赵超强. "立德树人"背景下的小学生体育课堂道德行为研究［D］. 石家庄：河北师范大学，2019：8.

② 曾钊新，李建华. 道德心理学：下卷［M］. 北京：商务印书馆，2017：30.

价值及其能否被人接受和模仿等问题。因此，道德榜样是否拥有稳定的、良好的道德品质，是能否发挥道德榜样示范、引导、教育等作用的逻辑起点。

从另一个角度来看，评价道德品质比评价道德行为更具有社会教育意义。对道德行为做出善恶的评价是远远不够的，而要进一步触及道德实践主体的道德品质，这样才给人以有力的震撼。生活中，每天都会发生很多事情，人物、地点、起因和经过，事件的要素很多，事情的件数也很多，在信息时代，人们可以很快地遗忘事件，并且一件接着一件的遗忘。但是触及真心与灵魂的道德品质却拥有强大的生命力，也许我们不记得雷锋具体做过的好事，但是我们无法遗忘雷锋精神，雷锋精神经过时代的洗礼、岁月的变迁却仍然保持着强大的生命力，时至今日，还影响着许多人。雷锋虽早已逝去，但学习雷锋精神的人还一批接着一批，在许多的事件中都可以看到雷锋精神的影子。道德品质更是如此，它是通过许多具体事件表现出来的，如果说事件、行为是"形"，那么道德品质就是"神"，如果对道德榜样及其道德行为加以研究，提取其中最本质的精神品质，便有可能给人振聋发聩的效果。对于从各个领域涌现出来的道德榜样，不仅要对他们的先进事迹进行基础的介绍，还要提炼出其中的优秀道德品质并加以宣传。倘若仅仅停留在道德行为善恶的点评层面，而不去挖掘背后稳定的、优秀的道德品质，那么社会教育意义将会大打折扣。因此，在道德榜样的评价标准中，除了考虑道德行为还要考察道德品质，持续性的道德行为很好地折射出了一个人的道德品质，反映了道德实践主体精神世界之所在，应当给予持续性的道德行为更多肯定。

第七章

当代中国道德话语的伦理叙事功能

理查德·麦尔文·黑尔在《道德语言》中曾谈道："道德语言常常是情绪性的，这只是因为人们使用它的典型境况都是我们常常深有感触的那些境况。"① 道德话语的"情绪性"在不同情境中所表达的内容和形式必然存在差异，因此所体现的伦理原则也有所不同。道德话语的伦理叙事功能在道德生活中得以呈现，并且人类道德生活中所蕴含的道德故事也可以呈现出人类对善恶价值观的认知、判断、定义和抉择的能力。而道德故事是通过我们人的一系列行为活动表现出来的，传达的是一种应然的责任与义务，这是一种规范性的表达，同样也是一种真实性的表达。故事里面积累着当时故事主角对道德的判断、理解和经验，是叙述道德知识的卓越载体。即使道德知识是枯燥乏味的，但是当它与道德故事里的有趣情节相互融合时，就会变得生动有趣且通俗易懂。每一个民族都有它独特的道德故事，当代中国的道德故事通过道德话语体现了真善美的道德思维，叙述了中国基本道德规范的道德认知以及呈现了深受中国传统文化影响的道德智慧。

一、体现中国道德思维的叙事方式

"道德思维是由主体、对象、方法构成的辩证统一体，道德语言是道德思维的最主要的工具，道德判断、道德推理、道德直觉构成了道德思维的过程，它们从各个层面展现了道德思维的本质和特征。"② 中国道德话语绘制了中国独特的道德思维图景，而道德故事通常是体现

---

① 理查德·麦尔文·黑尔. 道德语言 [M]. 万俊人，译. 北京：商务印书馆，2005：137.

② 黄富峰. 论道德思维 [J]. 道德与文明，2002（4）：74.

中国道德思维的主要叙事方式。是否存在表达道德观念或者价值评判的特点，是一般故事和道德故事最为明显的区别，道德故事一直向世人表达着一种求真、向善、尚美的道德思维。

（一）求真思维的道德叙事

求真思维的道德叙事通常与科学精神的意蕴表达紧密联系。求真思维的本质要求我们以求真的态度去认识这个世界，通过不断检验和实践去追求真理，"这种求真思维方式体现的是工具理性，表明了人类思维的'合规律性'"①。求真思维对科学精神的产生、科学目标的拟定和科学方式的运用有着深层次的影响。同时，科学精神随着科学实践的进步，在漫长的历史长河中就会表现出不同的内涵与特质。

在古代中国，求真思维和当时的农业生产方式有着紧密的联系，这种思维一旦得到普遍认同成为惯性思维后，就会形成一种常态的思维标杆和框架，自然而然就成为人们评判事物的标准和行为活动的原动力。如果对实际的探求只看重科学的工具理性，并且排斥深层次的理性思考，就会产生一种非良好的表现。虽然在中国古代有四大发明，有精致的丝绸，有精美绝伦的陶瓷，有富丽堂皇的宫殿，有雕栏玉砌的亭台楼阁，但是这所有的一切都只能是技术而并非科学。在中国古代书籍中，实验记载也是非常匮乏的，就算有也只是在记录这场实验的本身过程，而并非记录实践的原理和方法。这就大大降低了实践的技术转化率，使得实践的可重复空间大大缩减。其实我国很早就有真空试验，但就是因为没能记录揭露实验的原理，导致后来我们无法生产制造蒸汽机，这类事件比比皆是。张衡发明的地动仪未能记录说明制造的原理，导致他人无法仿制。虽然中国摆脱不了传统求真思维工具理性的影响，但是近代以来，当代的科学发展与人文环境的变化为求真思维提供了优质土壤。科学思维在思考的物质上表现出了求真的思维。"真"表达了自由的第一层次，它代表了人类的认知准确映射了客观事物的本体与秩序。"真"的标准是客观的、外显的，它不会随着人的意识形态而发生变化，"真"和"知"是相互对照的，"真"的本

---

① 魏雷东. 道德思维的逻辑结构与形态演进：规范、语言与共识［J］. 湖南大学学报（社会科学版），2015（5）：125-130.

体所表现出来的是一种合理的轨迹，这就使得"真"在概念形式上表现出了主客观的一致，本体与客体的融合。

在这种语境中，求真思维在我国当代道德叙事中获得了新生。落实到具体的科学家创造的科学故事中，求真的思维方式又扮演着自然科学的道德准则，它调剂着各科学家与共同体、社会之间的各种关系，同样，它也是这诸多关系中的道德伦理准则和道德行为标准。例如现代核废物的处理方式不能影响人类共同体的利益，编辑基因技术要以尊重人类伦理道德为前提。另一方面，求真思维也是当代中国道德话语所倡导的精神，在讲述科学精神的重要性时，求真思维的重要地位呼之欲出，它带领着科学家心无旁骛地对真理进行永恒的探索。近年来，"杂交水稻之父"袁隆平、中南大学金展鹏院士等众多以哲学思维、艺术情怀、道德信仰为标准的伟大科学家的事迹，在追求"真"的道路上都向我们展示了他们人文精神的责任与使命，这体现在跟从于真相后面的不断思考以及价值辨别。也正是通过针对科学技术与其结果价值的反复探究，才使得人类对真理的探索不断深入。这种极具指摘性的协作与交流，使得我们可以认识到更为真实的客观世界，可以进一步促进科技以及全人类共同体的发展。

（二）向善思维的道德叙事

中国不但继承了前人奠基的优良道德传统，而且在面对如何不断提高巩固道德信仰的问题上，将道德叙事放在了伦理性策略的中心位置。这种伦理性策略是需要我们通过对善恶的辨别去憧憬善念，让我们以向善的态度去面对世界，这种向善的思考方式说明了人类思考的"合目的性"，同时也呈现出了价值理性。

向善思维的道德叙事鼓励正能量价值观的培养，积极倡导在多彩的现实中达到与主流价值的完美融合。这种叙事方式依靠故事本身的内容和剧情本身的感染力，带动人的主观情感，使人内心产生强烈的共鸣和共情，让人乐于去倾听，在倾听的过程中接受思维教育。比如，我们熟悉的雷锋的故事，它就决定了我们中国公民理应具有的道德观念。雷锋这个名字也深深刻在了我们的心中，成了中国乐于助人的代名词，为我们这个时代的人们树立了一个良好的精神文明典范。雷锋精神的核心传递着一种无私为人民服务的正能量，并不是夸夸其谈，而是努力付诸行动，也是一种责任的象征，它深入了我们生活的不同层面，雷锋个人和这个时代的大环境相互作用产生雷锋精神的核心，这种精神核心的产生同样经过了意识启蒙，内部成熟和向外稳定发展这样一个过程，逐步形成人们对责任的一种理性认识、情感共鸣和行动指南。① 雷锋同志自己也在理想责任的引领下，通过在岗恪尽职守为实现责任的途径，以为人民服务为责任目标，以勇于创新精神作为实现责任的动力，在这个为人民服务的岁月里，创造出了一个又一个普通却又不平凡的经典故事。这些故事经过不同叙事方式或不同叙事者讲述，为后来人树立了一个优秀的榜样，成了世代的典范，他的事迹也成了后来恒久传颂的一种宝贵的精神财富。

同样，中国电影从问世的那一天起，就肩负着以影像叙事的形式传达中国向善思维的责任。迈入新的时期，影视作品肩负的责任也越发重大，它需要对传统道德进行整合，起到搭建的作用。影视作品可以非常直观地以生动形象的画面和声音展现它所需要讲述的故事，也可以非常直观地表达对变革时期社会中出现的道德败坏、精神缺失和情感迷失的谴责并加以鞭策。影视作品通过塑造生动的人物形象和引人入胜的影视情节，引发观众共情，在这反复的过程中潜移默化地改变观众的伦理价值观念。

例如，著名小说及影视作品《白鹿原》运用隐喻式叙事手法对其动荡文化背景下的伦理矛盾与重构进行叙述，集体与个体的冲突、文化的保守与突破、文明的发展与阻碍、诺言的遵守与违背等道德生活的情景状况。《白鹿原》中错综复杂的人际关系深刻反映了动荡社会下传统文化的冲突问题和难以调和的社会矛盾。这种对善行反面的恶行的叙事可以唤醒人们对善的向往，这也是一种向善思维的道德叙事方式。

展现向善思维的隐喻式叙事手法注重叙事的客观性与真实性，所以叙事时通常不会带有额外的道德评价和直观的道德劝诫，叙事内容所蕴含的向善思维一般要求听众自己根据叙事内容或人物进行理解与

---

① 肖云忠. 雷锋精神的责任意蕴及其实践意义 [J]. 理论月刊, 2017 (12): 102-106.

分析。这个过程可以让听众形成自身的向善思维，从而使听众传达和接受向善思维的道德信息。这种道德信息传递的过程具有潜藏目的性的特质，通常会使听众对在客观旁白式的叙事中体会到的道德信息更容易接受和认可。通过叙事者构建的情境下各人物事件的价值冲突的展现，使得原本晦涩难懂的道德原则生动化，而听众就能随着故事情节的走向，在叙事内容中获得自己对道德原则的理解，从而真正内化自身感受的向善思维能力。只有向善思维能力达到真正内化，人才能在道德困境中解决道德难题，做出正确的判断。这种叙事方式将向善思维蕴含于道德故事的客观叙事之中，难以察觉到道德说教目的的因素。这种似乎无目的式的叙事方式，在道德故事的情感表现和叙事者与听众无意识的互动中凸显了人们对德性的美好向往，从而鼓励人性向善，使个体坚定信念，获得向善思维能力的力量。

（三）尚美思维的道德叙事

"艺术思维的核心在于用尚美的方法去感知世界，通过对美丑的辨别崇尚审美，这样的一种尚美思维方式所表达出来的是建立在实质理性和功效理性完美融合之上的一种精神跨越，同时也代表了人类思维'合目的性'与'合规律性'的高度融合。"① 艺术故事是人们对美的向往的体现。这种方式能让大家感同身受，产生共鸣，并且在这期间能够让人在思想上得以战栗，同时又留恋其带来的愉悦的精神享受和心理体验，这是一种"我"和"他"的相互交融，符合人性的美感能够得以尽情释放和完美凝华。大家对美和丑、悲和喜、高尚和低下等其他的审美要求都可以很好地通过故事的叙事形式展现出来，而道德故事也拥有高超的艺术张力，这是一种通俗易懂的美，是一种直观且深受大家喜爱的艺术表现形式，能够非常好的迎合大众的审美要求。

道德故事的表现方式也是多种多样的，如美术馆里的展览、电影院里的影片、图书馆里的书籍等。我们熟悉的著名画家齐白石老先生就擅长通过绘画向大家表达他内心想诉说的故事，画中蕴藏着真实的大自然、向善的人性，还表达出一种洗尽铅华的真实情感。齐白石的

---

① 魏雷东.道德思维的逻辑结构与形态演进：规范、语言与共识［J］.湖南大学学报（社会科学版），2015（5）：125-130.

画作灵感都来源于真实的生活，描绘的也是一种自然和谐之美，画中神形兼具。他笔下的人物山水、鸟兽虫鱼都是他通过观察生活所作，没有任何的想象与虚构，更重要的一点是他开创了接地气的审美新浪潮，将平民百姓的审美彰显得淋漓尽致，缔造了清爽淡雅、雅俗共赏的艺术基调，受到了世人的爱戴与推崇。他的画作也表达了他最真实的内心，向善作画，以善笃行，他通过自己的行动和直观的艺术表达很好地展现了善的真实含义。"善出"就一定要抓住事物的本质，齐白石的每一幅画作都是他最真实的情感诉说，这些作品像是一种不经意间的情感抒发，却又表现着他最真实的情感流露。比如他画的《秋霜画荻图》就寄托了他对祖父的怀念之情，他的画中诗曰："我亦儿时怜爱来，题诗述德愧无才。风雪辜负先人意，柴火炉钳夜画灰。"这种最真实的情感表达，也是齐白石创作的灵感来源。齐白石的花鸟画堪称一绝，在他的画中不仅能看到传统花鸟画的精华，且相比传统画作，他的画中又抹去了文人墨客的书生意气，剔除了那些文人墨客笔下的高傲与清高，更注意凸显自然山水的情调，将普罗大众的平凡生活很好地融入了他的精美画作之中，实现了真正意义上的雅俗共赏。

另外，通过绘画的叙事方式还可以展现尚美思维的情感特质。就如同齐白石通过《守门犬》《雏鸡出笼图》和《老鼠偷蛋》向我们展示了他童年生活中有趣的瞬间，流露出童年最为真切的情感。曾为木工劳动者的齐白石，在亲身体验了一把平凡百姓的柴米油盐生活之后，他创作出了极具情感的作品《农具》，这也表达了他对这段生活的怀念之情。战争时代写下的"寿高不死羞为贼，不愧长安作饿饕"和"花开天下暖，花落天下寒"的诗句，以及创作的《铁拐李》《不倒翁》，将齐白石老先生的高风亮节与爱国之情体现得淋漓尽致。齐白石老先生身上的这些品质与精神也和儒家所倡导的"人品即画品，画品即人品"的观念不谋而合。齐白石的画作都源自于他对描绘对象形态特征的细致观察，在他了解了动物植物的生活生长规律，并融入当下自己内心的情感之后，他便将其中的趣味和风韵记录于笔下，留下了一幅幅活灵活现的画作，他笔下的对象都是一些平常百姓生活中的普通事物，比如"柴耙""油灯""算盘""山芋""鸡""虾""鱼"等，这些平凡普通的事物在他笔下被展现出来后让人怦然心动。通过这种方式使不同的事物让观赏者产生不同的感觉但又有相同的心理变化，这种现象就是心理学中所说的"通感"。他能通过不同关系所产生的情感关系激发审美过程中充分的想象。把在日常生活中的一些具体事件和"通感"关联起来，融合成了极具民间特色的形象方式，代表了一种美妙的憧憬，例如画五个普通的柿子，配上"眼看五世"的题字，就将齐白石沧桑的过往娓娓道来。还有各种极具代表性的画作，比如寓意"富贵有期"的牡丹和公鸡，代表喜庆的红色，喻有多子的水果石榴，表示欢快的五颜六色，这些很显然都符合了大众审美的特征，即使他对于艺术的表达依然遵循着传统画作的笔墨技艺，但是这些来源生活的艺术姿态所表达出来的丰富审美方式，也都无一例外使人们在欣赏过程中脱离了悲伤和忧郁的心情，在这无忧无虑的情境中追求童真之美的快乐。

此外，尚美思维的叙事方式还可以表达鼓励善美、鞭挞丑恶的情感。例如当时日军侵略我国领土，齐白石对此疾首蹙额，创作出诗画《群鼠图》来抨击日寇汉奸，画上写道："群鼠群鼠，何多如许？何闹如许？既吃我果，又剥我黍。烛灯残，天欲曙，严冬已换五更鼓。"一群人人喊打的过街老鼠，成了齐白石眼中的日寇汉奸。以上种种无疑都显示出艺术中的情感能引发道德情感。休谟曾提道："道德这一概念蕴含着某种为全人类所共通的情感，这种情感将同一个对象推荐给一般的赞许，使人人或大多数人都赞同关于它的同一个意见或决定。"①基于此，休谟还曾对善与恶下定义："凡是促进他们的幸福的东西就是善，凡是加重他们的苦难的东西就是恶。"② 正因如此，齐白石的画作能够使大众非常直观地去领会和感触，他的艺术作品也很好地表达出了遏恶扬善。齐白石的画作并没有像理性画派一样，给欣赏者留下笼统的定义，反之在刻画这些和人们生活、情感息息相通的绘画作品时注入了真实情感，树立了通俗易懂的形象，这使得他的作品更加有张力，也大大增强了作品的吸引力。齐白石的艺术伦理发展成型历经了三个阶段，每个阶段都具有代表不同精神的鲜明特质，他经历了从

---

① 休谟. 道德原则研究［M］. 曾晓平，译. 北京：商务印书馆，2019：125.
② 休谟. 道德原则研究［M］. 曾晓平，译. 北京：商务印书馆，2019：81.

"真"至"善"，再从"善"求"美"，最后再洗尽铅华变为最质朴的初心，艺术伦理思想也因此得到升华。齐白石自身情感的变化又始终贯穿于他的发展阶段，他的情感成为他艺术伦理的源动力，正因如此他的艺术伦理思想非常的丰富多彩和完美，同时他的思想也逆向促进了他的艺术创作，从而达到更深层次的发展，最终成了艺术界令人尊敬的泰斗。

二、叙述中国道德认知的叙事方式

"道德认知是人们对社会道德现象、行为准则及其意义的认知，即在人的道德意识中反映或观念地再现道德现象的过程"①，是道德话语呈现出的核心内容。道德现象的认知和因它形成的道德图景是道德认知叙事的核心，是对道德情景的生动直观表现，一般是以代表利益关系的道德体系为根本，再通过对利益关系的规定从而建立起人与社会和人与自然的价值关系，以道德模范的感染力当作外界刺激因素，从中基于利益关系的特征衍生并建立起善恶价值体系。叙述当代中国道德认知离不开对当代中国基本道德规范（爱国、敬业、诚信和友善）的诠释。因此，中国道德认知通过具有中国特色的影视、音乐、家训等叙事形式得到很好的呈现。

（一）对"爱国"认知的叙事方式

中华民族的精神核心是爱国精神，是人民热爱祖国的一种强力表现，为民族复兴和实现强国目标提供强有力的精神支柱。因为每个人一出生，就已经开始接受爱国思想、传统文化语言思想和民族风土人情的陶冶，所以运用叙事的手段是为了让这些故事在公众间传播开来，让有迹可循的历史激起人们内心的"共情"，并通过人们的日常交流使得这种情感相通。对"爱国"认知的叙事的一个重要意义在于能够划分出公民的国家归属，使公民具有国家归属感。在对"爱国"认知的叙事中，国家并不仅仅是人们机械式生活的场所，对于人民群众来说，国家还是一种能够让他们肃然起敬的庄严神圣的存在。

国家的政治和爱国道德培养是紧密相连的，爱国道德培养也蕴含

---

① 易法建．论道德认知［J］．求索，1998（3）：71-74.

着政治伦理。① 所以作为最常见且影响力广泛的艺术表演形式，电影除了它本身的艺术欣赏价值，同样也起到传播政治思想的作用，完美地将政治与艺术相结合，建立起一套满怀政治激情的电影语言体系。例如《唐山大地震》《一九四二》等一系列灾难题材影片，这些电影通过还原演绎当时的灾难情景，让观众的视觉和内心情感受到强有力的冲击，很好地激发了人们心中有难同当的民族责任；《金陵十三钗》《南京！南京！》这一类型的电影，通过再现"南京大屠杀"这一悲痛的历史，展示出我们中华民族百折不挠的民族精神和宁死不屈的民族形象。

以电影《战狼2》为例，在对"爱国"价值观的认知叙事中英雄主义是重要呈现内容。这部影片为我们展现了一个满腹正义感、不惧痛苦、勇往直前的英雄形象，而男主角冷锋就是影片中的英雄。当怀着英雄情结的观众看到这样一名饱含大无畏精神的国家英雄时，多半会被激起自身的社会责任感和国家使命感，通常这种叙事特点被称为英雄主义。"英雄主义具有鲜明的民族和国家特色，有强烈的历史感、时代感和人格的震撼力，它是某一时期社会群体整体思维的最高形式。"② 因此，英雄主义的叙事具有共同体情境文化的特点，与国家的目标紧密相连，阐述其所在国家的意识形态。与此同时，叙事中所塑造的英雄形象起到了很好的模范作用，甚至可能作为一个国家形象的呈现，从而与人们的情感产生共鸣，即对国家产生强烈认同感，加深人们对"爱国"价值观的认识。习近平总书记曾在北京大学师生座谈会上指出："爱国是人世间最深层、最持久的情感。"③ 而文化底蕴深厚的中国作为一个能创造多民族和谐共处环境的国度，充分说明爱国精神是中华民族精神的底色，是中国人民共同拥有的崇高的价值观。

通过电影可以更好地叙述"爱国"价值观。影片《战狼2》将"爱国"价值观的认知放大在人物形象的塑造、代表国家的具象化事物

---

① 李建华，周谨平，袁超. 当代中国伦理学［M］. 北京：中国社会科学出版社，2019：210.

② 潘天强. 英雄主义及其在后新时期中国文艺中的显现方式［J］. 中国人民大学学报，2007（3）：140.

③ 习近平. 在北京大学师生座谈会上的讲话［N］. 人民日报，2018-05-03（2）.

上，如塑造具有爱国信仰的男主角，聚焦于中国国旗和护照等。男主角冷锋在影片中凭借着对祖国的热爱不畏艰险、不怕牺牲拯救人民于水火之中，这种无畏牺牲的爱国主义精神叙事加深了人们对"爱国"价值观的认知。当影片进入高潮：冷锋带着被他拯救的人民冲进布满子弹雨的战场中，将自己的右臂作为旗杆，高高举起具有国家象征意义的五星红旗站在车头，随后战区就暂停交火让中国车队平稳地开过交战区。这时形象的叙事内容点燃了人们的爱国激情，因为国旗代表着国家，国家的强大赋予了国旗特别的含义，中国五星红旗饱含全体中华民族的精神力量。所以当出现五星红旗时就代表着中国，影片中中国车队在代表中国的五星红旗的庇护下平安通过交战区，就这一情节的叙事可以让人们感受到强大国家所带来的安全感和自豪感。最后，当镜头聚焦在中国护照上时，自然而然就会激起观众强烈的爱国情感。这部影片就是运用了这种叙事手法渲染爱国情境，从而引起人民的国家认同感和归属感。

此外，音乐也是当代中国实行"爱国"认知叙事的重要媒介之一。在我国有着大量的爱国主义音乐，至今仍广为流传。这些爱国主义音乐给了我们当代中国一个崇高的定位，很好地诠释了我们中国人的政治经济文化底蕴和我们为之骄傲的国家身份。比如《黄河大合唱》以黄河为背景，热烈赞颂了我们中华民族源远流长的荣耀历史和我们中华儿女不屈不挠的坚毅品质，歌曲慷慨激昂，在抗日战争时期起到了鼓舞士气的作用，也传达了当时人民保卫祖国的必胜信心。《我和我的祖国》一开始就坚定不移地告诉大家我和我的祖国一脉相连，一刻也不能分割，将祖国比喻成了慈祥的母亲，将我比喻成了在母亲呵护下的孩子；将祖国比喻成了大海，而我则是海中的一朵浪花。这些比喻生动形象，准确动情，表达了我们人民和祖国之间亘古不变的浓烈感情。《东方之珠》给了香港人强烈的国家归属感。《黄种人》给了我们中华儿女在世界上的一个定位，称赞了中华儿女百折不挠奋发图强的精神，同时也表达了人民对祖国的爱。

对"爱国"认知的叙事不断重申着国家在其间充当了非常重要的角色，国家能够带给个人归属感，国家是由无数个公民组成的，是这些公民在一个对等自由的范围内形成的协作关系和互利体系。在国家的范围内给予每个公民一种身份，在国家的作用力下，每个公民的身份才有了实际性的意义。只有当这个身份存在时，我们才能很好地定位自己和国家在世界中所扮演的角色，才能有条件去处理好国家与国家、公民与公民之间的关系。只有当公民的身份存在时，国家才能努力地去提高经营公民团体的能力，才能更好地服务社会，制定一系列对社会治理有效的措施，公民拥有自己身份的时候，他们才能建立有效稳固的互惠关系，升华彼此之间的情谊。因此，爱国认知强调的国家归属感和公民身份认同感深入当代中国道德叙事中，所以当代中国道德话语对"爱国"认知的叙事刻画已经深入人心。

（二）对"敬业"认知的叙事方式

"敬业是人们对于职业的价值、意义与使命的高度认知，并由此产生的积极情感体验和心理、精神状态。"① 敬业的重要表现形式是尊重本职工作，敬畏劳动。劳动是将客体对象化的过程，通常是指可以对外输送劳动量或劳动价值的人类实践活动。所以我们应当尊重劳动，怀着敬畏之心看待变革自然的基础法则，并且跟随着这个过程对人生的价值进行无止境的升华。"敬业"一词是努力工作并始终热爱的代表，敬业之人必将自己的工作看待成为一生的事业。

在第十八届二中全会上，习近平总书记表示领导机构与领导人应该具有并充分发挥"钉钉子"精神，这种精神产生于雷锋同志在劳动生产和革命中的躬体力行，这种精神也得到了一代又一代中华人民的由衷青睐，也成了我国建设社会主义事业的有力的精神支柱。"钉钉子"精神的关键在于要把发展建设社会主义道路当作自己的事业，热爱自己所在的行业领域，并为之奋斗，以求达到更高水准，勇于奉献，为自己所在领域做出相应的贡献，将恪尽职守、克己复礼的精神发扬光大。向具有伟大敬业精神的楷模学习，例如，将毕生心血献给党和人民，写下"青山处处埋忠骨，一腔热血洒高原"的孔繁森同志，累倒在工作岗位上的郑培民同志，还有被称为"抓斗大王"的工程师包起帆同志等，这些都是值得我们学习的对象。

---

① 李建华，周谨平，袁超．当代中国伦理学［M］．北京：中国社会科学出版社，2019：214.

另外，习近平总书记在党的十九大报告中明确指出："建设知识型、技能型、创新型劳动者大军，弘扬劳模精神和工匠精神，营造劳动光荣的社会风尚和精益求精的敬业风气。"① 这些身处于不同行业、具有匠人精神的代表人物与他们的故事都是对"敬业"精神最好的诠释。就是这样一群可敬的劳动楷模，他们成了广大平凡劳动者和正在为成为劳模道路上努力的人的学习榜样。不管是在战争革命时期还是在社会主义建设时期，也不管是在什么岗位上，劳模们都永怀热爱之心对待工作，也都表现出了崇高的敬业态度，他们心无旁骛地做着自己的本职工作，不断地寻求，提高自己的工作能力，本着做一行、爱一行、精一行的态度，往行业金字塔顶端努力奋进。全国劳动模范——长沙轨道事业的"开路先锋"刘玉辉，在2006年，满怀为长沙轨道交通事业做出一番成绩的热血和信念加入了长沙轨道交通这个新成立的大家庭。在轨道交通的建设中，及时办理用地手续和顺利进行征地拆迁是轨道项目的关键开路工作，也是项目按期完成的关键步骤，刘玉辉担任着这两项重要工作的"开路先锋"。2014年在接收到磁浮项目的任务之后，凭着一股勇往直前的冲劲，仅仅用了3个月的时间便完成了项目的用地拆迁工作，这条长沙磁浮快线工程也荣获了中国土木工程的最高奖项"詹天佑奖"，也是国内第一条、全球最长的中低速磁浮商业运营线。刘玉辉奋发图强辛勤工作，甚至因为连续工作过度劳累晕倒在施工现场。劳动模范只是众多平凡劳动者中的先进代表，他们努力工作，在学习中进步，并不断提升自己的工作能力，他们一步一个脚印地走来，将一个公民应该有的高尚的职业道德精神展现了出来，并努力地成为自己行业里的佼佼者与模范。这样的匠人精神和"钉钉子"精神，成就了他们对自己工作的无比热爱与尊重、对自己事业的专心致志和对人民对社会的无私奉献。

在实践的过程中，大家为了更完美地满足自己的需要而产生了道德价值，道德模范则来自大家具体的平凡普通的劳动生活，在他们实际的生产过程中也体现了他们所属的价值诠释和阐明道德认知方式功

① 习近平. 决胜全面建成小康社会夺取新时代中国特色社会主义伟大胜利[N]. 人民日报，2017-10-19 (02).

能的开展。一方面是利用道德模范自己本身对工作价值的理解来展现，通过对比每一位道德模范的生活习惯，性格记录，不难发现他们都非常热爱学习，通过学习来取得能力的提升。显然，在这里所提到的"学习"不是单一意义上的学习某种知识，而是涵盖了学习理论知识，积累实践经验和向其他人民群众学习等一切能提高自己工作技能和道德水准的学习。在这不断学习的过程中也可以禅悟对工作意义的认知理解和不断地深入了解岗位的价值认知，同时激发自己对岗位强烈的奉献精神和自我牺牲精神。这是一种对自己工作岗位价值的认知，这种认知会随着实际工作的开展进行，加上人民群众在需求得到满足和表现出一种被需求感后对模范的称赞会不断地加强。另一方面从劳动者的无私奉献中体现出来。一般来说在日常的工作当中，劳动者对道德模范有着很强烈的需求心理，在第一时间获得模范的有效帮助后，他们会怀着感恩的心，对模范进行大力的赞美，以此来表明道德模范崇高的道德情怀。

（三）对"诚信"认知的叙事方式

"诚信是人类传承千年的道德传统和道德规范，它强调诚实劳动、信守承诺、诚恳待人，因此，自然也是基本的伦理道德规范，是当今社会的道德引领。"① 无论是在古代中国还是在现代中国，诚信都是每个社会公民应该具备的中国优秀传统美德之一，并且高尚人格的塑造与"诚信"的认知紧密相关。而"诚信"故事的讲述可以让人们在提升道德能力的道路上增加一种方法与手段：让个人在真正意义上理解道德认识，从而转变成为属于自己的道德感情，道德意识和道德信仰。

宗法家族制度下的传统社会对当今时代的中国影响颇深，对于诚信意识的培养不能单单只通过自主认知的提高、国家意识的教育和社会舆论的告诫，还需要与家规族训的道德教育相配合。在大多数的诚信道德教育体系中，传统家族式的训诫因其通俗、更贴近生活、方式丰富多彩等优势，很容易将带有国家认知的伦理纲常潜移默化地移植到普通百姓的家庭生活当中，并配合上长辈的亲情式教育，使得对全

---

① 李建华，周谨平，袁超. 当代中国伦理学［M］. 北京：中国社会科学出版社，2019：223.

体人民的道德诚信教育顺利进行，从而家训就成为我国对"诚信"价值观认知的独树一帜的叙事方式。

然而，关于诚信的道德故事在不同家庭中由于叙事角度或叙事背景的不同，对"诚信"叙事重点存在差异。一方面，在具有政治属性的家庭中，诚信为官之道占据着其大部分家规族训。北魏文学家魏收在他的家训中提到"公鼎为己信，私玉非身宝"①，其意在于提醒后人要想取得公众的信服，提升自己的威望，就必须设身处地且无私地为人民谋福利。北齐的文学家颜之推也劝告后人无论在什么处境中，哪怕前方危难重重也要毫不动摇地做到"行诚孝而见贼"②，绝对不能因为危险而不履行自己的职责。北宋的宰相范仲淹则教育他的家人"汝守官处小心不得欺事，与同官和睦多礼"③，意思是说在为官之时应做到问心无愧、廉洁奉公、秉公办事，无论是对和自己同朝为官的同僚还是对平民百姓，都应该诚信对待，决不能有半点欺瞒。还有曾国藩也同样在他的家书中为了告诫其子弟订立了"三不"的原则，特别是那些当朝为官的子弟更应该时刻做到"不贪财、不失信、不自是"④。值得我们注意的是，在古代传统社会之中，并不是只有官员注重培养子孙诚信为官的道德教育，部分贤明的皇帝也同样以此教育皇室宗亲，唐太宗李世民在《帝范》中就明确地提出"赏罚又当必信也"⑤，意在教育其皇室宗亲要做到赏罚分明，适中有度，切忌失信于人，赏罚不公。康熙皇帝玄烨也在其《庭训格言》中提出："即理事务，对诸大臣，总以实心相待，不务虚名。"⑥ 他要求子孙后代在治理政务之时做到对大臣坦诚相待，不要追求一些虚名。另一方面，对于具有经商属性的家族来说，他们诚信道德的家规族训主要是用来约束教育其在商业范围内的行为。在明清时期尤为突出，随着商业时代的发展，便出

---

① 翟博. 中国家训经典［M］. 海口：海南出版社，2002：115.
② 颜之推. 颜氏家训［M］. 北京：中国华侨出版社，2014：194.
③ 成晓军. 宰相家训［M］. 武汉：湖北人民出版社，1994：98.
④ 成晓军. 宰相家训［M］. 武汉：湖北人民出版社，1994：176.
⑤ 李世民. 帝范：赏罚［M］. 王双怀，梁克敏，董海鹏，译注. 北京：中华书局，2021：117.
⑥ 康熙. 庭训格言［M］. 陈生玺，贾乃谦，译. 郑州：中州古籍出版社，2010：13.

现了很多与经商活动相关的诚信经营的家规族训。清朝赣商吴中孚指出："习商贾者，其仁、义、礼、智、信，皆当教之焉，则及成自然生财有道矣。"① 意在告诫他的子孙要想生意更上一层楼，就必须诚信经营，对钱财取之有道，要拥有仁、义、理、智、信等道德品质。清代良吏汪辉祖，他不仅在政治上有所建树，还因其自身官职的原因在诚信经商理念上也有颇高造诣，他还将这些诚信经商的理念写入了他编撰的《双节堂庸训》中，以此来提醒后人，其中的内容既提到了诚信经商的重要性，还提到了有关诚信经商的实质性准则。例如，他在和诚信经商相关的重要性方面指出"以身涉世，莫要于信。此事非可袭取，一事失信，便无事不使人疑"②，意在提醒后人，在经商的过程中无论大小事情，都不能对人有所隐瞒，不能失信于人，否则在今后的经营之中，失信欺瞒的头衔很难从人们心中去除。

虽然中国古代封建社会下的传统家规族训有着很大程度上的时代性和阶级性的局限，使其在社会历史传承中埋藏着很多消极的成分，比如，对待皇帝的愚忠思想和极强的封建阶级观念等，是以规整家族内部、教育子孙后代为核心的传统家规族训所包含的大部分诚信教育的基因，是不会随着时间的流逝和社会的发展而遗失其巨大恒久价值的，所以这一部分对诚信教育培养的表达方式就成了健全新时代中国道德诚信教育的瑰宝。

（四）对"友善"认知的叙事方式

当代中国对于"友善"价值观的本质特征有了全新的认识，它突破了之前的历史局限性，并继承了之前历史上友善观念的完美基因。友善是一种价值观念，它不可能脱离实际的社会活动与历史因素凭空出世，也不能独立存在。当今时代的友善价值观是建立在中华民族成长伦理和生活环境上衍生出的一种道德判断，它被时代给予全新价值意义的同时，并没有遗失传统的友善思想和理念，所以它成了维护和谐社会主义价值共同体的关键途径，友善也成为人类社会生存发展的恒久话题。而不同的叙事方式也可以传达不同层面的友善价值观。从

---

① 徐少锦，陈延斌. 中国家训史［M］. 西安：陕西人民出版社，2003：604.
② 汪祖辉. 双节堂庸训［M］. 天津：天津古籍出版社，2016.

叙事内容的角度来看，友善价值观认知的叙事方法可分为两个方面：共同体式叙事和榜样式叙事。友善价值观建立的表达途径也分别通过个体、群体这两个方向来展开，一方面是以群体性为根本的友善，另一方面则是以个体性为根本的友善。

以共同体为基础来建立友善表现为在家庭、组织、社群的范围之内搭建人与人之间的友善联系，这样一种建立方式实质上就是驻足在集体生活的伦理关系当中。用共同体的方式对友善价值观进行表达，提倡集体的价值高于个体，认为友善价值观的形成是以群体或社群作为基础。当代共同体的叙事方式逐渐成为一种日常道德化的社会形式，这种方法一般是将故事文本与叙事情境以及更广泛的社会叙事语境联系起来。生活中日常语言是人与人之间友爱互助的生活交流基础，日常语言可以很大程度地将友善价值观渗透到社会发展的各个阶段，也对友善价值观和社会发展的融合有着重要的作用。同时，日常语言普遍都与具体事件和感受相联系，在实际的情景中有时更具有凝聚性和形象性，更容易深入人心。听众不仅将注意力集中在直接的叙事情境上，而且同时集中于社会和文化方面，社会情境中的行为者可以获得情境理解的文化基底，以表达他们所处共同体所定义的价值观念。正是因为叙事受众与公共道德话语中提供的规范和价值观，每个人的人生观、价值观和世界观的产生往往都依托于基础、复杂和深刻的文化环境，所以友善的价值观也需要适当的文化基础。一旦决定友善价值观生长的文化资源短缺，那么这些价值观将无法得到合理的证明和形象的解释，这样就很容易导致断裂和转型现象的出现。为避免这类情况发生，可以依托社会性舆论功能进行友善价值观的宣传，例如，在央视播出公益广告等，这些作品无一例外地向我们传递了满满的正能量，以社会主义核心价值观为实践准则，同时也可以让群众养成最基本的道德价值准则。有关"友善"的公益广告如《友善是爱的温度》《一张票》《友爱互助》等都在教育我们，当我们遇到问题或者困难的时候，要学会从另一个角度看待问题，剔除人与人之间的最大障碍——自私，发自内心地培养友善品质，尊重其他人的权利，乐于助人，这样长此以往社会生活环境必定会友善和睦。

此外，在共同体式叙事中，友善不单单只是充当人际关系的伦理，还一步一步地被引用于人与自然生态的联系建立之中，也是人和人、人和自然、人和社会之间关系的价值准则。2017 年度感动中国"集体致敬"奖获得者——塞罕坝林场三代建设者，这些可敬的人们肩负起了保护生态，建设美好家园的重要责任和使命，在高寒的沙地上创造出了生态建设史上的一个绿色奇迹，中共中央不遗余力地推崇塞罕坝精神，这也是一种人与自然和谐共处的精神，是一种关乎生态友善的精神。

以树立榜样的方式表达体现中国优良传统文化的精髓和中华传统道德资源，这也是社会主义优秀文化宣传不可缺少的一部分，凝结着社会共同价值观念，最关键的一点在于稳固了主流意识形态的首要地位，增加了人们对主流意识形态的认同程度。榜样力量的指引对于友善来说是不可或缺的，以树立榜样的方式领导社会道德建设，对人们坚持友善活动的信念和提升友善活动实践的成功有着非常重要的帮助。随着时代的进步，友善价值观成为凝聚社会大家庭的情感枢纽以及建设有价值的和谐社会的基础。

当今时代出现了一大批具有鲜明时代特色，并指引时代进步的先进典型英雄，他们所展现的优秀事迹和思想精神成了榜样式叙事的基础理论和实践理论。榜样式叙事通过树立普通群众中的榜样人物形象，从各个不同的层面传递友善价值观，在这个日新月异的时代，发掘新的友善价值，进一步地增加、丰富和延伸现代友善价值的内容，展现出具有鲜明时代特点和响应行动需要的友善理想信仰和精神力量。目前，我们所推选出来的"感动中国人物""时代楷模"和"最美人物"等人中，有将自己生命安全抛之脑后，保卫人民群众安危的刑警，有将自己全部的心血和爱奉献给弱势群体和残障孩童的，还有将人民的利益始终放在第一位，无私奉献的基层干部等，都是值得我们学习的人。在讲述这些榜样的事迹时，故事被具体化，叙事内容也是真实的人或事件。在这些先进典型的身上都能看到在我们这个时期所缺少的、有特色的友善精神，从而加强我们对友善价值观的认知，也为我们勇往直前的道路点亮了一盏明灯。培育人们的共情力和怜悯心是"友善"价值观叙事的根本，而培养友善价值观的重要方式就是要让这个认知的过程变得生动、具体，便于人们理解它。

三、展现中国道德智慧的叙事方式

当代中国道德话语通过其独有叙事手段展现着中国的道德智慧。"道德智慧是一种强大的精神力量，它能够引领人类过上合乎伦理的道德生活。"① 展现中国道德智慧的叙事方式就是人们凭借自身的语言系统描绘其生活的道德情境中的道德智慧的一种言语行为方式。中华民族的道德智慧深受儒家、道家和佛家的中国传统道德观念影响，而儒家和道家的道德智慧的叙事也展现了中国的道德智慧。儒家和道家的道德叙事方式可以大体分为：解释式叙事方式、隐喻式叙事方式和对话性叙事方式。从这三类道德叙事方式中，我们不难发现中国是一个非常侧重道德智慧认知的传统文明古国。

（一）解释式叙事方式

首先，这一类型叙事方式的惯用手法是以第三者视角进行较全面的诠释，针对故事展开思考、解析和拓展，这样的叙事方式有清晰的指向性，因此在选择事情的时候要带有问题性，这样才能通过注解使其产生意义。如《齐桓晋文之事》中："王坐于堂上，有牵牛而过堂下者，王见之，曰：'牛何之？'对曰：'将以衅钟。'王曰：'舍之！吾不忍其觳觫，若无罪而就死地。'"② 孟子针对齐宣王的这个做法进行分析，体现出齐宣王内心的同情之心，这也是心底仁的种子，这也是君王今后实施仁政的关键要素，只要使齐宣王内心这颗仁的种子萌芽，那么仁政就不难施行，但是齐宣王并没有发现他自己内心这一颗善的种子，因此孟子则通过一则道德故事向齐宣王传达了这些明确的道德信息，在之后梁惠王参悟了其中意义，明白了其中道理。孟子大力宣扬以"不忍之心"领衔的"四心"说，其中讲道："人之有是四端也，犹其有四体也。"③ 意思是孟子认为人有这四种发端，就像拥有四肢一样，是与生俱来的。所以四端之说论述了施行仁政的可能性，因此孟子以为"不忍之心"是人与生俱来的，所以施行仁政也是天经地义的，

---

① 向玉乔. 论道德智慧 [J]. 伦理学研究，2014（5）：16-21.

② 孟轲. 孟子·梁惠王上 [M]. 李郁，译. 西安：三秦出版社，2018.

③ 孟轲. 孟子·论四端 [M]. 李郁，译. 西安：三秦出版社，2018.

这也是实施仁政的根本。而我们通过孟子与齐宣王的故事和对四端说的解释也可以窥见其中的中国道德智慧。

其次，这种叙事方式以独特的视角阐发道德问题，从而展现道德智慧。如老子以底层百姓的第一视角描绘特定的道德情境："太上，不知有之；其次，亲而誉之；其次，畏之；其次，侮之。信不足焉，有不信焉。悠兮，其贵言。功成事遂，百姓皆谓：'我自然。'"① 老子在这里表达的意思是："最上乘的统治方式，是人们依稀认识到它若隐若现的存在。次一等的统治方式，是人们亲近它，赞美它。再一等的统治方式，是人们畏惧它、害怕它。最差一等的统治方式，是人们轻蔑它、蔑视它。有不值得信任的情况存在，才有不信任的事情的发生。最好的统治者是那样的悠闲自如，他从来不轻易地发号施令。因此，事业有成，大功告就，而老百姓却都说：'我们原来就是这样的。'"② 这种依次递进的说理的叙事方式，透露出老子独特的叙事逻辑走向。而且老子曾经描绘过一个"小邦寡民"的理想和谐国家的宏图，说道："甘其食，美其服，乐其俗，安其居。邻邦相望，鸡犬之声相闻，民至老死，不相往来。"③ 这也充分地说明了老子是一位理想主义者。这种质朴的百姓视角，其中就已经蕴藏着上古世界无为而治的方式方法，但是跟随着社会的发展进步这种方式却越发变为等而次之的一种独到的叙事方式，并且因为这样才出现后来他对"小邦寡民"的理想社会宏图的描绘。值得我们注意的是，这样的一种描绘一样可以很好地讲述故事，并且是在同一时空蓝图中的悠闲叙事，在这样的一个叙事体系里面，时间依然在流逝，空间却是越发的美妙。这是极具老子代表性的写作风格，这是一种将要表达流露的深层信息蕴藏于说理之中的叙事风格。

最后，这样的一种叙事方式还能起到道德引导的作用，其中讲述的大部分故事都没有直接地讲述关于道德的问题，而是通过讲述者的讲述和理解，激发人们的想象，从而使得人们能更加具体形象地去理

---

① 老子．道德经：第十七章［M］．黄朴民，译．长沙：岳麓书社，2011：63.
② 老子．道德经：第十七章［M］．黄朴民，译．长沙：岳麓书社，2011：64-65.
③ 老子．道德经：第八十章［M］．黄朴民，译．长沙：岳麓书社，2011：255.

解和体会其中的深层道德含义。如庄子在《逍遥游》中描绘大鹏和小鸟故事时所运用的叙事手法。"北冥有鱼，其名为鲲。鲲之大，不知其几千里也；化而为鸟，其名为鹏。鹏之背，不知其几千里也；怒而飞，其翼若垂天之云。是鸟也，海运则将徙于南冥。南冥者，天池也。"①大鹏展翅能够扶摇直上九万里，但是小鸟拼尽全力可能就只能勉强地从一个树枝飞到另一个树枝上，它们的飞翔能力是截然不同的，但是它们的共同点在于都能拼尽全力地畅快飞翔，并因此给自己带来许多快乐。这个故事告诉我们天地万物之间，每一样事物的天赋和能力都各有不同，但能够充分自由地展现自己的能力是它们之间的共同之处，并都能在其中收获快乐。同样地，庄子在另一篇《骈拇》中写道："凫胫虽短，续之则忧；鹤胫虽长，断之则悲。故性长非所断，性短非所续，无所去忧也。"②以上种种故事都在给人们传递只有当人的天赋能力自由充分地发挥出来，人们才能使自己愉悦快乐，而服从于人就是非常痛苦的事了。"顺乎天然，乃是一切快乐和善良之所由来，而服从于人为则是痛苦和邪恶的由来。"③

（二）隐喻式叙事方式

呈现中国道德智慧的隐喻式叙事方式可以在儒家和道家学派的著作中找到蛛丝马迹。首先，在早期儒家经典之中就有体现，在《孟子》中体现得最为明显，因孟子喜辩，他的滔滔雄辩多用比喻的手法来体现：

"鱼，我所欲也；熊掌，亦我所欲也，二者不可得兼，舍鱼而取熊掌者也。生，亦我所欲也；义，亦我所欲也，二者不可得兼，舍生而取义者也。生亦我所欲，所欲有甚于生者，故不为苟得也；死亦我所恶，所恶有甚于死者，故患有所不辟也。如使人之所欲莫甚于生，则凡可以得生者何不用也？使人之所恶莫甚于死者，则凡可以辟患者何不为也？由是则生而有不用也，由是则可以辟患而有不为也。是故所欲有甚于生者，所恶有甚于死者，非独贤者有是心也，人皆有之，贤

---

① 庄子. 庄子·逍遥游［M］. 方勇，译. 北京：中华书局，2015.
② 庄子. 庄子·骈拇［M］. 方勇，译. 北京：中华书局，2015.
③ 冯友兰. 中国哲学简史［M］. 赵复三，译. 北京：中华书局，2019：134.

者能勿丧耳。"①

　　孟子这里所提到的鱼和熊掌并不是真的在谈论这两个东西，但是这种以生活中常见的事物作为比喻是最能够让人理解的，这就是很典型的一种隐喻式的道德叙述方式，这里也使得枯燥的道德知识被讲述得十分生动。孟子认为：鱼是他喜欢吃的事物，熊掌同样也是他的钟爱，但是如果这两样只能选择其一的话，他会选择吃鱼而放弃熊掌。同样的道理生命也是孟子所想珍惜的，正义也同样不能放弃，但是二者不可兼得的话，他就会牺牲自己而坚持正义。在他看来生命是他所珍惜的，但是比起生命来说，正义他更不想失去，所以他不会放弃正义而苟且偷生，他厌恶死亡，但是比起死亡还有更多的事物令他厌恶，所以他也不会因为对死亡的厌恶去刻意躲避一些祸乱。如果一个人想要拥有的东西没有能超过生命的，那么为了生命他可以放弃牺牲任何东西，如果一个人对死亡的恐惧大过于任何事物，那么为了能够活命，他也能卑微地去做任何事情。但是也有人明知前方危难重重也要前行，因为在他心中有比生命更重要的事物，也有人明明可以通过去做某些事情就能躲避灾难，可他偏偏不愿如此去做。由此我们不难看出，的确在部分人心里，存在着比生命更加重要的东西，也的确存在着有比死亡更让人厌恶的东西。这样的一种心理从一开始并不是只有贤明圣人才拥有，而是人皆有之，只不过在后来的生活中，圣人没有随波逐流，依旧保持初心而已。这样的一种表达方式层层深入，具有极强的说服能力，震撼着听者的内心。

　　反观道家早期经典著作，当属《庄子》体现得最为淋漓尽致。庄子的比喻恰到好处且能直击人的内心深处，文中的不少话语已经成为留世的经典汉语成语，口口相传。如"能者多劳"，便出自"巧者劳而智者忧，无能者无所求"②。而《庄子·德充符》则是一篇极佳的道德叙事篇，"死生亦大矣，而不得与之变，虽天地覆坠，亦将不与之遗。审乎无假，而不与物迁，命物之化，而守其宗也。"③ 庄子对于生死高

---

　　①　孟轲. 孟子·告子上［M］. 李郁，译. 西安：三秦出版社，2018.
　　②　庄子. 庄子·列御寇［M］. 方勇，译. 北京：中华书局，2015.
　　③　庄子. 庄子·德充符［M］. 方勇，译. 北京：中华书局，2015.

超脱俗的理解在文中随处可见。庄子的思想里充满了高尚道德品质，他看重的是能够通过坚守元气，不被外界事物所迷乱心智，他所注重的是培养坚守自身内在的道德品性。传递给世人应注重内在德性的修为，而不应该只浮于外表形式的基本观念。其中笔下编纂的几名身体残缺但内德健全的残疾人形象也是耐人寻味的。他描绘人物事物极为生动，为了体现出内德的充裕与印证，他创造出了几位外貌形象欠缺，五体不全的人，但是他们内德极为丰富，庄子也希望通过这样的人和事来揭露当时人们所处的艰难的生活环境，也通过对比形全而德失和形缺而德富的人，体现出了两种截然不同的价值观念。《庄子·德充符》打破了人们惯有的思维方式，引导人们忽略躯壳因素直达内心，这种道德叙事的隐喻方式也充分地体现了庄子哲学理念的特点。

（三）对话性叙事方式

讲述事物的实质就是一种蕴含丰富且深刻的对话，这也是人与人之间存在的一种方式。"我"这个代名词的意义需要通过有一个"他"者的对话才能实质性地展现出来。这个"他"者不一定需要在现场，只要是现实或意识中存在即可，也可能是自己心中的另一个声音。道德伦理叙事里包含着多样的论述，这实质上是促进反思过程的一个重要推动器，能在其中获得道德含义和对原则的认知，这种方式的侧重点在于叙事方式中对话交流能够帮助推理和增加感受，以达到推动更高层次的评析和多样的方法，而不是单单限制在领会和回顾中。

《孟子》一书开篇就是对话式的道德叙述方式，这一叙事是由孟子觐见梁惠王时的对话衍生而出的，整段对话围绕着"王何必曰利"这一主题展开：

孟子见梁惠王。王曰："叟不远千里而来，亦将有以利吾国乎？"孟子对曰："王何必曰利？亦有仁义而已矣。王曰：'何以利吾国？'大夫曰：'何以利吾家？'士庶人曰：'何以利吾身？'上下交征利而国危矣。万乘之国，弑其君者，必千乘之家；千乘之国，弑其君者，必百乘之家。……王亦曰仁义而已矣，何必曰利？"①

深入解读之后，我们可以发现这段话中所蕴含的意义是非常深远

---

① 孟轲. 孟子 [M]. 王立民，译. 长春: 吉林文史出版社，2009: 1.

的。如果我们仅仅把孟子当成一位全然不言利且迂阔不爱活动的读书人那就相差甚远了，孟子也曾说过"民无恒产即无恒心"。只是现在孟子正在觐见梁惠王，他是去劝说大王从心里接受他所提出的以仁义道德治国的观点，在这里所指的"仁义"是一种道德纲要，如果所有的人都只看重利益、利害，以此为行动准则的话，不管是国家、组织或者个人都注定会失败。因此，要选择仁义原则而不是利害原则来调和人际关系和国际关系。"人与人、国家间关系的调节，不能诉诸利害原则，而要诉诸仁义原则；要用道德来规范人的行为，而不应用利益来驱动或保证秩序与和平。否则，今天不利则不用兵，明天有利则用兵。"① 但是，仁义原则的实施要基于王道优于霸道的基础之上，而如果实施王道，百姓是最大受益者，那么实施霸道就与之相反，百姓是受益最小。而作为一个国家主宰者的梁惠王，当明白大利在德之后，无德便无大利，这大利乃于国于民都能享受的大利后，其间道理又怎么不知，如果身居最上层的大王大力支持追崇"利"，那么底层对"利"的追求就会泛滥成灾！这种思想会由大王开始，一层层传递下去，如果大王只知言利于国，那么大夫们，士人和百姓就都只明白言利的道理，长此以往，位高权重或者平民百姓便都追求表面的利益，上下相交，那么国家就会进入非常危险的境地。如果从现在开始稳扎稳打，用德来治理国家，将是国家的福气，人民的福气。这种局面才是孟子想要看到的，这也是孟子内心最真实的想法。以上这种非常生动的对话性道德叙述方式所达到的高深效果，其实还要我们了解孟子这个人和他所处的时代，整理当时文献并加以分析之后才能理解。

另外，道家代表老子的《道德经》中难以直观地找到对话性的道德叙事方式，不过还是可以发现老子自说自话独白式的叙事内容，仿佛是与心中另一个自己或者是跟读者的对话。而这种将自己站在他人角度的反思式对话形式也是一种对话性叙事方式，致使自我进行审视与评价。老子《道德经·第二十章》便是自我对话叙事的篇章：

唯之与阿，相去几何？善之与恶，相去若何？人之所畏，不可不

---

① 陈来．孔子·孟子·荀子：先秦儒学讲稿［M］．北京：生活·读书·新知三联书店，2017：176.

畏。荒兮，其未央哉！众人熙熙，如享太牢，如春登台。我独泊兮，其未兆，如婴儿之未孩；儽儽兮，若无所归。众人皆有余，而我独若遗。我愚人之心也哉！沌沌兮，俗人昭昭，我独昏昏。俗人察察，我独闷闷。澹兮，其若海；飂兮，若无止。众人皆有以，而我独顽且鄙。我独异于人，而贵食母。①

　　老子在这里运用了很多疑问句的表达，自问自答，他借自我反思传达其道德智慧："唯唯诺诺和高声呵斥，两者究竟相差有多少？善良与罪恶之间，又究竟相差几何？别人所害怕的，就不能不害怕。这风气自古以来就是如此，而且还不知道到何时是尽头。众人都那样的无忧无虑，兴高采烈。心情舒畅如同参加盛大的筵席，志满意得恰似在春天登台眺望美景。独有我淡泊宁静，无动于衷，就像婴儿还不会发出微笑。没精打采、懒懒散散，好像是无家可归。其他人都丰足有余，唯独我一人似乎什么也不缺。我真是一副愚蠢之徒的心肠啊，混混沌沌，无知无识。其他人都清醒明白，独有我昏聩无知。其他人都洞察一切，独有我懵懂木讷。心胸宽阔恬淡，它就像无边无际的大海；行为飘逸洒脱，它就像不停疾吹的长风。众人都拥有一套本领，只有我显得笨拙无能，愚顽鄙陋。但我偏要跟普通人不同，因为我所重视追求的，是那种顺应自然、守道养性的美好境界。"② 显而易见，老子通过表述自己的生存之道展现了道家的道德智慧，即强调在道德生活中区别于世俗的旨趣及随遇而安的生活态度。这种巧妙独特的内心对话式的道德叙事同样也是对话性的叙事方式，并且也很好地展现了中国道德智慧。

---

①　老子. 道德经 [M]. 黄朴民, 译. 长沙：岳麓书社, 2011：72.
②　老子. 道德经 [M]. 黄朴民, 译. 长沙：岳麓书社, 2011：73.

第八章

当代中国道德话语的伦理表意功能

如何对待本国传统文化？这是任何国家在推进现代化过程中都必须解决好的问题。任何一种社会运作的模式都会受到所处文化语境的深刻影响，并且刻画、改变着文化。作为中华道德文化的重要组成部分，中国道德话语一方面为中华传统道德文化的创新性转化和创造性发展注入了强大的动力，丰富了传统道德文化的内容和价值意蕴，另一方面又为我国社会的现代转型和文化转型提供了可资借鉴的宝贵资源。当代中国道德话语对道德主体性的表达，对道德思维的影响以及对在道德教育中的当代运用等维度充分体现了其伦理表意功能，在中华道德文化建构和更新过程中展现出重要价值。

一、道德话语对道德主体性的表达

在道德与个人的双向互动过程中，个人不仅作为道德作用的客体存在，被各种道德准则和道德要求所规范，而且扮演着道德承担者与践行者的主体角色。作为一切道德活动的内在依据和动力，人的主体性在道德活动中的展开和具体化，构成人作为道德主体的主体性。在现实生活中，道德主体成长的道德环境与所面临的道德际遇不同，道德认知水平各有参差，道德取向也越发多样化，各具特色的道德话语体系正是在这种特殊的、多元的道德条件下得以形成。道德主体性的张扬是对人作为主体之独特性的认同，也是对人作为道德存在者之价值和身份的确认，而道德话语的运用可以为这种认同和确认提供强有力的支持，它既是主体融入道德生活的前提，也是人具有自由意志、主体性和创造性的标志与体现。

（一）何为道德主体性

道德主体性是指个人在道德领域居于主体地位，它是人的主体性在道德生活中的特殊表现。人的道德主体地位并非先天造就的，道德主体在道德活动方面的主体性不断使人成为道德主体。个人愈是能动地掌握道德生活中的事物，愈是可能成为道德的主体。① 细细回望，对个人道德主体性的思考几乎贯穿中西伦理史发展历程的始终。譬如，"为仁由己，而由人乎哉？"孔子的"为仁由己"这一命题揭示出践行仁德完全在于内在个人而非外在他物的道德智慧，深蕴道德主体性思想的义理。道家学派的代表人物老子主张"人法地、地法天、天法道、道法自然"，将"自然"视作最终极的价值理念加以崇奉，而"自然"自具自本、自根、自主、自成、自由之义。儒学集大成者朱熹认为万物运行应当遵循"当然之则"，其中首要的便是道德准则，道德主体在道德准则的规范下涵育道德的过程就是体悟天理的过程。由于天理内在的超验性使道德主体在直接体悟天理时存有障碍，于是朱熹试图以"即物穷理""今日格一物，明日格一物"的方式发挥人的主体性，通达"众物之表里精粗无不到，而吾心之全体大用无不明"的明朗之境。心学集大成者王阳明提出"良知"学说，将良知奉为道德判断与道德评价的标准，倡导"反身而诚""省察克治""自明本心"等向内求取的修养路径，强调道德主体自觉意识的外化和道德践履，鲜明地肯定了人在道德完善进程中的主体作用。

苏格拉底"把哲学从天上拉回到人间"，其借用德菲尔神庙"认识你自己"的箴言，毅然抛弃了自然科学，将人从神与外在必然性的束缚中抽离出来，从与自然相对的"彼岸"——理性——出发，从本质意义上把人理解为占有理性的存在物，从而确立了人的理性主体地位。在《哲学史讲演录》一书中，黑格尔恰如其分地指出：在公认为西方伦理学开山鼻祖的苏格拉底那里，"人对于他自己所应当做的特殊事务，也是独立的决定者，自己迫使自己做出决定的主体。"② 当伦理学的目光从自然本体转向人自身，道德主体性就成了一代代著名思想家们潜心探究的课题。然而，人的道德主体性在中世纪冷酷的严冬中被

① 冯建军.人的道德主体性与主体道德教育［J］.南京师大学报（社会科学版），2002（2）：84－89.
② 黑格尔.哲学史讲演录：第1卷［M］.上海：上海人民出版社，2013：42.

残忍地封冻起来，直到文艺复兴运动的曙光初现才得以融化。随后，个人在道德生活中的主体地位得以重新确立并日益成为近代伦理学研究中一股奔涌向前的急流，而以康德为主要代表的伦理学派则是这股浪潮中高高凸起的浪峰。康德在他的《道德形而上学原理》和《实践理性批判》中否定了欧洲自柏拉图以来一直到中世纪宗教哲学家们所鼓吹的"神意"道德，批判性地提出了以实践为主导的主体能动性的道德哲学。康德提出："你要这样行为，做到无论是你自己或别的什么人，你始终把人当作目的，总不把他只当作工具。"① 人是目的，是道德生活中的绝对主体，对个人生活具有不可为外力所僭越的支配权和主宰权。康德对主体性的确立掀起了道德哲学中的"哥白尼式革命"。继康德之后，萨特的存在主义伦理学则抛出"存在先于本质"的命题，立足于个人的尊严与自由选择，对个人道德主体性予以新的论证。此后，马克思主义在借鉴前人思想资源的基础上，创造性地将对人的主体性的高扬从唯心主义的体系中剥离出来，并将它置于唯物主义基础之上，为我们理解道德主体性提供了新的切入点，即道德主体性赖以依存的社会条件。在原始社会时期，由于生产水平和历史条件的局限，人的自我意识处在朦胧的沉睡状态中。随着人类社会从野蛮状态逐渐过渡到文明状态，人们挣扎着摆脱了束缚在身上的锁链，个人的自我意识得以萌生，并迈步走向自我觉醒的道路。人们在发现自我的同时，也察觉到包裹着自我的社会关系和伦理关系。人们意识到每个人都不可能是原子式的、完全独立于社会与他人的封闭个体，需要自觉或不自觉地继承历史上所遗留的道德遗产并加以运用，更需要受到道德准则和道德律令的约束。人的道德主体性是在社会的意义上被确立起来的，更具体地说，人的道德主体性是在资本主义市场经济体系中被确立起来的。从思想上来看，它是启蒙思想家所确立起来的。因此，承认个人的道德主体性是历史条件和社会环境的产物，才有可能避免陷入形而上学思辨的纯粹空洞，才有可能对个人道德主体性予以科学的解释。

---

① 康德.道德形而上学原理 [M].苗力田，译.上海：上海人民出版社，1986：43.

（二）道德主体性表达何以需要道德话语

道德话语对于道德主体性而言是不可或缺的，也只有借助于道德话语的力量，道德主体性的表达才有实现的可能。道德话语赋予了人们在道德生活中理解自我身份的视角。在这种视角下，人们赋予道德生活相应的意义，由此建立与外在世界、异质他人的联系，并承担与之相适应的道德责任和道德义务。具体而言，道德话语对于道德主体性表达的必要性主要在于道德话语表征道德主体的现实存在、表述道德主体的内在偏好以及表达道德主体的价值追求等三方面。

1. 道德话语表征道德主体的现实存在

物质资料的对象化生产活动是人类赖以生存的物质前提，反映的是主体对客体的改造。区别于这种主客对立的物质活动，道德活动反映人与人之间在社会交往中形成的一种利益协调关系。利益构成了人们开展社会交往的根本动因，而作为道德实践的发出者和承担者，道德主体之利害荣辱是支配主体行动的静态意念趋向，决定主体采取何种方式去实现何种目的。在具体的道德情境中，道德主体在意识中梳理、整合、加工而后凭借已有的道德话语输出自己的道德主张，表达道德诉求，为个人应得的利益发声。道德主体在用习以为常的或者自认为有利于增进个人利益的道德话语发声的同时，也表明他自主自明地参与到道德事务中，扮演着道德存在者的角色。就利益角度而言，道德话语表征了道德主体存在的一种方式和手段。作为道德的存在者，道德主体已然将自己置于道德世界中，既拥有运用道德话语发声的道德权利，也有道德义务承担相应的道德后果。道德主体对道德话语的运用印证了道德主体的存在，这种存在并非超验性的虚构想象，它一定不会是在现实的问题之外或是在虚拟情境下的存在，而是深深扎根于现实的道德情境。

道德话语可以为道德主体获得相应的道德话语权。道德话语与道德话语权互为耦合、互为支撑，道德话语表现道德话语权关系，道德话语权则调控着道德话语的音量高低。道德主体以道德话语为载体，表达对道德现象和事物的理解，这既是道德主体传递信息的一种直接、必备的途径，也是道德主体争取道德资格，增进个人道德话语内在力量的前提。此外，道德话语的表达不是被迫的，它象征着主体的自由和自愿。同时，道德话语也是主体认识他人、认识世界的一种方式，这种认识会给予人一种"正反馈"，即"我"的道德话语表达展现出"我"与他人价值取向的一致性或相容性，以此为双方的道德交往提供潜在的可能。

2. 道德话语表述道德主体的内在偏好

人们依据特定的需要和欲求开展各种道德活动，我们将这种偏好和欲求视作人所追求的"善"。与其他生物的本能活动不同，道德活动是从属于人的活动，也是人类所特有的活动。需要注意的是，并非人的所有活动都可被认定为道德的活动，真正将人类的某一活动纳入道德活动的衡量尺度是该活动对于"善"价值的趋向与追求。换言之，唯有趋向于追求"善"价值的活动才是真正意义上的道德活动。对于"善"价值的倾向性是道德活动的重要特征，同时也是人类的道德活动与动物的本能活动相区别、道德行为与不道德行为相区别的根本表现。道德主体对"善"的追求立足于"我"本身，意即道德主体的行动都是为"我"而发出的，这种"为我"的倾向也就是人的内在偏好，或者说是满足内在偏好的倾向。道德个体以内在偏好是否得到满足为权衡的最终标准，借此评判某一行动完成结果的好坏。

然而道德主体的内在偏好是一个无法透视的"黑箱"，我们无法对之进行定性或定量研究，如此一来，如何察觉主体的内在偏好？我们承认人的内在偏好是无法直接透视的，但道德话语的存在却为我们提供了间接透视这种内在偏好的可能，即我们可以从道德话语的表述中去推导主体内在偏好的大致内容。第一，道德主体的内在偏好与外在环境之间并非隔着一条不可逾越的鸿沟，恰恰相反，道德主体几乎每时每刻都会对道德现象有应激反应，通过意识、身体或行为上的相应改变以应对持续变化的道德环境。一旦触发应激机制，道德主体便会对外在的道德环境做出回应，并且难以恢复到他们的原初状态，因此道德主体的内在偏好是有一定客观内容存在的。虽然在现有的认知水平下，我们尚且无法明晰应激反应与道德主体内在偏好之间的关联机制，但既然应激反应是可观测的，那么我们或多或少能从中有效地推测人的内在偏好的状况。第二，道德话语本身蕴含着道德属性和价值取向，道德主体是在一定内在偏好的驱使下进行道德实践活动的，而道德话语的运用属于道德实践的组成部分或中间环节，故而如何运用道德话语，在何种道德情境下选用哪些道德话语等这些值得思虑的问题，也受到道德主体内在偏好的设定。所以，对道德主体"内隐式"的内在偏好的考察，就可以转化为根据外界刺激与道德话语的外在表述进行推测。

3. 道德话语表达道德主体的价值追求

不同道德话语之间存在着差异、分歧，甚至是无法调节的冲突，每一差异、分歧乃至冲突背后都表明道德话语发出者即道德主体间的现实差异。如果没有道德话语，我们该如何表达自己，我们又如何将自己与他人区别开来？如果"我"不能表达自己的态度，不能展现自己与众不同的特质和看法，那么"我"就只能展现我的平庸和低俗。如果我们对道德现象被迫失语、被动沉默，那么我们便丧失了自己的道德话语权，也丧失了自己的道德身份。正是在运用道德话语进行自我表达的意义上，"我"才得以建构和完善。不仅如此，道德话语的表达使"我"得以走出自我，超越狭隘自我，步入主体间性的表达交往中。没有人际之间的社会交往和对话交流，道德主体便会迷失自我，将个人封闭于内在的自我感觉之中。从积极的层面看，道德话语为道德主体与外界、与他者之间的交往互动搭建了桥梁。在这种双向性的互动中，道德主体不仅会关注自己的道德生活世界及其中的他人，同时也会关注这一切之于自己的意义和价值所在，当然也会思虑如何借助道德话语表达自己对现实生活的道德态度和价值取向。由于道德主体间的差异，不同的道德主体对道德生活体悟的内容和程度是不同的，因而道德生活对每个道德主体的意义也是不同的，这种不同意义就构成了不同道德主体的价值追求。另外，价值追求反映出道德主体道德境界的高低，而道德境界的高低与知识水平之间并不呈现出对等的关系。现代社会中文化知识水平高的人也可能处于道德境界的低级阶段，而文化水平低的人可能具有高层次的道德追求。

（三）道德话语的主体表达何以可能

究其本质，道德是一个高度自主、高度自由的人的领域。在这个领域内进行的道德话语表达立基于作为道德主体的人。如果道德话语的表达没有或忽略了作为道德主体的人的参与，就无法称其为道德话语。即便有了道德主体的参与，但如果主体不认同道德话语的价值，道德话语的表达也不具备坚实的根基。作为主体的我们需要进行表达，也需要作为接受对象的"他者"，否则道德话语及其所承载的道德信息也就失去了"归处"。

1. 道德主体：道德话语表达的基点

人类的利益和利益关系无所不在，无时不在，它们是人类生活世界最普通也是最普遍、最广泛也是最经常、最平常也是最深刻的经验现象。① 人的利益诉求是道德的生长点，道德基于人的需要而产生，即道德是人的需要的衍生物。因此，道德是关乎人的道德，人是道德的主体，当然也是道德话语表达的主体。美国道德哲学家威廉·K. 弗兰克纳（William K Frankena）曾言："从道德上讲，任何道德原则都要求社会本身尊重个人的自律和自由，一般地说，道德要求社会公正地对待个人；并且不要忘记，道德的产生是有助于个人好的生活但不是说人是为了体现道德而存在。"② 道德绝非一部分人掌控另一部分人、某共同体支配其成员的工具，相反，它根源于共同的人类需要并满足这种特殊的需要——协调主体间性关系的需要以及确证、肯定与激励个体发展的需要。道德规范及其中隐含着的价值观念牵引着个体和共同体的实践活动，而且道德规范本身也反映个体和共同体的意向与偏好。通过道德话语的表达可以确证个体的道德存在者身份和主体性，而道德主体的主体性恰好印证出，道德的创造并不仅仅是为了在人自身构建一种无形但却有力的价值约束，更是为了超越个体局限，促进个体发展。"人只不过是一根苇草，是自然界最脆弱的东西，但他是一根能思想的苇草，我们的全部尊严在于思想。因此，我们要努力好好地思想，这就是道德原则。"③ 而道德原则的研究最终都是指向作为道德生活之主体的人。人要成其为人，必须保证其主体性在现实生活中得以

---

① 万俊人. 人为什么要有道德？（上）［J］. 现代哲学，2003（1）：65-75.
② 威廉·K. 弗兰克纳. 善的求索——道德哲学导论［M］. 沈阳：辽宁人民出版社，1987：247.
③ 胡军. 哲学是什么［M］. 北京：北京大学出版社，2002：1.

实现。① 离开人就无法真正地理解道德话语，离开人谈论道德话语就会发生认识上的错位。

2. 他者：道德话语言说的对象

随着启蒙运动和产业革命的兴起，个体的独立性愈发明显地显露出来。但是在经济理性的驱逐下，不同的主体还是作为一种彼此分离的、相互竞争的，甚至对抗的单子式个体而存在。英国哲学家霍布斯在其所著的《利维坦》一书中论述，在没有任何公共权力和政治权威的自然状态中，人们出于个人性的私利而争斗厮杀，呈现出一切人反对一切人的战争状态。而德国哲学家莱布尼茨将这样的个人称作"单子"，这种单子式个体与外在他者之间是相互对立的，将他者视作附属于个人目的的工具。正是这种单子式个体以及相应观念的存在，造成了公共生活的衰落和共同体与个人之间的分离，以及利己主义、物质主义、拜金主义等一系列时代性痼疾，也由此诱发人类自相残杀的侵略战争、生态危机以及其他各种利益矛盾冲突。人如何走出这种"单子式""原子式"个体的困境，或者说，单一个体如何过渡到主体间性，达至自我与他者的某种整合，则是我们不得不面对的难题。

当代语言哲学为我们走出这种恼人的困境提供了一条新的出路，即从"社会交往"的维度证明个体并非以单子的形式存在。在当代语言哲学的视域下，人是语言的存在，语言的存在就规定了人不是自我封闭的，而是向他人开放的。与他者共生是人存在的基本方式，而语言则充当了人与人之间开展社会交往的工具和媒介。面对各种资源的有限性与个体自身的局限性事实，身处具体道德情境中的道德个体会对原本不应得的资源产生占为己有的冲动，甚至会采取相应的行动，此时道德主体便遭逢如何处理和取舍自我偏好和他者偏好的问题。满足自我偏好而做的"行为"，其价值是朝向我的；满足他者偏好而做的"行为"，其价值自然也就是朝向他者的。"自然规律是万物循以产生的规律，道德规律是万物应该循以产生的规律，但却不能排除那些往往

---

① 詹艾斌. 论人的主体性——一种马克思哲学视点的考察 [J] . 社会科学研究，2007（2）：114-119.

使它不能产生的条件。"① 人天然具有满足自我偏好的善恶倾向和善恶观念，人天然具有满足他者偏好的善恶观念的潜质，但却并不天然具有它，因此满足他者偏好的善恶倾向和善恶观念无疑是在长期的社会交往和学习中形成的。道德话语为这种交往和学习提供了可能。因为道德话语的表达绝不限于自我指涉，这种方式必定是向外展开的、指向他人的。人类生存的一个基本事实就是面向他者言说自我，人必须仰赖他者才能得以生存。面对他者言说自我意味着自觉放弃我对外部世界的占有倾向，意味着自我对"他者"做出回应，将"他者"视作我对话的对象。简言之，作为主体人之概念不仅具有现代自主性、能动性、创造性等内涵，也应具有"为他性""向他性"等特征。从认识论上来说，一个人要想知道自我，他就必须把自我和他者加以对比，如果他不能把自我和他者加以对比，他又如何认识自我？更进一步地说，道德主体面向他者进行的道德表达的过程是个体与他者相互理解的过程，也是二者间不断发生视界融合的过程。道德话语表达的自我就是一个意欲不断超越个体限定的自我，是一个不断走向他者的自我。将"他者"认作"自我"的分离，最终要复归于"自我"，这实质上是主体"为我"性的体现，而这种"为我"性意味着"自我"对"他者"的控制与占有。道德话语帮助道德主体确立"为他"的向度，实现对其"为我"性的超越。在走向他者的过程中，个体都可能接触到"前道德认知"所不熟悉的道德境遇，且"前道德认知"不断向新的认知开放，从而使道德个体不断地向前发展，实现自我道德的提升。

3. 道德自由：道德话语表达的旨归

在这里我们主要从理想境界的层面来探讨道德自由。人具有道德实践理性，总是期冀于借助理性的谋划与实践超越内在的有限性与外在世界的束缚。从古至今，为了通达道德自由的理想王国，作为道德主体的人做出了不同的尝试。例如，孟子主张人性本善，认为仁义礼智四端充溢于人的体内，为人所特有，构成了人向善、为善的潜在动力。人需要通过"反求诸己""养心寡欲"等方式发挥主体性力量，自

---

① 康德. 道德形而上学原理 [M]. 苗力田，译. 上海：上海人民出版社，1986：36.

觉地将这四端扩展至极，方可成贤成圣。道德自由的深度、广度取决于道德主体把握道德规范及其价值的程度，道德主体认知越是全面深入、对道德规范越是认同，也就越能获得较大的道德自由度。而道德认知深藏于主体的内在心灵，道德话语的表达其实是将这种认知外显的最直接方式。人是追求道德自由的存在者，这种追求就在于道德自由本身，而不是出于道德自由之外的其他考虑。以某律师免费为无法负担律师费的受害者辩护为例，实施免费辩护并不属于律师应该承担的法律义务，假设律师不施以援手，我们也不应当对其加以指责甚至谩骂。这名律师在特殊情况下出手相助的动机并不在于赢得外界的赞誉，而在于他作为道德存在者对道德自由价值的追求以及由此衍生出的对道德义务的承担。正是这种对于道德价值的追求将人类与动物区别开来，也将道德冷漠隔绝在外。道德话语为表述与理解人类的道德价值追求提供了前提，道德主体将对道德价值的思考和把握最终指向道德自由的高尚境界。在不同的道德际遇中处理各种纷繁复杂的利益关系，自觉承担道德责任和道德义务，消解道德冲突，弥合道德分歧，走出道德困惑之潭，求得内心的和谐，从而才能踏入道德自由的王国。

二、道德话语与当代中国的道德思维

道德主体所处的社会是一个善恶并存、是非交错、人我分化、仁者与宵小相伴的多重性存在，而这种多重性并不以主体的意志为转移，无论这种主体意志及其力量有多么强大。道德情境的多重性和复杂性对主体合理地运用道德思维提出了要求。不同国家和民族的道德思维表现出鲜明的独特性，不同社会的道德思维模式都蕴含和表达了其社会文化的历史和特质。在漫漫历史进程中，由于文化传统和社会条件等诸多因素的影响，中国和西方世界分别形成了集体主义与个人主义这两种相互区别的道德思维。从本质上说，集体主义与个人主义的道德思维模式互有差异和分歧，但二者都依赖于特定的文化场域，依附于其所属的文化群体并受其道德律令的塑造与约束，具有契合社会认同和普遍规定的形态。更为重要的是，唯有依系于道德话语及其功用的发挥，道德主体才可以接受外部道德话语所负载的道德信息，理解所处文化群体和道德律令的深刻含义，继而实现与外部道德世界的意义对接。

(一) 人存在的二重性与道德思维

人是"个体的存在"与"社会的存在"相统一的双重存在。无论是何种背景的个体都在不同程度上进行着个体化，同时他们也无一例外地受到社会关系和道德规范的制约。社会构成了人的生存场域，也为人的发展与延续提供了必不可少的生活空间。特定的社会历史条件与道德主体之间存在着一种辩证的关系，前者既为个人道德主体性的发挥提供相应的舞台，也构成后者无法超越的道德情境，制约着道德主体的价值取向和行为选择。因此我们无法脱离社会来理解人的存在。同时，社会也是由作为主体的人所组成的社会，换言之，个人构成了社会的本源。具体而言，社会生活的方方面面，包括最为基础的物质生活产品、政治法律制度、伦理道德规范以及各种各样的文明与文化等，都是人类实践活动的衍生品。作为一个整体，社会无时无刻不在形塑着个人，与此同时，作为个体的人孕育出社会生活的丰富性和多元性，并生生不息地延续着社会历史。诚如马克思主义所论述的那样，"正像社会本身生产作为人的人一样，人也生产社会"，"人们的社会历史始终只是他们的个体发展的历史，而不管他们是否意识到这一点"。① 列宁也认为，整个历史正是由许多人在一定社会条件下完成的行动组成的。② 人类社会的整个历史就是在时间与空间中展开的人们的行动的总和，它"不过是追求着自己目的的人的活动而已"③。可见，个人对社会进行的探索与改造绝非盲目地试探或出于纯粹任意的冲动，反之，个人在对社会进行改造或变革前，便早已经在脑海中预设了他们所期待的社会之形态。社会之所以得以产生和维系，关键在于人的需要以及由需要而产生的行动。人对社会的建构以满足自身诉求为最终目的，而社会的存续便是对个体存在的确证。

---

① 中共中央马克思恩格斯列宁斯大林著作编译局. 马克思恩格斯全集：第四十二卷 [M]. 北京：人民出版社，1963：121.

② 中共中央马克思恩格斯列宁斯大林著作编译局. 列宁全集：第一卷 [M]. 北京：人民出版社，2017：139.

③ 中共中央马克思恩格斯列宁斯大林著作编译局. 马克思恩格斯全集：第二卷 [M]. 北京：人民出版社，1963：118-119.

人既是自然的存在、社会的存在、精神的存在，同时也是道德的存在。在《实践理性批判》一书中，康德说："有两种东西，我们愈是时常愈加反复的思索，它们就愈是给人的心灵灌注了时时翻新，有加无已的赞叹和敬畏——头上的星空和心中的道德法则。"① 在他看来，道德理应是一种"日用而不知"的存在。作为道德的存在物，人自然地具有道德需要，这种道德需要不是可有可无的，而是生活的必需品和精神补给。在这种需要的指引下，作为主体的人会自主、自觉地展开相应的思维活动，对道德世界中的事物进行思考、判断和把握，以期克服各种矛盾，这种以道德需要的满足为内容的思维活动就是道德思维活动。在人的生存时空或世界里，包含着各种各样的内容，其中必然包含着道德内容以及人所需要解决的矛盾，而这种矛盾主要源于道德主体的社会关系结构。矛盾的存在既意味着对某种既定秩序的冲击，也象征着新秩序的构建。在现实的社会情境中，道德主体与外部世界以及作为异质性对象的他人处于经常性的利益矛盾之中，利益之网构成了人的生存空间。如何清楚地认识和把握这种不可避免的矛盾，在矛盾中寻找内在的统一性，这就需要道德主体在其思维中进行道德意义上的判断和推理，即进行道德思维。通过道德思维把握自我与他人、自我与社会的矛盾的辩证统一关系，克服其中的矛盾性。

（二）集体主义与个人主义：当代中国的道德思维与西方道德思维之别

集体主义与个人主义作为当代中国与西方文化的主流价值取向，长期以来一直处于对立的态势。无论是英美文化还是继承了古罗马和古希腊精神的欧洲大陆文化都可以说是一种个人主义的文化，而中国文化及受儒家文化影响的东亚社会的文化则是一种集体主义的文化。②对于集体利益与个人利益之间关系的不同理解和态度折射出中国与西方道德思维的区别。

集体主义深深根植于中国传统文化之中，以集体为重的思维观念

---

① 康德. 实践理性批判 ［M］. 韩水法，译. 北京：商务印书馆，1999：177.
② 朱彩霞. 浅议个人主义与集体主义的对立与反思 ［J］. 理论学习，2008（11）：59-60.

在中国具有悠长的历史。中国历史上关乎国家、民族利益的大集体观念和涉及家族、宗族、家庭利益的小集体观念源远流长。两千多年来，由于封建宗法"集体观念"的浸染，中国并没有孕育出个人主义的原则和观念。人们常将集体主义与社群主义混为一谈。作为个人主义的反面，社群主义坚持以社群为本原，认为社群构成了个人自我认识、自我认同与自我发展所必需的社会文化状态。从社群特定的历史传统和社会文化环境脱离和抽象出来，个人的价值便无法得到确证。集体主义与社群主义虽有相通之处，但也存在着明显的差异。社群主义与集体主义都肯定个人权利和利益的正当性，但都反对个人主义所主张的个人权利本位的价值观。社群主义者坚持以社群为本位，是个人权利和美德得以实现和生成的必要条件，集体主义则以集体为本位，主张集体的利益高于个人的利益，在必要的时候能以维护集体利益之名牺牲个人利益。需要注意的是，社群主义是在批判西方个人主义泛滥以及其所带来的一系列社会弊病的基础上产生的，从这个意义上而言，社群主义是在为诊治上述病症开出"药方"而做出努力。而集体主义的道德原则是马克思主义的创始人在总结工人运动的经验以及批判地吸收前人伦理思想的基础上提出来的。

作为典型的西方资本主义政治和社会哲学，个人主义认为个人价值具有至高无上的地位，反对国家、社会、宗教、社会组织以及任何其他的外在因素以任何特殊的形式干涉个人意志，强调个体的存在先于集体的存在，倡导为个人的发展留出足够的自由空间。值得注意的是，个人主义并不等同于完全以个人私利为重心的利己主义，它更强调的是个体本位、个体自由选择的重要性。在相互异质且不可公度的诸种价值面前，当代中国的价值思维无疑会将集体利益放置于优先地位，更为注重自律、社会秩序等。而在针对个人利益和集体利益的道德价值的排序中，西方的道德思维则更多关照个体的利益和价值，强调个体的独特性，将个人权利置于不可替代的位置。简而言之，正如个人主义把个人当作独立的实体一样，集体主义也把集体当作一种独立的实体。①

东西方文化中两种道德思维方式的对立是客观现实的，但同时我们也应该看到，由于国家间的意识形态斗争加之于两种思维方式上的人为对立，使意识形态的发展具有阶段性的特征。具体而言，自19世纪至21世纪，意识形态主要经历了形成、尖锐对立、淡化的阶段。在世界由两极向多极发展的格局中，我们也应该反思那些刻上意识形态烙印的理论和价值观。我们说西方的道德思维方式主要是个人主义取向的，但这并不否认西方也讲求集体利益。在美国——个人主义之花盛开得最繁盛的国度——任何人都具有结社的权利，这使得美国成为自由结社最多的国家。在当代社会，诸多不可相互契洽的价值观念和思维方式，多元化地共存于民主制度的基本构架之中，把西方的个人主义价值观和集体主义价值观简单对立起来的做法未免流于狭隘和浅薄。尽管集体主义与个人主义作为不同的价值观形态因其产生及传承的差异性而各呈异质，但在构建整体性的道德生活的过程中，不同道德思维之间的交融与共生将成为必然趋势。

（三）道德话语与道德思维

当前，人类社会迈入高度发展的历史阶段，各种形式的社会关系日益复杂。与此同时，社会生活内生出诸多道德困境与道德迷思，思考各种社会关系的道德思维问题也具有更为丰富的内容。道德思维都是普遍趋同的吗？那道德主体何以具有差异化的道德思维呢？面对形态各异的道德境遇与道德冲突，道德话语能为置身于社会场域中的个体进行思维或意识层面的善恶取舍提供何种助益呢？

1. 语言与思维的关系

自我们生命伊始，意识初显，语言便如空气一般围绕在我们周围，它与我们智力发展的每一步相依为伴。语言犹如我们的思想和感情，知觉和概念得以生存的精神空气，在此之外，我们就不能呼吸。② 语言构成了思维的外部必要条件，二者是紧紧绑定在一起的。综观关于语

---

① 王晓升. 从个人主义和集体主义的根基看社会性的终结——阿多诺的观念及其启示 [J]. 学术研究，2020（7）：15-22.

② 卡西尔. 语言与神话 [M]. 于晓等，译. 北京：生活·读书·新知三联书店，1988：127.

言和思维之间相互关系的研究，主要有以下几种论断：

第一，思维决定语言论。作为广义语言学的创始人，亚里士多德认为思维的范畴决定语言的范畴，外部语言，如判断和推理，只是对内在思维逻辑的表述。著名心理学家皮亚杰是这一论断的追随者和拥护者，他在进行大量观测和实验后发现儿童的思维先于其语言而产生，儿童语言的表达取决于他所构建的思维逻辑。第二，语言决定思维论。苏联心理学家在对"语言是思维的物质外壳"这一观点进行片面理解后，推论出语言是物质性的存在，而思维是意识性的存在。物质决定意识，因而引申出语言决定思维。思维这一功能的发挥，是通过语言的作用来进行的，所以说语言是思维的边界。第三，语言和思维相互作用论。这种观点认为语言和思维相互推动，相互促进。思维和语言的发展贯穿人类历史的始终，而且二者通常以相互联系的形式出现。一方面，语言是思维内容的直接表现形式，语言架构思维；另一方面，语言也是从思维到现实的中介，通过语言的表达可使思维的内容化为现实的内容，从而实现主体的客体化。思维既是在言语中表现出来的，也是在言语中实现出来的。在知觉无序的混乱中，借助科学语言体系的构建，我们才能从特殊的观察中掌握普遍的真理。

上述论断分别从不同的维度表述了对语言和思维关系的认识，但都具有一定的片面性，它们都忽视了一个核心问题，即思维和语言都产生于人的劳动实践。因为只有通过劳动实践，人的手足、大脑与其他感官才能得以发展，这为语言和思维的产生奠定了物质基础。同时，人们在劳动中形成了主体间丰富的社会关系，这使得人与人之间的物质互换、思想交流和日常对话成为必然。因此，思维和语言植根于人的基础物质需求与精神交往需要之中，它们首先是从个体开始的，个体的需求和感知是所有社会变迁和历史更迭的原始起点，而劳动实践是孕育思维与语言的深厚土壤。

2. 道德思维的双重维度

道德思维是道德主体针对一定道德情境衍生出的道德问题而做出的意识层面的回应。这种回应既可能是主动的，也可能是道德主体在道德实践过程中出于无法回避的缘故而被迫的。首先需要注意的是，无论是主动还是被动地回应都是道德主体自由意志外化的表现。其一，回应行为本身意味着道德主体先已具有或自觉地、主动地选择了某种价值导向，并在这种价值导向的指引下进行道德思维；其二，道德主体在进行道德思维时需要凭借个体的生活经历和道德经验进行思索。道德主体倾向于诉诸何种道德经验、怀揣着何种道德目的、如何进行思维既是个体理性能力的显现，也是其自由意志参与的结果；其三，经验事实证明，不同道德主体的道德思维带有明显的差异性，这种道德思维的方式和内容打上了深深的个人"烙印"。

其次，他者的自由为道德思维树立了内在边界。运用道德思维是互为"他者"的道德主体在复杂道德关系中的伦理学考量，一方面，它是道德主体在道德情境中判别是非、明晰善恶的内在需求；另一方面，它是融入并把握道德生活的必然要求。在社会交往中，社会成员不是处于彼此对立的敌我状态中，而是将他者作为自我存在的确证物。任何形式的道德思维活动都并不是随意而为之的行为，它不是绝对孤立或不受任何限制的自由意志的衍生物，而是应该恪守相应的边界。换言之，道德思维活动的合理性与正当性只有通过对他者自由的尊重而生成的意义共同体的背景性视野才能得到呈现。道德主体的道德思维活动行为不能侵害他人活动的自由，即不能伤害到他人进行道德思维活动的自由。"其恕乎！己所不欲，勿施于人。"儒家忠恕之道告诫世人勿将个人所恶施与他人，而是将个人所欲施与他人，彰显了"以他人为重"的伦理关怀，也深刻揭示出个体进行包括道德思维在内的一系列活动时需要考量的重要维度。在不可割裂的相互联系中，社会与作为社会之组成单位的个人所构成的是一个自觉的、能动的连续体。在整体性的社会关系中，道德主体通过与异质性他者的道德接触，持续吸收不同的道德信息，道德思维在日益丰富的社会交往中得以进化，道德思维模式也具备了鲜明的个体特质。正是由于这种差异化的思维模式，造就了自我与他者相互区别的标识。单一道德主体的道德思维在与他者接触的过程中可能会被同化，但也可能得到强化。可以说，恰是借由他者思维的影响与塑造，道德主体及其道德思维内在的差异性和独特性才会在普遍性的社会框架中脱颖而出。

3. 道德思维之于道德话语的价值

作为人类思维活动中的特殊样式，道德思维在一定程度上决定和制约着人的道德行为，而由道德思维到道德行为，道德话语是其必经的环节。也就是说，道德思维牵引着人们道德行为的选择，在长久的道德思维浸染中，人们总是会形成某些固定的行为模式。当代西方情感主义理论的主要代表人物斯蒂文森认为道德判断与科学判断都对判断的对象做出了事实性的描述，不过更为重要的是，道德判断表达了人的好恶情感。因此，斯蒂文森将道德话语理解为表达道德主体情感的一种方式。英国伦理学家黑尔对斯蒂文森在理解道德话语时的情感主义倾向发出了诘难，他指出道德话语是一种具有普遍性的规定性语言，这意味它兼具描述与评价功能，可以对个体的行为选择起到规范和约束作用，而不仅仅限于个体的主观情感表达。

具体而言，当人们说"这是一种好草莓"时，既有对这种草莓的个大、多汁、甜蜜的事实性描述，又有对这种草莓价值上的评价和肯定，评价是以描述为基础的，道德话语包含了二者的统一。① 道德实践催生道德话语，而道德话语一经产生，就获得了一种普遍规定性。它在道德主体的意识中与具体的实践相对应，并发挥对道德实践的指导作用。出于社会交往实践的需要以及维持日常道德生活的平衡状态的要求，人们会对一些普遍化的秩序和节奏进行概念化的语言表达，就形成了"应当""善""正义"等道德话语。"在行为问题日益复杂而令人烦恼的这个世界里，存在着一种对我们据以提出并解答这些问题的语言进行理解的巨大需要。因为有关我们道德话语的混乱，不仅导致理论上的混乱，而且也会导致不必要的实践中的困惑。"② 道德话语在本质上是关于人与现实世界关系的一种普遍化的表达方式，它不仅仅是我们生存的一种手段，而且关乎我们对生存活动的道德态度与对道德生活意义的体认，是人类得以整体发展的独特生活方式。

道德思维的稳定运行离不开道德话语的有力支撑，道德思维需要依靠道德话语才能够顺利展开。因此，对道德话语之于道德思维价值的考察，就成了研究道德思维不可回避的重要问题之一。道德话语对

---

① 黄富峰. 论道德语言在道德思维中的地位和作用［J］. 伦理学研究，2003（4）：16-21.

② 魏雷东. 道德思维的逻辑结构与形态演进：规范、语言与共识［J］. 湖南大学学报（社会科学版），2015（5）：125-130.

道德思维的价值突出表现为以下几个方面：第一，道德话语对道德思维的内容具有概括和叙述作用，借由道德话语的概括和凝练，主体的道德认知便上升为道德理性思维，使道德思维的内容更加条理化。在完成概括这一基本步骤之后，道德话语还可通过言说的方式将道德思维的内容表现于外。第二，道德话语为道德思维提供意义和标准。"道德语言不仅构建了人的存在的精神家园，而且本身就是人的德性和德性的家园。"① 作为道德存在，人之所以要进行道德思维，无非是为了追寻道德的价值和意义，以便更好地指导道德实践。从主体的道德心理结构而言，道德话语可以揭示其中的道德意义，形成明确的道德意谓。② 从外部的道德环境而言，只有把道德环境所提供和产生的道德要求编码成语言可负载的道德信息，即编码成有意义的道德话语，才可以被道德主体更好地理解和接收。道德思维与道德话语往往是同步的、相通的，道德思维的内容和意义是通过道德话语中蕴含的意义和内容获取的，人们对道德话语的获取和理解，也就是获取了道德思维的内容和意义。道德思维的方式也受制于道德话语所内蕴的逻辑形式，道德思维的正误与深浅也需把道德话语作为一个重要参照。第三，道德话语把个体与个体之间不同的道德思维联系起来，使人们能彼此交流思想和感受。同时，道德话语还使人与历史进行交流，前人的道德思维内容和方式通过道德话语的形式沉淀下来，并转化为道德遗产，以便个体可以从中获取丰富的道德滋养。第四，道德话语促进了道德主体思维能力的提升。道德思维的主体是指进行道德思维的人。人之所以能成为或者作为道德思维的主体，对道德话语的掌握是其中的必备条件之一。③ 道德思维不是一成不变的，它需要不断的转化和更新，并由此引发旧有道德思维与新的道德思维的激烈碰撞。随着道德主体掌握越来越多的道德话语，道德思维内容不断丰富，道德思维形式不断走向缜密和深刻，同时这也推动了道德思维自我调节能力的逐步完善。

---

① 杨义芹. 道德语言存在合法性的本体论诠释［J］. 江苏社会科学，2010（2）：233-237.

② 黄富峰. 论道德思维［D］. 长沙：湖南师范大学，2002.

③ 黄富峰. 论道德思维［D］. 长沙：湖南师范大学，2002.

三、道德话语在道德教育中的当代运用

在当前的社会情势下，全方位教育改革的呼声越发高涨。作为教育的分支领域之一，道德教育也在时代的呼唤中向"深水区"推进，厘清道德是否可教的问题是深入探讨道德教育的前提。如果道德是可教的，那么接下来需要关注的便是道德教育领域中的具体问题。道德教育需要直面现实生活，直面生活中的难题，尤其是那些涉及心灵体验的问题，这是道德教育的要求所在。然而，不得不承认的是，无论是从理论层面看还是从实践层面看，我国的道德教育仍旧被框定在一种灌输式的传统模式之中，教学方法和教育理念都存在一定的滞后性，这是我国道德教育遭遇到的现实困境和挑战。为了突破这种现实困境，道德教育需要从"道德灌输"转向"道德适应"，选取适宜的教育方式，充分发挥利用道德话语作为道德教育资源的价值。借助道德话语，力推道德教育的进步，建设高质量的现代教育，是我们理应肩负的历史使命。

（一）澄明迷思：关于道德是否可教的追问

我们在探讨道德教育之前，首先需要追问的是道德是否可教。道德是否可教的问题，涉及对道德本质和存在样态的认识。如果"道德"不可教，那么道德教育必将流于空洞。厘清这个基础性问题的关键在于如何理解"可教"与界定"道德"。常识认为，"可教"的必然前提是具有符合教授条件的知识，如果道德属于知识范畴，那么"道德可教"便得以可能。而道德作为一种精神层面的存在，也并不是一种可固定化的知识。"道德"必定是指涉人而非指涉物的，正是"人作为精神的存在"这一特征将人与动物区别开来，更进一步地说，应是"人作为道德的存在"这一特征将人与动物区别开来，人的生物体存在方式不足以说明人的生命本质。动物无须应对各种生活困惑，它们的一切都由本能决定，而人总是被生活困惑包围，因为人总是面临诸种生活的可能及选择。人无法脱离道德，也无法回避道德选择，因为道德不存在于没有主体的世界中。从这个意义上说，道德应当是超越于知识之外的东西。

既然道德并非属于知识的范畴，那么它是否就不可教呢？显然，

我们不能依从常识，依据我们对教育和知识的一般理解，武断地将道德界定为不可教的内容。"作为非知识的道德就是不可教的"这一命题无法自证或者无法找到证明其合理性的前提。如果把道德视作一种信条，那么它也是可教的，因为许多道德准则对于人们而言具有不证自明的可信度和约束力。

（二）道德教育的现实困境

通过上述论证分析，我们知道道德教育是可能的，而且是必要的。但就如今的具体情形而言，道德教育的实效并不令人满意。在教学过程中，教师与学生之间存在着一种机械灌输与被动接受的教与学的关系。[①] 粗浅地将道德教育的过程仅视作对学生施加外部道德影响的过程，并且以强硬地灌输道德规范为主要手段，这种道德模式下的道德教育实效令人担忧。家长们常为子女的道德发展而担忧，而社会各界对青少年的道德素养也多有责难。这种灌输式的、带有强制性的道德教育实质上是凭借教育者的权威，迫使教育对象去遵循和内化"美德袋"中的道德规范及隐含在其中的价值观念。因此，道德灌输是道德教育过程中所呈现出的一种单向度输出形态。在道德灌输型的教育模式的过程中，教育者与教育对象之间是互为主客体的对立关系，各种固化的道德准则及其所携带的符号和规定似乎具有一种不可挑战性，以一种不可置疑的形式从强势一方向弱势一方渗透。就这个层面而言，道德灌输型的教育模式是道德教育的强势方（教育者）凭借自己的课堂权威，按照自己的主观意愿，依循自己的主观经验进行的主观游戏。这便导致道德教育过程中渗透着无形的权力，隐藏着难以察觉的强迫。迄今为止，这种道德教育模式尚是我国学校道德教育中的主流，同时也是近年来各种道德教育改革理论与实践的主要矛头之所向。道德教育的"理解"过程并不等同于知识教育的"认识"过程，将灌输知识、形成概念、记忆，反复练习这类模式贯穿于道德教育过程，无疑是与道德教育的目标背道而驰。道德教育是关乎道德人格的教育，这要求它必须认识到受教育者是鲜活的、独特的个体存在，一味地道德灌输背离了受教育者身心发展所特有的规律，只会消解受教育者的多元性。

---

① 仇赛飞. 论人的主体性与主体性教育［J］. 哲学动态，2001（2）：32-35.

道德教育具有鲜明的价值导向和引领功能，而在开放的教育环境中，多元多变的思想观念借助网络广泛传播，众多新生事物、新问题不断涌现，数据信息的多样化必然直接造成价值选择的多样化，学生群体的价值观呈现出愈加明显的差异性和不稳定性。在当前的处境下，普遍式的道德灌输、讲理和说教已经无法适应学生发展的需要，社会对道德教育适应性的要求明显提高。再加之，个体的道德自觉毕竟是有限的，尤其是对正处在成长阶段的学生而言，无论是对道德规范的理解与认知，还是从实际生活中积累的道德经验，都是不够周全和细致的。因此，道德教育必须实现由"道德灌输"到"道德适应"的转向。

（三）道德教育价值的实现：基于道德灌输还是道德适应

从词源学分析，"适应"这一术语最早源于生物学概念，其含义是通过身体和行为上的相应改变以达到促进有机体存活概率的行为。适应不是发生学意义上的"改变""革新"，而是对"面对"的认可与顺从。与此同时，"面对者"也成为他者的"面对"，进而形成彼此的"面对"与彼此的认可和顺从，所以适应是相互的。① 适应的突出特征就在于其交互性。从字面上理解，教育主要可从"教"以"育"人的角度来诠释，这就必然涉及教育者和他所面对的教育对象之间的交互性关系。这种关系为道德教育提供了前提。道德教育就是做人的教育，是对人的思想观念和道德素质施加影响的实践活动。道德教育犹如车轮上的"辐"，必须集中在"育人"的"轴"上，以人的发展为最终旨归。

而道德适应所涉及的方方面面始终与人自身的存在有着千丝万缕的联系，无论这种联系是直接的抑或是间接的，道德适应领域中价值的本质追求，便是以人为目的。② 道德适应把以人为目的作为实质根据和本质追求。道德教育从来就不是与道德适应背道而驰的一种路径，恰恰相反，道德适应是道德教育的应有之义。道德教育作为教育的一个分支，所要处理和解决的终极命题是：在道德教育深入变革的过程

---

① 李建华. 从适应性看道德的变化［J］. 江海学刊，2020（4）：48-52.

② 李建华，刘刚. 论道德适应的衍化逻辑［J］. 吉首大学学报（社会科学版），2018（1）：1-6，147.

中，学生作为最令人关切的对象，应该如何生活和行动。这是一个真正关心"人"的教育领域。以人为目的，其首要的设定在于将人理解为具体的存在。作为道德教育针对的对象，学生们自身受到道德体系各方面的律令约束，唯有确认他们的具体性存在，才能为道德教育目标的实现提供一种可靠的基础。

不可否认的是，道德教育对象的内在道德需要是很强烈的。在个体成长的初期，由于认知能力和身体发育的不成熟，个体会不由自主地接受来自成人世界的命令。随着年龄的增长，道德教育对象开始自我觉醒，自然会试图摆脱这种命令及与其相随的不自主状态。外在强制的命令固然会带来畏惧和服从，可唯有出自内心的认同才能导致真正的自律，使之适应、内化神圣的道德法则。即使学生们长期处在各种道德规范的规约之下，但这并不意味着他们就一定会认同这些道德规范，或者打算按照这些道德规范所要求的去行事。道德教育能否真正取得实效，归根到底还是取决于道德教育的对象能否认同教育的内容，能否自发自愿地将其作为检验自己言行的标尺。而在适应性的道德教育模式下，教育者与受教育者之间不对等的主客分化关系解体，受教育者不再受外在的、异己的力量支配，不再被塑造成一根根灌满了各项道德规范的"香肠"。道德适应性的教育将教师与学生紧密联系在一起，使教师站在学生的"生活世界"之内，强化二者间的情意交流与互动，这使得道德规范在以恰当的方式传递给受教育者的过程中，与关照学生主体性的教育本真和实质内容相衔接，继而成为一种具体的、"去空壳化"的规范。

道德教育中的道德适应有没有前提条件呢？当然是有条件的，其条件就是道德教育的对象自身能够看到不同于一般选择或者惯常选择的可能性，这种可能性指向交互性的尊重和认同，于是道德教育对象愿意对这种可能性做出尝试，并得到真切的体验收获。凯斯·R. 桑斯坦曾提出"信息茧房"一词，即在网络信息传播中，大众通常只留意自己选择的东西和能给自己带来慰藉的通信领域。随着时间的流变，他们会在不经意间将自身桎梏于像蚕茧一般的"茧房"中，从而丧失对新知识、新观点的感知力。因此，在各类信息泛滥以致碎片化蔓延的情境中，道德教育的对象应该走出"自我"，积极构建自己的社会支持系统，逐步超越自己现有的闭合知识，延展教育资源接收的广度与深度，转换模式化甚至机械化的思维路向，以开放的视野、包容的心态对各种可能性做出尝试，主动适应和涵化道德规范中易于个人发展的道德元素，以期突破现有的知识和价值体系。

（四）道德话语在道德教育中的运用方式

道德命令、道德评价、道德交流是道德表达的主要方式，在道德教育的过程中，常用的方式则是在此基础上形成的道德劝勉、道德对话和道德独语。道德劝勉是道德命令表达方式的弱势，以道德教育实施者为主体，但又不把道德教育对象当作简单的容器，而是在充分考虑道德教育对象的道德需要和道德接受能力的情况下，传授给道德对象适宜的道德知识，提出合适的道德要求，并对其进行鼓励，尽最大可能接受道德教育实施者的道德要求。道德劝勉中的道德信息释放是单向的，劝勉对象处于一定的被动状态，但道德知识、道德要求却是明晰的，可以使道德教育主体在短时间内得到更多的道德知识，奠定道德的基础，确定明确的道德努力方向。道德劝勉也注重道德教育对象自身的道德主体性和积极性的发挥，对其进行道德鼓励，通过动之以情，使之形成良好的心理状态；通过晓之以理，使之接受和理解道德知识和道德要求，这充分考虑了劝勉对象的道德需要，避免了道德命令和道德强迫。道德对话是道德教育实施者与对象处于同等地位的道德交流，彼此敞开自我，彼此通过诉说与倾听，共同取得道德的进步。通过道德对话与交流，发现道德自我，展现和展开道德自我，充实道德自我，协调道德自我，对自身与他者的生命重新定位、认识与发现，从而带来道德意义和道德价值的重构。在道德对话中，道德信息的释放是双向的，道德信息在双向释放和交流中不断碰撞，获得增值，双方的道德信息量都得到增长。由于道德教育实施者与对象处于对等地位，双方心理均处于良好的活跃状态，在真诚地诉说和倾听中，不仅沟通无碍，而且能不断走向深刻和创造。与道德劝勉、道德对话相比，道德独语是道德教育对象一种内在的、自我对自我的交流和道德反思。道德对话、交谈、讨论可以看作是主体间交往的具体形式，独语则体现了主体的自我认同。主体间关系既有内在性，又有外在性，前者表明主体只能存在于关系之中，而不能独立于关系之外；后者则意味着主体总是包含着不能被主体间关系同化或消融的方面。主体间的交流所解决的是主体与其他主体之间的关系，但对这种关系的理解和认同，还需要处理好己与己的关系，确定内在心灵的秩序与和谐，道德独语正是这种关系中进行内在的反思和自我对话，其中包含着深刻的自我体验。道德独语中的道德信息释放也是双向的，是通过对外在世界的认识和体验所形成的"客观的我"与内在的道德主动性所形成的"主观的我"的对话和交流。因此，这种交流是深刻的，往往体现为一种良心的反思和校正，指向道德境界和慎独。

（五）道德话语在道德教育中的存在意义

正如我们在道德教育的现实困境中所提及的，由于纯粹灌输式教育的影响，道德教育被贴上了"枯燥无聊""毫无意义"的标签。面临此般尴尬境遇，道德话语能为道德教育的"逆袭"提供怎样的突破呢？道德话语作为道德教育工具的一部分，如何能对闻声者产生触动呢？道德并非完全不可言说，但也并非完全借助于道德话语。这是道德智慧自身的特质造成的，因为德性自身是养成性的、体验性的、实践性的。所以道德教育首先应明了道德话语的功用及局限，不可言说之际偏重于体验和践行，而可说之际要善于利用道德话语进行教学活动，以及在具有不同道德体验的主体之间建构桥梁，传播一些具有可借鉴性的道德智慧，最大限度地切合道德教育本身的需要。

1. 作为道德教育资源的道德话语

资源是人们在自然发展与社会形态演变进程中所积累的物质财富与精神财富的客观存在形式。道德教育资源是指为广大道德教育工作者所选取，并为道德教育活动目的服务的客观存在。哲学意义上的价值是指实践活动和认识活动中客体对主体需要的满足，价值直接反映主体的诉求和倾向，并且因为主体的异质性而存在差异，具有深刻的属人特性，这就决定了价值并不是一成不变的，而是随着主体需要的变化而变化。道德教育资源的内在价值及其实现的可能性是开展道德教育的基础，随着教育的变革而转化其内容和形式。道德话语植根于日常生活中也在日常生活中通行，康德称之为"大众的道德理性知识"。但这绝非说道德话语乃是先天具有的，而是圣人、贤者、明君将大众的道德理性知识提炼总结而成的。一旦道德话语被人们遗忘，或模糊不清，或被替代，社会的基本秩序也就近于崩溃的边缘。道德话语是道德教育的一部分，它以各种方式作用于道德教育的过程之中。唯其关乎基本的做人原则，道德话语可以穿越时空，成为道德教育主体所能利用的重要的道德资源。首先，道德话语的跨空间共享有利于巩固办学机构间的联系纽带，提升道德教育资源的应用效益。其次，随着网络的发展和课程改革的深入推进，学生们拥有更多机会接触与汲取新资源，道德教育领域呈现出高扬学生主体能动性的鲜明格局。最后，道德话语的深度运用对道德教育主体更新教学理念、提升利用优质教学资源的主动性等提出了更深层次的要求，有助于实现道德教育资源的内在价值，适应教育现代化转型的发展需要。道德教育活动的正常运行依赖于一定的教育资源供给，同时，道德教育资源的内在价值也需要通过具体的教学实践活动及其开展方可得以外显。道德话语如道德教育的双腿，离开了道德话语，道德教育则会举步维艰。

2. 作为道德教育杠杆的道德话语

教育主体在道德教育的过程中，依据原有的道德认识和教学素养，熟练运用道德话语开展教学，通过对道德现象的善恶分析，重新排列组合各种道德信息，整理或创造出道德知识，并以道德话语为媒介，将道德知识有选择性地传授给教育客体，这既是教育过程，也是一种德性产品的产出过程。这种产品会帮助教育对象突破旧有道德知识水平的限制，并在指导教育对象的道德行为时增殖道德。因此，道德话语能够使社会道德增殖，是由道德话语的创造性特点决定的。道德知识涵养在教育对象的道德心理结构中，成为日后浇灌道德教育的土壤，并且当道德知识与现实情境相矛盾时，会提醒教育对象遵循着善的原则进行权衡。在这个过程中，学生们基于自己的情感与思维，充分发挥想象力和理解力，主动地接受"道德知识"，内化成道德认知与道德情感。在新的道德认知和道德情感的引导下，道德教育对象自觉地规制了个人生活的价值准则并以此为标尺来融入道德生活，树立正确的利益观念，纠正道德错位，具体体现在教育对象可以在为他人、为社会的利益做出必要的自我牺牲时，也不感到有所失，拒绝用蔑视社会和他人的方式处理各种道德冲突，使社会生活中善的因素增殖，恶的因素减少。道德教育是一种主体间的交互活动，道德话语在其中通常发挥出明显的沟通功能。教师借助学生之口由学生自己推导、表达某种道德原理的内容，抒发道德情感，以此开展道德教育，可达到事半功倍的效果。在一种参与式的平等道德沟通和对话中，双方可以表达真实的自我，同时在互动的影响下使视野与思维更加开放，构建出新的、有价值的意义世界。道德话语激发了道德教育过程中的"精神火花的相撞"，帮助师生之间共享知识、经验、智慧和意义，使得道德教育也获得了本身的意义。基于以上的分析和论证，我们可以得出，道德话语在道德教育中的存在价值一方面体现为道德教育的重要资源，另一方面体现为道德教育的杠杆，使教育对象在真、善、美三维向度中完善和发展，推动着教育事业在时间的链条中向前挺进。

第九章

当代中国道德话语的总体特征

中国道德话语是在中国语境中诞生、传承和发展的一个道德话语体系，具有中国语境性。一方面，它是相对于"非中国道德话语"或其他道德话语形态而言的；另一方面，它因为内含中国元素而别具一格。中国虽没有在现代发展出西方式的元伦理学，但这并非意味着中华民族没有形成自己的道德话语。中国道德话语是具有中国特色的道德话语体系，或者说它是中华民族为了表达自身的道德生活需要和意义而创造、传承及发展起来的道德话语体系。其中，汉语道德话语占据主导地位，因此中国道德话语主要是指汉语道德话语。汉语道德话语以表达伦理意义为核心任务，其伦理意义是通过其内部构成要素才得以表达的。其内部构成要素包括语音、文字、词汇、句子、语法、修辞等。发展至今，当代中国的道德话语已经融入时代因素、西方元素，呈现出传统与现代的统一、虚拟与现实的统一、世界性与民族性的统一、官方性与民间性的统一的特征。

一、当代中国道德语言在"古今"之间

中国道德话语是中华道德文化的直接现实和重要内容。自古以来，中华民族十分重视伦理思想建构和道德文化建设，所以道德话语发展至今，带有浓厚的传统印记。同时，当今社会的道德话语又带有鲜明的现代性，这是近代以来西方文化传入中国，中国社会转型发展的结果。道德话语是道德文化的表现形式之一，当代中国道德话语的"传统性"是指以汉语的言说形式表现出的带有独特中国文化的特征，是道德话语直接的传统来源，而且也对道德话语的言说方式、用词、语言构造产生了深远的影响。

当代中国道德话语继承了传统性道德话语的精髓。汉语道德话语

是一个以表达伦理意义为核心任务的道德话语体系，其伦理意义是通过其内部构成要素才得以表达的。当代中国道德话语的传统性主要表现在两方面：表达形式和伦理意义。从表达形式方面来看，当代中国的道德话语建立在当代汉语的基础上，由语音、文字、词汇、句子、语法、修辞等构成，从古至今，伴随着汉语的现代化进程，汉语道德话语的表达方式也经历了很大变化。从伦理意义上来看，汉语道德话语的内容主要来源于神话、儒释道的思想，尤其是儒释道思想构成了中国道德话语的主体部分。

汉语道德话语现代化，是汉语现代化进程的重要内容之一。随着汉语现代化的进程发展，汉语道德话语的表达方式大致经历了四个阶段：第一，晚清时期从文言语体向白话语体的转变；第二，近代的汉字改革运动；第三，新中国成立后的汉字规范运动；第四，西方道德话语在改革开放时期大量输入，对汉语道德话语体系带来巨大冲击和影响。在封建社会，文言语体在汉语道德话语中长期占据正统或主导地位，这种局面直到明清时期才得以改变。以文学语言为中心的白话文运动是晚清思想启蒙运动的重要途径之一，它从根本上形成了对根深蒂固的封建文言文的对峙和挑战。科举制度的废除，文言话语霸权寿终正寝，五四运动高举反文言霸权的大旗，白话文运动开始兴起，文言话语不可避免地开始衰微。黄遵宪、梁启超、陈荣衮等人都提出了自己的白话或俗话主张，掀起了晚清文学语言改革的浪潮，文言文的白话运动主要表现为小说白话、报章白话和翻译白话三方面，经历了白话文运动，白话文的使用和普及得到了持续的发展，并取得了一定的成绩，白话语言流行、白话文体出现、白话小说增多。新中国成立后开展了汉字规范运动。1956 年召开的"全国文字改革会议"和"现代汉语规范问题学术会议"确定了现代汉语规范化的总原则："以北京语音为标准音，以北方话为基础方言，以典范的现代白话文著作为语法规范。"汉语规范运动开始在全国大范围内推广普通话、制定和推行《汉语拼音方案》、简化汉字和整理异体字，努力建立一个更为完善规范的民族标准语。改革开放时期，西方道德话语大量输入，对汉语道德话语体系带来巨大冲击和影响。这一时期，西方道德话语体系被中国伦理学界大量引进，自由、平等、公正、人权、职业伦理、生态伦理、经济伦理、政治伦理、元伦理学等西方伦理术语在汉语道德话语中获得一席之地，传统的汉语道德话语表达形式也发生了变化，因而表现出西化倾向。

从伦理意义方面来看，即从内容角度分析，当代道德话语是在继承中国传统的基础上发展起来的，汉语道德话语的诞生至少可以追溯到远古的神话时代，神话开启了民族文化传统的源流。神话不仅讲述神的故事，而且将人类的道德价值观念融入其中，从而形成人类社会最早的道德话语体系，如女娲补天、后羿射日、燧人氏钻木取火等，这些神话多以神话故事形态出现在文学作品中。马林诺夫斯基认为："神话为我们提供了一种远古时代的道德价值、社会秩序与巫术信仰等方面的模式……在传统文化的延续、新老事物之间的关系以及人们对远古过去的态度等方面，神话都发挥了与之密切相关的作用。"① 神话建构了中国最早的道德话语形态和道德文化形态，并在中国社会代代相传，使一代又一代的中华儿女在传承与传播它们的过程中受到道德教育。进入春秋战国后神话时代，汉语道德话语在后神话时代的历史演进错综复杂，其间有激烈的思想交锋和理论争鸣，但最终形成了以儒、释、道三种道德话语体系为主流的格局，并一直延续至今。历史地看，中国历史上从未形成某一种道德话语体系一统天下的局面，汉语道德话语自始至终保持着鲜明的多元性和多样性。除了主流的道德话语体系外，当代的道德话语还有寓言故事、成语等表现形式。

神话传说始于原始社会，汇聚了人类原初的精神文化，应该是中国传统文学的雏形，是民族文化得以传承的现实载体。中国传统的神话传说一般是关于世界的起源和历史上英雄人物的故事，是民族文化特色的表达，同时也具有很强的凝聚力。仔细考察神话传说的内容就会发现，其具有一个明显的特点：神话与民族道德传统密切相关。神话不是简单的艺术想象，而是民族智慧、民族文化的记录。我国神话的主题一直有扬善惩恶、弘扬正义的元素，神话传说的流传将这些道德理念实现了代际传递、同一代人广泛的地域间的传播。当今社会流

---

① 马林诺夫斯基. 神话在生活中的作用［M］//阿兰·邓迪斯. 西方神话学论文选. 上海：上海文艺出版社，1994：257.

传的许多神话传说，如精卫填海、妈祖传说、狗咬吕洞宾、孟姜女哭倒长城、劈山救母等，它们作为道德话语的一部分深刻影响着我们的生活，也对集体道德行为、道德理念等进行维护，神话不同于寓言故事的地方在于神话中的道德是经由神圣的超自然力量表现出来的。

后神话时代，春秋战国时期的"百家争鸣"为中华民族传统道德文化奠定了基础，道德话语的发展也达到空前的繁荣。儒释道是中华民族道德文化的主要来源。成为仁人是儒家美德伦理的最高修养标准，行仁是调节社会各种人际关系的准则，也是贤能政治的准则，以仁德为人生追求的最高境界，构成了儒家伦理的理论主体。先秦时期的道德话语，是汉语道德话语在后神话时代演进的出发点。春秋战国时期，儒、道、法、墨等伦理学流派形成百家争鸣的格局，汉语道德话语也在中国历史上形成了第一次理论化发展高潮。在这一时期，孔子、老子、墨子、韩非子等大家登上历史舞台，在表达各自伦理思想的过程中建构了中国最早的伦理学话语体系，为汉语道德话语的理论化发展奠定了坚实基础。自汉代至唐末五代，汉语道德话语经历了一个比较漫长、复杂的宗教化阶段。董仲舒是将汉语道德话语宗教化的主要人物之一。佛教在汉代的传入更是加重了汉语道德话语的宗教色彩。在魏晋南北朝时期，很多哲学家坚持反对将汉语道德话语宗教化的立场，并通过批判宗教道德的方式捍卫汉语道德话语的人本主义特质。在诸多哲学家的共同努力下，汉语道德话语在与宗教道德话语相抗衡的过程中最终成功捍卫了自身的人本主义特质，并最终通过宋明理学得以定型。自明中期至清中期，中国封建社会制度进入动摇、衰落期，汉语道德话语则随着中国封建道德的动摇、衰落而变成僵化的教条和虚伪的文饰。王守仁试图通过建构主观唯心主义伦理学话语体系（心学），重新树立人们对封建道德的内心信念，但他的努力并未从根本上改变汉语道德话语和封建道德动摇、衰落的总体状况。明中期以后，顾炎武、黄宗羲、王夫之等哲学家对中国封建制度和封建社会日渐衰落的大势有了深刻认知，在批判封建道德的过程中建构了富有批判性的伦理学话语体系。

当代中国道德话语凸显现代道德生活。鸦片战争打开了中国紧闭的大门，西方文化的传入对中国社会产生了强烈的冲击，传统伦理道德也面临着危机，传统道德对社会的规范、调控作用已经明显削弱，社会上经世致用的改革思潮兴起，这直接推动着中国传统伦理道德的转型，道德话语的现代化历程也随之开始。当代中国的道德话语承袭中华民族的道德传统，同时带有鲜明的现代性，这是近代以来西方文化传入中国，中国社会转型发展的结果。近代以来，道德话语的发展经历了旧民主主义革命时期、新民主主义革命时期，新中国成立至改革开放，改革开放时期、新时代五个阶段。其中，马克思主义思想的传入对近代中国的道德话语产生了革命性的影响。

旧民主主义革命时期是中国传统道德文化现代历程的萌芽时期。鸦片战争后，魏源、龚自珍等启蒙思想家开始探索救国之路，中国人民开始有了探索救国强国的意识，萌发向西方学习的意识。从洋务运动的"中体西用"到"戊戌变法"尝试改变中国传统道德，辛亥革命时期提倡资产阶级"新八德"，从介绍西方的道德观念到结合中国环境进行改造革新，道德文化的变革总是与社会发展密切相关，时代发展的客观要求，是在中国传统基础上的发展。这一时期的道德话语由于中西文化的碰撞，呈现出中西结合的特征。新民主主义时期，新文化运动吹响了近代道德革命的号角，对中国传统道德产生了强烈的冲击。袁世凯复辟主张尊孔复古，新文化运动开始"打倒孔家店"，陈独秀等人批孔、反对尊卑贵贱的封建等级制度，旧社会的人民深受封建等级制度的毒害，新文化运动提倡个性解放、追求独立平等自由的人格，大力提倡新道德、反对旧道德。国民政府时期，梁漱溟、马一浮等先生倡导中西结合，反对民族虚无主义，重新阐释中华民族精神。1934年，蒋介石发起以"四维八德"为核心的"新生活运动"，试图重构国民道德体系。十月革命后，马克思主义传入中国，李大钊、陈独秀、毛泽东等马克思主义者开创了马克思主义道德观，主张对中国传统道德"用马克思主义的方法给以批判的总结"，吸取其精华，剔除其糟粕，以"全心全意为人民"为宗旨，批判继承中国传统伦理道德。

新中国的成立标志着中国进入一个新的历史发展阶段，在革命道德的基础上，社会主义道德体系建设逐步展开。中国共产党把以"为人民服务"为宗旨，以集体主义为原则的社会主义、共产主义道德推广，成为全国人民遵守的道德准则。新中国成立以来，社会主义道德经历了曲折发展、转型发展和新时代发展。1949 年，作为临时宪法的《共同纲领》提倡"五爱"为国民公德。"文革"时期，社会主义道德建设发展曲折，最大的成果是"两弹一星"精神的诞生。随后，社会主义道德建设体系逐步完备，党中央决定加强社会主义精神文明建设，提出培养"四有"新人的目标，开展"五讲四美三热爱"的群众性活动，着力促进道德风尚的提高和社会秩序的和谐。社会主义市场经济体制的建立对道德观念、道德规范也提出了要求，1996 年党的十四届六中全会明确提出了社会主义道德体系的基本内容。进入 21 世纪，社会主义道德建设进入转型升级，江泽民同志提出"把依法治国与以德治国紧密结合起来"的治国方略。2001 年 9 月，中共中央印发了《公民道德建设实施纲要》，这是新中国第一个真正意义上的公民道德建设的文件，首次概括了"爱国守法、明礼诚信、团结友善、勤俭自强、敬业奉献"的 20 字公民道德基本规范。党的十七大在强调"社会主义核心价值体系是社会主义意识形态的本质体现"的同时，把社会主义道德建设拓展为社会公德、职业道德、家庭美德和个人品德四个领域。2006 年 3 月，党提出了"八荣八耻"的社会主义荣辱观。同年 10 月，党的十六届六中全会第一次明确提出了"建设社会主义核心价值体系"的重大命题和战略任务，明确提出了社会主义核心价值体系的内容，并指出社会主义核心价值观是社会主义核心价值体系的内核。

十八大后，进入新时代中国特色社会主义道德建设阶段。党的十八大报告提出社会主义核心价值观，内含了国家层面、社会层面和公民个人层面的价值目标。同时指出"全面提高公民道德素质"是社会主义道德建设的基本任务，并将其作为推进社会主义文化强国战略的一项重要举措，号召"推进公民道德建设工程"。党的十九大报告强调："深入实施公民道德建设工程，推进社会公德、职业道德、家庭美德、个人品德建设，激励人们向上向善、孝老爱亲，忠于祖国、忠于人民。"① 2019 年 10 月，中共中央、国务院印发实施《新时代公民道德建设实施纲要》，推动全民道德素质和社会文明程度达到一个新高

---

① 习近平. 决胜全面建成小康社会，夺取新时代中国特色社会主义伟大胜利[N]. 人民日报，2017-10-19（02）.

度，决胜全面建成小康社会。

当代中国的道德话语在近代的发展是中西伦理文化融合的过程，也是中华文明走向现代化的缩影。文言文走向白话文的语言革命带动了道德文化、道德话语的变革，由传统主导的儒释道的道德话语到近代与西方伦理文化的结合，尤其是马克思主义对近代中国道德话语的改造，形成了当代中国独特的社会主义道德话语。

中国道德话语是一个既具有传统性又具有现代性的体系。中华民族重视伦理思想建构和道德文化建设的特性使得道德话语的传统性得以保留，近代西方伦理文化的传入和汉字语言革命又推动着中国道德话语的现代性发展。道德话语的传统性构成了其现代性的基础，现代性又是传统性的时代发展。现代社会的我们虽然远离了神话，然而人类的精神世界却始终都没有逃出它所"寓言"的道德价值、行为规范，在某种程度上说，今日社会的价值与规范正是远古时代价值与规范的继承和发展。儒释道的伦理文化是中华民族思想史上最重要的部分，大到治国理政，小到个人的仁德修养、为人处世的方法，都作为优秀传统文化滋养着当代中国社会。

二、当代中国道德语言在"虚实"之间

进入网络时代，人们的语言交流不再只限于面对面交谈，网络成为人们生活交流的主要阵地。当今中国社会的道德话语也呈现出虚拟性，人们在互联网交流、讨论公共事件、发表自己的看法，道德话语的虚拟性便在此体现，网络时代的道德话语以互联网为载体，在人们的使用中产生了异化，不仅增加了大量新的语言词汇，而且还将人们许多的日常生活中的道德话语词汇进行修改、加入新的网络语言特色，如最近流行的"夺笋啊""针不戳""YYDS"等。网络中的道德话语也会通过人们线下的交流转变为日常的道德话语，而且还会与日常道德话语相互影响，成为当代道德话语发展的重要组成部分。当代社会道德话语的现实性与虚拟性在使用中、发展中实现统一。可以说，正是因为道德话语的现实性，道德话语才有虚拟性。

道德话语的虚拟性是现实社会中的人在网络社会中真实的情感、观念、价值、思想等的表达，现实性是其基础和来源。现实社会的道

德关系往往会受限制，从而局限在特定的空间与时间中，然而网络社会与现实社会的交往方式存在着很大不同，这也是道德话语的虚拟性产生的前提。虽然同样追求"善"，网络中的道德话语与现实道德话语在话语结构与表述方式上有很大的不同。例如，对于道德模范的颂扬，现实道德中由于层级制的话语审核，按照符合规范的意识形态要求，对话语进行提炼加工，使其呈现出系统、理性的话语结构，如"我们要（应该）学习×××吃苦耐劳的精神，为实现……而努力奋斗!"而网络中的道德评价却以简单方便、生动活泼、贴近生活的道德话语表达方式来表达，如"最美退役军人""最美支教老师"等，这样的表述方式让人们感觉亲切的同时，更能拉近道德模范与普通人的心理距离，深刻感受到人物的道德张力。

当代中国道德话语的建构以现实生活为基础。当代中国道德话语的现实性是相对于其虚拟性而言的，两者的区别在于使用的场域不同，道德话语的虚拟性是虚拟的互联网中的应用与发展。现实性则是指当代中国道德话语在现实社会中的使用与发展。

当代中国道德话语内容是社会现实的精神体现。道德具有现实性，其内容是对现实的社会生活的反映。道德话语是道德文化的语言表达，其内容来源于现实的社会生活。道德话语的创造是为了表达道德生活的需要和意义，它蕴含着一个社会道德理想、道德规范、道德文化的时代印迹。道德话语的内容必然包含自由、公正、人道、仁爱、诚信等社会的核心价值观，而这些道德观念来源于人们在现实的社会生活中关于社会关系以及调节社会关系的道德活动。马克思指出："观念的东西不外是移入人的头脑并在人的头脑中改造过的物质的东西而已。"[1]同时，道德话语的现实性并不排斥道德话语的历史性，中国道德话语存在于中华民族的集体记忆之中，自神话时代至今，道德话语的发展是继承与创新结合，根据新的现实环境和社会关系状况加以修改以期适合当代道德生活的需要，古为今用而非简单照搬。所以，中国的道德话语不仅体现着当代中国社会的道德文化生活，也凝练着中国古代

---

[1] 中共中央马克思恩格斯列宁斯大林著作编译局.马克思恩格斯选集：第二卷[M].北京：人民出版社，1995：112.

先贤的道德文化、道德理想，道德话语所蕴含的传统美德在当代仍然具有强大的生命力。当代的道德话语发展的基础仍然是传统道德话语，如"孝敬"是古今人们都倡导的美德，古有"父母在，不远游"，而在现代社会，我们所理解的孝，跟古代人有明显区别，"孝敬"的表现形式已经发生了很大的变化，产生了"常回家看看""突击式尽孝"等新的表达。现代人根据如今的社会生活和父子关系状况来尽孝道，这是对于现今实际的社会生活的反映。道德话语在继承历史传统、反映现实社会道德文化生活的同时，道德话语超越现实指向未来，表达着现代人对理想社会的美好向往，道德话语指导人们未来的社会行为，调节未来所面对的社会关系。

道德话语采用当今社会的表现形式，具有民族特色。从同时代空间的角度看，中国道德话语是具有中国特色的道德话语体系，是相对于"非中国道德话语"或其他道德话语形态而言的，其现实性是当今中国采用当代语言表现形式来表达中华民族道德的民族特色。中国道德话语在历史中演进，在现实中发展，从而形成自身的中国特色或中华民族特色。特定社会的道德话语无疑表现出具有一定民族性的道德。中国道德话语的民族性是基于中华民族标识的道德主体在道德认识、道德规范和道德行为等方面表现出来的具有民族差别的特点。

中国道德话语的现实性在此表现为，相较于其他民族的道德话语体系，中华民族的道德话语具有的特性。就道德话语所蕴含的道德观念来讲，德国思想家魏特林说："在一个民族叫作善的事，在另一个民族叫作恶，在这里被允许的行为，在那里就不允许；在某一种环境，某些人身上是道德的，在另一种环境，另一些人身上就是不道德。"①中国的道德话语最早可追溯到神话时代，在后神话时代形成了以儒释道三种道德话语体系，到了近代，汉语道德话语的现代化加入了西方道德话语元素，呈现出中西结合的特性。就中国道德话语的构成方面来看，汉语道德话语居于主要地位，构成汉语道德话语的主要是汉字，汉语道德话语的表达依赖于汉语的语法、修辞，而且呈现出将描述性意义和评价性意义集于一身的总体特征。此外，中华民族的道德叙事

---

① 威廉·魏特林. 和谐与自由的保证 [M]. 北京：商务印书馆，1960：154.

传统源远流长，除借助儒释道传统伦理学理论以外，中华民族的伦理叙事还通过家训、家教、牌匾、音乐、舞蹈、戏曲等形式展开。在中国，家训是叙述家庭道德生活史的重要方式；家教的一个重要内容是讲述家族祖先的道德故事；书写牌匾是表达家庭道德价值观念的一种重要言语行为；音乐、舞蹈、戏曲等艺术形式均具有"通伦理"的特性，使其伦理叙述更具有多元性和多样性。

当代中国道德话语是网络社会的基本规范。虚拟性是当代中国道德话语与传统道德话语相区别的特征。当代中国道德话语的虚拟性依赖于当代中国的互联网环境，互联网在中国的发展直接影响着网络语言、道德话语的发展。1994 年互联网正式进入中国。1997 年 1 月 1 日，人民日报主办的人民网作为国内开通的首家中央重点新闻宣传网站，开始进入国际互联网络。进入 21 世纪，随着传播技术的不断革新和互联网应用的日趋丰富，我国互联网开始进入快速发展期。互联网影响并塑造了一种全新的社会生活形态，改变着人们的交往方式和生活方式。网络成为人们日常交流、公共讨论的公开平台。20 世纪 90 年代的 BBS，天涯、搜狐、网易等网站的论坛集聚了大量的人气，论坛上讨论的内容涉及时事、文学、历史等诸多领域，尤其是对多起公共事件进行热烈探讨。21 世纪初，以博客、SNS 社交网站为代表的 Web2.0 概念推动了互联网的发展。2007 年微博正式进入中国后发展迅速，国内几大门户网站如搜狐、网易、腾讯等均推出了微博网站，人民网、凤凰网等多家媒体网站相继开通微博功能。从 BBS、论坛、博客到如今的微博、抖音等应用，互联网已经成为我们日常生活中必不可少的生活工具，也在一定程度上代表着现代人的生活方式。

迅速发展的信息技术直接催生了网络语言这一独特的语言现象。在现实生活中，我们随处可以听见"我滴神""见光死"等网络语言。网络交往方式的特殊性也决定了网络语言与现实社交语言的差异。网络语言的发展、更新较快，内容丰富、变化多样。虽然同样为人们交往的工具，键盘的输入方式使得网络语言中存在更多的简写、指代、同音异形替代字等，从语法上讲，使用键盘输入的方式使得网络语言中产生了较多的简写、缩略、代指，甚至是错别字，与传统语言的使用规则并不完全一致。道德话语的虚拟特性也是在此基础上发展出来的。一方面，信息技术的发展和网络语言的产生将道德话语带入虚拟的网络环境，道德话语的使用场域由现实的社会拓展至互联网的"线上线下"；另一方面，网络语言中也发展出具有独特风格的道德话语。

互联网成为道德话语的新的使用场域。以道德评价为例，网络为道德评价提供了更广阔的平台。网络时代的道德评价更加快速、便捷。互联网强大的信息传播功能可以让某一事件在发生的第一时间传播到全国各地，每个网民均可以通过论坛、微博等网络平台发表自己的观点。网络中的道德评价正是利用网络特点，从当前发生的一个引起网友广泛关注的特殊问题着手，展开激烈的讨论，然后形成一致的意见，进而进行"道德审判"，甚至伴随着一定"道德惩罚"的过程。同时，由于互联网的种种便捷特性，网络中的道德评价更加及时、真实和自由，在一定程度上更能表达出评价者真实的观点。网络语言的产生速度和流传广度已经大大超出了人们的预料，道德话语受到网络语言的影响，发展也呈现出网络语言的虚拟性、简单性、随意性的特征，与现实的道德话语的产生有较大的不同。如"杠精""自杀式社交""时间管理大师""祖安语录"等词汇，这些词汇或带幽默或带讽刺，内含着对某一事件的道德评价。在互联网环境下，道德话语增加了新的内容，网络热词、网络新词不断出现，同时扩充着道德话语，这也是道德话语生命力的体现。同时，受网络语言的影响，道德话语在互联网中多表现为语言重组的方式，多种形式的语言体结合，大大提升了人们交流、分享想法的便捷性，有效提升了表达效果，道德话语在虚拟的网络环境中不断增加着新的词汇，与时俱进，其包容性也在不断地提升。这是网络技术发展的间接结果，也是网络社交的自然产物，道德话语的不断更新，能够反映社会中出现的最新事物和现象，成为人类社会道德文化的时代见证。

通过对道德话语的现实性和虚拟性的分析，可以发现，从整体来看，虚拟性和现实性可以说是"一体两面"的关系，这两种性质在某种程度上来讲是同一的。从两者作为道德话语的特性来看，道德话语的虚拟性的产生和发展以现实社会的道德话语为基础，而现实的道德话语的发展又受到其虚拟性的影响，二者之间具有相互影响、相互渗透、相互补充、相互转化的密不可分的关系。当代中国道德话语的发展呈现出现实与网络虚拟两种不同的路径，两方面同时并进，推动着道德话语走向未来。

现实性与虚拟性具有同一性。虚实相生，道德话语同时具有虚拟与现实的双重性质，两者并不是非虚即实的关系。纵观人类社会的发展，道德话语的虚拟性是现实社会的道德话语的自然产物。人类社会物质水平提高，网络信息技术发展，道德话语的虚拟性与现实性发展才有可能产生。道德话语是人类道德实践的反映，道德话语的现实性与虚拟性都产生于人的道德生活的需要。无论是在现实的道德生活中，还是在网络交往中，作为道德主体的人，其追求美好的理想生活的本质一直未改变。

现实性与虚拟性具有统一性。两者的统一性集中体现在二者之间的相互影响、相互转化中。现实的道德话语对网络道德观念、价值、规范等具有很强的建构作用与影响，互联网中的道德话语对现实道德话语既是一种延伸与补充，又是一种超越和创造，两者处于持续性的相互影响中。首先，现实道德话语对网络中的道德话语具有基础性的建构与影响，现实道德主体对网络道德主体有决定性影响。人自出生之后就一直接受家庭、学校、社会的道德教育，长期浸泡在现实的道德话语中，现实的道德教育、道德话语的侵染塑造了人的品性，但网络道德话语对人的作用与影响只是在人掌握计算机使用技能后才能产生。所以，现实道德话语对网络道德话语而言是一种存在的基础和内在的价值导向。信息时代，当发生某一网络事件，现实道德在对行为的动机及结果评价并提出规约的同时，也融汇了对网络行为的关照，为网络中的道德认知、评价提供了现实基础。其次，道德话语的虚拟性对现实道德话语存在着正面影响与辩证超越。网络开放的交往环境、海量的信息输入、多元价值观念的传递，使人们在了解自身之外的道德价值观念的基础上，一定程度上丰富和提高了人们道德认知、选择、评价的能力，促进了道德观念的更新与完善。此外，由于网络的匿名功能，线上的交往能使人跳出现实关系的束缚，自由交流，丰富和发展人性中善的因素。最后，互联网自下而上、去中心化的组织方式，对现实道德传播与发展产生了极大的影响。现实社会，我们接受道德教育、学习使用道德话语多是通过家庭、学校、社会，这种通过自上而下的层级式、灌输式的方式线性传递道德观念、价值评判等标准和原则，虽然经过较长时间的浸透会产生较好的效果，但是往往缺少穿透力。而网络中的道德话语的侵染教育多通过平等自由地交流进行，贴近人们生活，对现实道德中的不合理因素有强烈的批判与解体功能。

三、当代中国道德语言在"中西"之间

当代中国道德话语是具有中国特色的道德话语体系，是中华民族为了表达自身的道德生活需要和意义而创造、传承及发展起来的一个道德话语体系，它在一定程度上反映了中华民族优秀的道德文化和道德理论，具有鲜明的民族性。同时由于道德话语的发展是一个不断发展的动态过程，在中国道德话语的不断演进过程中，受到世界整体的道德话语环境影响，当代中国道德话语融合了现代化、国际化的语言特色，实现了民族性与世界性的内在融通和相互促进。

语言不仅仅是一种工具，它同时也是文化的载体。① 当代中国道德话语既是中国与世界进行道德对话、交谈与讨论的有效工具，是讲好中国道德故事的重要方式，同时也是传播中华民族优秀传统伦理文化的重要载体。当代中国道德话语呈现出民族与世界的统一的特征集中体现在以下三个方面。

第一，民族性与世界性道德作品广泛的译介与传播。道德作品是道德话语的显性承载形式，不同类型的道德作品既是不同价值观念的丰富表达，也是道德话语的交流传播形式。民族性与世界性道德作品的表现形式包括文学典籍、戏剧作品、音乐、小说、舞蹈等。随着全球化经济的进步，多元思维观念的碰撞，人们对道德多样性的认识显著加深，道德交流、对话成为跨文化主体间交往的具体形式，不同民族的道德文化作品得以广泛传播与发展，使得各民族文化的道德影响力不断扩大。中华民族丰富的道德话语正在不断走向世界，汉语中大量的道德经典作品、神话道德故事以及戏曲作品经译介被西方世界所认识并吸收，如《道德经》《论语》《庄子》《孟子》等一大批带有中华民族的伦理学经典被不断地译介，影响着世界人民的道德价值观念，尤其是作为中国道德文化

---

① 杨国荣. 道德与语言 [J]. 学术月刊, 2001 (2): 19.

瑰宝的《道德经》，经译介流传至世界各国后，对世界各国人民的道德价值观念都产生了深远影响，甚至被不同国家领导人在多次公开场合引用表达。"老子的'无为之道'创造性地影响了美国的治国之道，德国的哲学之道以及英国的经济之道，从思想界到民间，潜移默化地改变了西方人们的世界观和方法论。"①《道德经》译介到世界不同国家是一个不断创造和改变的过程，受语言符号、价值观念、文化背景等多重影响，作品的翻译并非完全依据主体语言本身，而是同时借助于相关语境含蓄地将意思表述清晰，其中"道"作为老子哲学体系中的核心，在进行翻译的过程当中，个别字词或词汇难以对应其他外国词汇，无法精准表达，因而出现了"归化式的翻译策略"②（以传入国家的主流价值观为目标导向，结合受众的语言习惯与阅读偏好，对原文进行适当地同化），这种适应性变化本身是中国道德话语在新的环境下的重要转变形式。同时，世界性的道德作品也在不断进入中国的道德话语体系当中，激起了中国与世界人民在道德文化观念上的强烈共鸣。具有宗教伦理意义的《圣经》为适应不同的读者群，结合翻译语境的多样性，在中国推出了"信徒版""大众版""学者版"三重维度的翻译译本。③《圣经》中"你们愿意人怎样待你们，你们也要怎样待人"与中国儒家伦理中"己所不欲，勿施于人"具有异曲同工之妙，"爱邻人"的教义与中国传统伦理中"泛爱众""仁爱"的精神也大同小异。具有伦理叙事的古希腊神话故事《奥德赛》《伊利亚特》歌颂了英勇善战、维护集体利益、为集体建立功勋的英雄，我国在译介过程中还开拓了多元的传播途径，以电影、戏剧等多样化的形式进入到中国人民的视野，不断影响着中国人民在道德观上的情感共鸣。民族性与世界性道德作品广泛的互相译介与传播，不仅使得中国道德话语走向世界，同时也意味着当代中国道德话语在接纳世界不同民族语言元素时，在一定程度上实现着道德话语的更新，这是当代

---

① 王青．谈近十年《道德经》翻译研究趋势［J］．嘉应学院学报，2017（12）：59-60.

② 刘子潇，姜博．《道德经》在西方世界译介的传播困境与突围之路［J］．太原师范学院学报（社会科学版），2021（2）：93.

③ 任东升，刘兰馨．流变与融合——圣经翻译理论和普通翻译理论互照［J］．基督宗教研究，2020（1）：73.

中国道德话语实现民族性与世界性统一的重要体现，也是道德话语实现民族性与世界性不断融合、相互促进的必经之路。

第二，道德叙事模式呈现出民族与世界交叉融合态势。中国传统的道德叙事方式通过口口相传、结绳记事、图画文字来进行传达和交流，在文化传承和道德沿袭的不断发展中，我们又塑造了绘画、雕刻、戏曲、民俗、音乐、舞蹈等通用的道德叙事方式，除此之外，我们还发明了家训、家教、说书、挂牌匾、写对联、唱京剧等独具民族特色的伦理叙事模式，因而在伦理叙事方法上显得具有多元性和多样性。西方的道德叙事方式包括神话、寓言、宗教、历史、戏剧等。不同民族的道德叙事所表达出来的深刻内涵都承载着这个民族的文化传统和伦理价值。中国古代社会神话有叙述女娲补天、后羿射日、燧人氏钻木取火等神话道德故事的道德话语；在古希腊神话中，有叙述普罗米修斯盗火拯救人类、奥德修斯巧用木马计使特洛伊城免于战火等神话道德故事的道德话语。中国传统的《论语》《史记》《聊斋志异》都可作为传统道德叙事的范畴，西方传统社会的《姆克古菲读物》《荷马史诗》《圣经》也都叙述了不同的传统美德故事，这些蕴含着丰富道德价值的美德故事，因离我们的现实道德生活久远而难以产生道德情感上的共鸣，因此，随着道德话语传播与传承，人们形成了对道德叙事载体多样化的需求，通过图片、视频、音频等现代化方式，将不同民族道德叙事中的精彩美德故事，以艺术性的方式置于现代化场景之中，将不同民族的美德观与现代的价值诉求相结合，在进行道德叙事的表达过程中，通过汲取其他民族的优秀作品元素，糅合与中国道德文化相通之处，才能以更加智慧的方式体现中国道德话语的魅力。习近平总书记曾提出要"着力打造融通中外的新概念、新范畴、新表述，讲好中国故事，传播好中国声音"①。在构建当代中国道德话语体系中，传统道德的现代阐释需要有与之相适应的道德叙事模式，才能更好地实现中国道德话语民族性和世界性的统一，优秀的传统道德文化才能够在新的道德叙事模式下获得继承与发展。

① 习近平. 胸怀大局 把握大势 着眼大事 努力把宣传思想工作做得更好［N］. 光明日报，2013-08-21（1）.

　　第三，中国道德话语的世界性话语转变。中国道德话语的世界性话语转变是指当代中国的道德话语体系受到其他民族的道德话语影响，在伦理术语的基本概念、道德话语模式等方面发生的一系列变化。中国道德话语的世界性话语转变体现为两个重要方面的变化：一是中国伦理学核心术语的研究发生转型。中国传统的道德话语是以儒家伦理话语体系为主导，强调"仁爱""团结""和谐"等集体主义的伦理价值。受西方伦理思想影响，中国传统伦理中的"仁""道""义""忠""孝"等独具特色的概念范畴发生重心转变，尤其是在近代以来，一批具有西式风格的伦理术语逐步进入中国人民的视野，例如，"伦理学""道德""善""义务""平等""自由""博爱""幸福"等词脱颖而出，构成中国近代伦理核心术语群。① 进入现代以来，随着中西方文化交流日益频繁，西方道德话语逐步输入当代中国社会，对中国道德话语体系造成了一定的冲击，西方道德话语体系中的一些道德价值观与道德词汇、道德概念在与中国本土道德话语融合过程中发生结合，例如，"公正""人权""生态伦理""生命伦理"等西方伦理术语或概念被引进，逐渐进入中国伦理语言体系的研究范围之列。二是中国道德话语范式从独语时代走向了对话时代。有学者指出"独语式"道德和"对话式"道德之间的差别在于，前者将人看成是道德的被动受体，从而使人成为抽象的个体而丧失了道德的话语权力；后者把人看成是道德的主动参与者，每个现实的人都是平等地、现实地参与道德建设，从而在道德话语中相互碰撞、相互交融以形成我们的社会道德。② 中国传统的道德社会以社会普遍的道德规范，约束和规范人们的行为并进行善恶的道德评价，以人伦亲情为基础的儒家伦理强调的是人们对道德规范的屈从或顺应，而并非平等的道德对话，因此，中国传统的道德话语具有一定的专制性、权威性。当代中国道德话语实现了主体的范式转变，社会化与全球化将人与人联结成为一个整体，在现实的道德生活中，每一个现实的人都成为道德主体，通过不断的对话、交流

---

① 杨玉荣. 中国近代伦理学核心术语的生成通则初探［J］. 哈尔滨工业大学学报（社会科学版），2012（2）：73-78.

② 熊小青. 道德对话：道德话语范式的现代转换［J］. 阜阳师范学院学报（社会科学版），2006（3）：77.

将民族的道德转变为世界的道德，将民族的道德话语展示成为世界的道德话语，在相互融合、不断促进的过程中形成新的世界的道德观。当代中国道德话语的世界性话语转变不仅是中国道德从传统独语时代走向对话时代的革命性变革，同时也是中国道德话语完成现代化转换和创新性发展的现实路径。

　　道德话语的发展是一个动态的发展过程，在道德话语的不断演进过程中，受世界整体的道德环境影响，民族的道德话语在发展过程中与世界道德话语相互影响、相互促进。当代中国道德话语是中华民族传统文化的重要内容，并与世界道德文化传统始终保持着相互联系、相互影响的交互性关系。在错综复杂的语言关系格局中，中国道德话语始终保持与中华民族文化传统高度的一致性，积极推进中国道德话语与文化精神的传播，使得中国道德话语体系在现代化演进过程中始终占据主导地位，同时它与世界道德话语，尤其是西方道德话语的发展构成相互联系、相互作用、相互影响的互动机制，从而形成了彼此相互促进、相得益彰的关系状态。

四、当代中国道德语言在"官民"之间

　　张岱年认为："在中国的长期封建社会中，基本上存在着两种道德：一种是封建统治阶级的道德，即封建道德；一种是人民的道德，即封建社会中受压迫的劳动者的道德。"① 这说明，中华道德文化历来存在着两条历史演进路径，一条是官方的，一条是民间的。官方道德一般是指由上层统治阶级所倡导的，为统治阶级服务的一套道德行为标准与规范，官方道德的基本特征受政治兴变的影响较大，例如，西汉初期，统治者为了巩固新生的政权，实行"黄老之学"，追求的是老子"无为"的道德思想，教化人民休养生息，重视道德教化；西汉鼎盛时期，统治者适应政治变化，采用"天人感应" "三纲五常"的"大一统"伦理思想，注重对君主权威的强调及对道德纲常的遵守。民

---

① 张岱年.中国伦理思想发展规律的初步研究：中国伦理思想研究［M］.北京：中华书局，2018：11.

间道德是相对于官方道德而提出的一种自发生成并流行于民间的行为规范。① 民间道德是不同区域中处于社会基层群众所自发形成的一套稳定行为规范，因而具有大众认可、被广泛接受且具有鲜明地域性等特征，成为约束基层社会群众思想和行为的重要力量。相对于官方道德而言，民间道德底蕴深厚，虽然会受到特定时代经济、政治、思想文化的影响，但是其发展具有相对稳定性。民间道德文化不仅是中华民族优秀传统道德文化的重要内容，而且也充分体现出了人们对社会伦理、家族伦理的重要思考。

官方道德与民间道德相对应。官方道德话语是统治集团用以传达统治阶级意识形态的道德符号系统，它与国家意识形态紧密贴合；民间道德话语是由民间基层群众自发形成的一套道德符号系统，它集中体现了普通百姓的道德情感，同时也是确保基层道德秩序的重要力量。在中国传统社会，统治集团总是试图以官方道德话语来统率民间道德话语，但二者始终保持着一定的差异性。研究汉语道德话语演进的官方和民间路径，可使我们清晰地看到汉语道德话语的分裂性和二元性特征，这对于认识、理解和把握其在中国传统社会的存在状况是有启发意义的。②

官方道德话语与民间道德话语是同一时代背景下两种不同的道德话语形式，官方道德话语在一定程度上影响着民间道德话语的发展，同时民间道德话语也在一定程度上影响着官方道德话语的演进。越来越多民间道德话语中的特色词汇出现在官方的道德话语表达当中，然而由于其倡导主体的差异，二者的语言风格也因此存有差异。官方道德由统治利益集团所倡导，主要因调整人与人之间的关系而产生，所形成的道德行为规范是作为国家法治的补充，对人们的社会行为和个体行为具有道德约束作用，因此，其在语言风格上注重严谨，意蕴深远，且具有一定的统一性和稳定性。例如，当代中国的官方道德话语主要体现为社会主义核心价值观，社会主义道德作为当代中国官方道德的代表，其所倡导的

---

① 甘筱青，柯镇昌. 中国民间道德与儒家思想的公共性［J］. 深圳大学学报（人文社会科学版），2016（4）：48.

② 向玉乔，王旖萱. 中国道德语言的发展路径［J］. 伦理学研究，2021（6）：30.

社会主义核心价值观就集中体现为口语性与书面性的统一，历史性与时代性的统一，规范性和包容性的统一，独立性与整体性的统一。① 而民间道德自发产生于普通民众之中，因更侧重于百姓自身的道德内化，从而强调的是个体自我的心灵立法，它不仅是普通百姓不断地在社会生活中凝练的美德体现，同时也是群众道德信念和道德意向在行为中体现出来的道德意识，受各民族行为习惯、社会风俗以及地域性的影响，其语言风格平实质朴、朴素自然，且具有多样化、风俗化、生活化等特点。众多民间的道德话语中"宰相肚里能撑船"体现了做人要大度，要善待朋友的道德价值观，"为人莫做亏心事，半夜不怕鬼敲门"体现了廉洁自律的道德规范，"百善孝为先"体现了中国传统的孝道价值观，"路见不平，拔刀相助"体现了对正义的价值追求，"为朋友两肋插刀"则体现了为人义气的道德气概等。

当代中国道德话语的发展呈现出官方和民间统一的特征，这主要反映在以下几方面：

官方道德话语逐渐生活化。官方道德话语既能直接体现一个国家的道德思想水平，又是一个国家治国理念和执政思想的道德名片，既需要凸显严肃严谨、气势宏伟的语言特色，又需要以平实简洁、通俗易懂的方式打动人心。当代中国的官方道德话语表达既注重句式结构的严谨性、对称性，同时也开始注重使用更加平实简洁、通俗易懂、生动形象的民间道德话语元素，以使各级群众更易理解、接受和认同。以社会主义核心价值观为例，社会主义核心价值观是对中华优秀传统文化的传承和升华，在话语风格上具有语言凝练、提纲挈领的特点，这样的话语风格可以突出体现国家、社会、个人所追求的"德"的着力点。② 社会主义核心价值观中"爱国、敬业、诚信、友善"等话语的表达，用凝练的话语，提纲挈领地指出中国人民应该追求的价值观念、价值标准和价值取向，既体现出国家加强价值观教育的内在要求，也以简洁明了的话语表达方式阐释了其深刻的道德含义，对培育人们

---

① 许思宇．解释学视阈下社会主义核心价值观的语言生态建设探析［J］．扬州教育学院学报，2021（2）：35-37.

② 仝夏蕾，王海建．话语转化：社会主义核心价值观教育的新视角［J］．思想政治课研究，2016（1）：16.

正确的价值观，加强自身修养都具有重要的引导作用。因此，当代核心价值观教育始终坚持把握民族特点、风俗习惯、语言风格的特殊性和差异性，坚持将国家的社会主义核心价值观贴近人民群众的生活现实、实际情况和现实需求。习近平总书记作为国家道德形象代言人，在多次重大发表讲话中，使用口语化的语言、网络语言及大家耳熟能详的俗语来讲述最平凡的道德故事。在讲到对党员干部的要求时，他以"照镜子""正衣冠""洗洗澡""治治病"等生活化的语言强调了对党员干部加强廉洁自律的道德要求。在全国组织工作会议上他提出了对广大党员干部加强理想信念的要求，"理想信念是共产党人精神上的'钙'，理想信念坚定，骨头就硬；没有理想信念，或理想信念不坚定，精神上就会'缺钙'，就会得'软骨病'"①。在讲好这些故事的同时，他又总结、创造、使用了新的词汇与词语，如"正能量""点赞"等，他的语言来源于生活，贴近生活，立意于生活，所陈述的道理通过最朴实的语言使人牢记于心。当代中国官方道德话语逐渐生活化、实际化，这是官方道德话语与民间道德话语统一的显著特征，它既是国家官方语言体系不断进步和完善的重要见证，同时也是民间道德话语不断扩大其影响力、感染力的现实需要，对增强人们的国家价值认同感、民族自豪感都具有十分重要的意义。

官方道德话语重引用民间典故。道德话语的传达需要借助多样化的修辞手法，修辞手法是人类为了提高语言表达效果而发明的各种语言学方法的总称，通过使用恰当的修辞手法，能够赋予道德话语一定的生命力、表现力和感染力，从而达到超越语言本身的，更加生动、形象、活泼的语言表达效果。当代中国官方道德话语中常见的修辞手法包括比喻、对偶、排比、借代、反复等，其中典故是在论证过程中引用一定的历史故事以增强文章或讲话的说服力和权威性的修辞手法。《用典研究》中指出："用典，是为了一定的修辞目的，在自己的言语作品中明引或暗引古代故事或有来历的现成话。"② 其中，民间道德典故是基层群众在不断传颂的道德佳话中所形成的智慧结晶，它体现了

---

① 习近平. 习近平谈治国理政：第一卷［M］. 北京：外文出版社，2014：414.
② 罗积勇. 用典词典［M］. 武汉：武汉大学出版社，2005：2.

社会生活中普通百姓对真、善、美的追求，既是一本内容丰富的道德教科书，又具有生动且独特的艺术魅力。我国民间道德故事类型丰富多样，对多种美德都多有赞颂，如诚实正直、行侠仗义、敬老爱幼、清正廉洁、坚贞不屈等，多样的民间道德故事通过对人物行为、语言的描写，将矛盾的发展及故事情节加以层层推进，进而使得赞美的道德观念逐步表现出来。当代官方道德话语表达善于引用民间典故以增强说服力，"孔融让梨""曾子避席""千里送鹅毛""管鲍之交""程门立雪""孟母三迁"的民间典故不仅是家喻户晓的道德故事，而且也多次出现在国家官方的道德表达中。习近平总书记曾指出广大留学人员要以"韦编三绝、悬梁刺股的毅力、以凿壁借光、囊萤映雪的劲头，努力扩大知识半径，既读有字之书，也读无字之书，砥砺道德品质，掌握真才实学，练就过硬本领"①。"韦编三绝""悬梁刺股""凿壁借光""囊萤映雪"等经典民间典故体现的是中国人民艰苦奋斗的优秀道德品格。习近平总书记在各大发言讲话中，善用丰富的民间道德典故，不仅在新样态中诠释传统经典，展现我国民间经典道德故事的魅力，彰显中华民族的文化自信，同时结合经典的民间典故，以更"接地气"的方式将主流价值观嵌入普通民众的生活中。当代中国官方道德话语对民间典故词汇的运用，彰显了官方道德话语与民间道德话语相互影响、相互促进、相互融合的过程，既表达了对优秀中国传统文化的思想继承，也是官方道德话语表达创新的重要传承形式，更是官方道德话语与民间道德话语逐步呈现出统一态势的重要反映。

官方道德话语突出民间典型道德模范。道德模范是"传统优秀道德的承载者，是现实主导道德价值的弘扬者，是未来理想道德的开拓者"②。道德模范是开展公民道德建设的重要形式，是党和国家为传播社会主流道德价值、推进社会道德趋善向前的重要力量。民间道德模范是优秀民间道德话语的承载者，它们通过最朴实自然的语言向社会传达着美好的个人品德、职业道德精神及社会公德的深刻含义。道德话语本身

---

① 习近平. 习近平谈治国理政：第一卷［M］. 北京：外文出版社，2014：414.
② 廖小平. 论道德榜样——对现代社会道德榜样的检视［J］. 道德与文明，2007（2）：74.

是道德模范发挥其示范引领作用的思想外壳，且道德话语并非抽象的道德教条，由于"道德榜样先进的道德观念、强烈的正义感和道德责任感等宝贵品质和实践经历具有不可复制性，更无法以简单粗暴地灌输、机械死板的识记以及被动反复地宣讲等方式获得认同和传播"①，因此，民间道德模范的道德话语以"接地气"作为其根本特征。近年来，我国官方道德话语中逐渐凸显出对民间道德模范的道德影响力，涌现出"最美医生""最美护士""最美清洁工""最美农民工""最美的逆行者"等相关词汇表达，"最美"一词的表达既是对道德模范的道德品质的全面肯定，也是新时代条件下对道德模范的全新的道德表达。习近平总书记在北京海淀区民族小学主持召开的"从小积极培育和践行社会主义核心价值观"座谈会上提出，少年儿童要培育和践行社会主义核心价值观的一个基本要求就在于要"学习英雄人物、先进人物，美好事物"，在学习中养成好的思想品德追求。还列举了一批优秀电影，如《红孩子》《小兵张嘎》《鸡毛信》《草原英雄小姐妹》等，这些优秀的民间道德模范作品，多次出现在国家的官方道德表达中，这不仅体现了我国重视民间道德典范在道德价值观中的重要意义，同时也意味着官方道德话语在不断贴近民间道德生活。当代中国官方道德话语对民间典型道德模范的强调是官方道德话语与民间道德话语不断走向具体融合的具体体现，是官方道德话语在不断地发展过程中进行语言创新的重要举措，同时也是官方道德话语在适用新的时代道德变化对自身语言体系、语言结构的重要补充与完善。道德话语的基本作用就是道德表达，官方道德话语表达着社会价值的总体导向，同时也表达着对社会道德秩序的总体要求，但是道德话语表达的作用并非简单的道德说教，而更应是以能够被主体所理解、认同的方式，从而外化到他们具体的道德行为实践中。民间道德模范来自人民群众，不仅具有道德具体化、人格化、符号化的基础特征，而且还具有明显的人民性、群众性和草根性，用其语言阐释优良的道德品质，能够在更大程度上加强与广大人民群众的情感联系，以达到对主流价值观教育的认同。

---

① 李建华. 道德原理——道德学引论［M］. 北京：社会科学文献出版社，2021：269.

当代中国道德话语呈现出官方与民间的统一，既是官方道德话语在适应新的时代背景条件下的话语创新形式，也是民间道德话语在不断向前迈进，扩大其感染力及影响力的重要表现。官方道德话语在引领整个社会道德风尚中发挥着积极作用，然而由于官方道德话语具有沉稳庄重的特点，其模式化的话语体往往容易对人们的话语方式形成直接的支配与控制，随着社会转型和新媒体的普及，民间话语对官方话语带来一定的冲击和影响，民间舆论与官方舆论相互促进形成了当前主要的舆论格局，通过以受众的个人体验和感受为中心展开话语叙事，运用接地气的言说方式传播真善美、传递正能量，为构建多元、对话、包容的公共话语空间做出努力，官方道德话语与民间道德话语在不断地交流与碰撞中形成了新词汇、新思潮以及新的话语符号，不仅丰富了道德话语类型，创新了道德话语的表达方式，而且进一步促进官方道德话语与民间道德话语的相互融合，提高普通民众对主流意识形态的认同度。

第十章

当代中国道德话语发展的新空间

中国特色社会主义进入新时代，这一定位意味着当代中国道德话语的发展也进入了一个新的阶段。习近平总书记的"5·17讲话"明确指出："要加快构建中国特色哲学社会科学话语体系。深化党的理论创新成果的学理阐释，将党的理论创新成果的核心思想、关键话语体现到各学科领域。推动哲学社会科学研究成果向决策咨询、教育教学转化，更好地服务社会、服务大众，开展形式多样的普及活动。坚持用中国理论阐释中国实践，用中国实践升华中国理论，创新对外话语表达方式，提升国际话语权。"① 与此同时党的十八届五中全会提出了"创新、协调、绿色、开放、共享"的发展理念，其中共享发展是本质要求，是社会主义的本质要求，是社会主义优越性的集中体现，突出了社会主义的价值归旨，是实现科学发展观的必由之路。共享也应当成为当代中国道德规范的新理念。

一、中国特色伦理学建构对中国道德话语发展的影响

中国特色伦理学建构是当代中国道德话语体系建设的重要内容和基础。2016年5月17日，习近平总书记主持召开哲学社会科学工作座谈会并发表重要讲话，强调："要加快构建中国特色哲学社会科学，按照立足中国、借鉴国外，挖掘历史、把握当代，关怀人类、面向未来的思路，着力构建中国特色哲学社会科学，在指导思想、学科体系、学术体系、话语体系等方面充分体现中国特色、中国风格、中国气

---

① 习近平. 关于加快构建中国特色哲学社会科学的意见［N］. 人民日报，2017-05-17（01）.

派。"① 作为哲学社会科学的重要组成部分，伦理学肩负着提供符合人类发展需要和社会发展现实需求的道德价值规范和伦理价值系统的历史使命。然而随着经济全球化的发展，中国进入社会转型的关键阶段，面对新时期层出不穷的社会道德问题，中国伦理学解释力明显不足，甚至有时处于一种缺席和失语的状态，现有的伦理学体系无法充分发挥其社会功能。突破中国伦理学所面临的"瓶颈"，需要我们对现有的伦理体系进行反思，根据社会发展实际确定中国特色伦理学的理论出发点、基本定位以及核心内容。

（一）中国现有伦理学体系的理论反思

构建中国特色伦理学体系首先要对中国现有伦理学体系进行反思。改革开放以来我国伦理学取得了显著的成就，但同时也不得不承认其存在诸多不足，成为阻碍中国特色伦理学构建的重大"瓶颈"。

1. 现有伦理学体系的理论出发点有失偏颇

道德与经济基础的关系长期以来作为伦理学思考的出发点，诚然这种致思方式的存在具有一定的合理性，也在伦理学发展之初发挥了重要的作用。将道德与经济基础的关系作为伦理学思考的出发点，指出了道德既是作为意识形态又是作为上层建筑的特性，更有力地解释了道德与经济之间的关系，但是其忽视了道德的主体性特征。作为道德主体的"人"被忽视，道德的规范性更为突出而其主体性和引导性则被忽视。道德被当作是单纯的行为规范，其更多扮演的是一种维护角色，是人类对世界的把握方式，然而其与社会之间的互动及其在社会所扮演的批判性角色则被忽视，而更多时候应当是人把握自身的特有方式这一特点也被掩盖。伦理和道德在这一理论出发点之下变成一种政治化、非人性的存在，其与政治、法律的区别更是无从谈起，甚至于三者之间经常出现"角色混乱"的现象。构建中国特色伦理学体系要重视道德的主体性，表达其区别于政治和法律的特性，因为其理论出发点应当是"人"。

---

① 习近平. 结合中国特色社会主义伟大实践 加快构建中国特色哲学社会科学 [N]. 人民日报，2016-05-18（01）.

2. 现有伦理学体系的学科性质与学科定位有待调整

国内对伦理学的学科性质和定位向来都有争论，并没有统一的说法。有的主张伦理学研究的是道德现象，因此它是道德哲学，是关于道德的本质和规律的"科学"；有的认为伦理学研究的是善恶价值，因此它是"善恶价值论"；有的认为伦理学研究的是幸福生活，因此它是以幸福为目的的"价值学科"；也有的认为伦理学研究的是成人成圣，是"人学价值论"。① 其实伦理学应当是一门价值性与事实性、规范性与应用性相统一的科学。伦理学首先是一门价值科学，其研究的是道德伦理的生成根源及其发展规律，并提供符合人类发展需要和社会发展现实需求的道德价值规范和伦理价值系统。而道德价值规范和伦理价值系统，都是基于人类现实生活中出现的"道德事实矛盾"和"伦理现实困境"而产生的，因此伦理学又具有事实性。规范性和应用性是伦理学的又一重要性质。伦理学需要解决的问题不仅仅是让人认识到什么是道德，更为重要的是让人们知道遵循何种规范去践行道德。伦理学为人们提供的道德价值原则和伦理价值规范用于指导人们实践，归根结底还是需要实行某种道德规范。伦理学的规范性也就决定其拥有应用性。"任何理论知识归根到底都有实践意义"②，伦理学具有应用性首先是因为其具备事实性，是与社会生活实践及社会道德实践紧密相连的，伦理学为人类生活提供的道德价值原则和伦理价值规范都是基于现实的必要，直接服务于社会现实。而伦理学的价值性与事实性、规范性与应用性又决定中国特色伦理学体系应当是一门历史性、现实性和前瞻性统一，普遍性与现实性统一的综合性学科，其要尊重历史、依照现实、展望未来。

3. 现有伦理学体系的研究方法与研究内容亟待创新

研究方法和研究内容是中国特色伦理学体系构建过程中的核心，直接决定了中国伦理学未来的发展。就研究方法而言，我国现有伦理学体系在研究方法上仍旧较为单一，缺乏符合实际的研究方法。就目

---

① 曾建平. 关于伦理学的学科性质与学科建设的几个问题 [J]. 江西师范大学学报（哲学社会科学版），2009（6）：51-55.

② 伊·谢·康. 伦理学词典 [M]. 王荫庭，周纪兰，赵可，等译. 兰州：甘肃人民出版社，1983：471.

前而言，部分学者对于伦理学的研究更多的是套用传统的伦理学研究方法或者说是直接借用西方伦理学的研究方法，而忽视了这些方法是否与中国伦理学发展实际相适应。面对日益复杂的社会道德问题，特别是新出现的道德现象我们应当以问题为导向，通过问题意识法来开展伦理学研究，推动伦理学服务于现实。同时我们需要一种合理的价值结构法，正确处理伦理与道德的关系。更为重要的是与西方国家相比我们正处于共时性和历时性结构交错的节点上，通过时空结构法，充分吸收传统伦理文化资源以及西方优秀价值理念才能够推动伦理学的科学发展。研究方法是伦理学研究的重要工具，研究内容则是伦理学发展的核心所在。我国现有伦理学体系存在厚古薄今、厚西薄中、重梳理轻创新的共性问题，无论是对历史资料的考证还是对西方伦理思想的研究，部分学者更多的是注重梳理和翻译，而没有形成理论的创新和构建。同时理论与应用的结合存在较大间隙。虽然理论联系实际是学界一直倡导的研究方法，但是在实际研究中理论研究与实际应用的隔阂仍旧存在，"两张皮"的情况没有得到根本性的解决。一些研究停留在对表象的描述，或者直接是一种"理论+应用"的拼盘式对接。中国特色伦理学体系的构建一定要以道德本质、道德现实以及道德建构为核心，把握"道德"这一核心，确定研究的基本范畴。

（二）中国特色伦理学体系理论出发点

中国特色伦理学应当是价值性与事实性、规范性与应用性的统一，那么其理论出发点应当是"人"，具体说来应当是"现实的人""社会的人""实践的人"。"我们的出发点是现实的、有生命的人"①，人是社会的存在物，只有通过社会人才能够获得真正的存在。伦理学的存在要促进人的全面自由发展，只有参与社会活动的人才能够实现自我的合理性的存在。任何一个理论体系都是从其理论出发点开始展开逻辑思考的，道德与经济基础的关系长期以来作为伦理学思考的出发点，将道德解释为社会经济基础的反映，是一种意识形态的存在。② 这种观

---

① 中共中央马克思恩格斯列宁斯大林著作编译局．马克思恩格斯选集：第一卷 [M]．北京：人民出版社，1995：73.

② 龚天平．实践的人：中国当代伦理学的逻辑起点 [J]．郑州大学学报（哲学社会科学版），2002（2）：57-62.

点固然有其存在的合理性，但是其没能充分表达道德不同于政治的特殊性，更为重要的是其忽视了"人"的价值，将"人"当成道德的附属品而存在。"人"似乎是为了道德而存在，而并非道德是为了"人"而存在，作为道德主体的"人"的主体性也因此被忽视。

第一，构建中国特色伦理学体系的理论出发点是"现实的人"。"现实的人"是"有生命的人"，是"从事实际活动的人"。中国特色伦理学体系毫无疑问是为"人"服务的，"人"的现实存在是明确服务主体的前提条件。"人"的现实存在首先就是要保证"现实的人"是"有生命的人"，人只有生存下来才能够去从事道德活动。人的生存又必须依靠实际活动，从事实际活动是保证人生存的基本手段。因此"现实的人"受到物质条件的制约，物质条件是"现实的人"存在的必要条件。"现实的人"是道德主体确定的根本，只有现实存在的"人"才能作为道德的主体。

第二，构建中国特色伦理学体系的理论出发点是"社会的人"。"人"具有群体性和社会性的特征，人只有在社会中才能够获得真正的存在，"不是单个人所固有的抽象物，在其现实性的，它是一切社会关系的总和"①。社会的个人并非仅仅是作为单个的个体而存在的，为了进行物质生产，社会个体之间必然会发生联系和关系。独立存在的个人与其他社会个体紧密联系在一起，其一方面具有独立性，个人的独立性使自己与他人区分开来，同时又具有社会性，个人只有在社会中成为一定的社会成员才能够得以存在。其具有自然属性的同时也具有社会属性，这样的"社会的人"是从事道德活动的重要主体，也是构建中国特色伦理学体系的理论基础和起点。

第三，构建中国特色伦理学体系的理论出发点是"实践的人"。"实践的人"是构建中国特色伦理学体系最为重要的理论出发点，因为个人首先是"现实的人"，而后是"社会的人"，最后才是"实践的人"。"实践的人"是具有道德需要、追求全面发展的人。"现实的人"的存在具有二重性，也就意味着人的利益需要同样具有二重性，作为

---

① 中共中央马克思恩格斯列宁斯大林著作编译局 . 马克思恩格斯选集：第一卷 [M] . 北京：人民出版社，1995：56.

"个人存在"的人有着个人利益的需要，而作为"社会存在"的人有着社会共同利益的需要。道德就是在个人与社会之间发挥着调节作用，道德需要也就成为人的本质需要，"实践的人"不仅具有道德需要，更追求全面发展，成为能够充分展示自己真正人性的人。这是"实践的人"作为人的根本目的，"实践的人"将道德需要作为人的本质需要，其目的就是要追求人的全面发展，因为道德是人全面发展的必要条件，只有道德得到发展和完善才能保证人的其他方面的全面发展。

将"现实的人""社会的人""实践的人"作为构建中国特色伦理学体系的理论出发点是中国伦理学发展的需要，其判定了中国伦理学的发展要以人与社会的辩证统一为基础，立足中国特色社会主义发展现实来规范人的行为，同时更注重从关注当代社会的道德问题出发，展现具有时代性的道德生活的矛盾。作为一种特殊的人学，伦理学是对人类生存和发展的理论反思，以此对当代社会个人的生存和发展提供道德价值标准和行为选择规范，为整个社会提供终极价值理想和评价尺度。

（三）中国特色伦理学体系的重新定位

中国特色伦理学体系是历史性、现实性和前瞻性的统一，也是普遍性与现实性的统一。在多元文化思潮交错复杂的今天，面对社会主义市场经济发展过程中出现的日益复杂化的伦理问题，中国伦理学似乎处于一种失语的状态。特别是面对现代社会出现的诸多新的道德问题时，伦理学被边缘化，甚至处于一种缺席和不在场的状态，话语权也在逐步丧失。这并不意味着现代社会的复杂性已经不再需要伦理学的调节，恰恰相反，没有什么时候同当今社会一般需要伦理学，也没有哪一个现象能如同道德一般引发全社会的思考。然而中国现有的伦理学体系带有浓厚的计划体制色彩，面对日益复杂的社会生活没有办法发挥其应有的作用，无法很好地承担起调节社会道德生活的重任。构建中国特色伦理学体系要对现有的伦理学体系进行反思，对其进行重新定位。

中国特色伦理学应当是历史性、现实性和前瞻性的统一，与其相对应的就是构建过程中需要注意的三个维度：前现代性、现代性以及后现代性。社会转型是中国目前面临的最大现实，社会性状正处于由

"前现代性—现代性—后现代性"的转变过程中，更为关键的是经济全球化以及世界性文化冲突给我们带来了更为复杂的情况——共时性与历时性并存。相较于西方国家，我们所面临的情况更为复杂，前现代性、现代性以及后现代性三者并非按照循序渐进的模式进行转变，我们目前的现实生活所面对的并非单一的前现代性、现代性以及后现代性，而是三者社会性状的交错。由此，构建中国特色伦理学应当正视这一现实情况，从前现代性、现代性以及后现代性三个维度出发，体现历史性、现实性和前瞻性的统一，不仅仅是共时态的概括更是历时态的透视，努力做到普遍性与现实性的统一。

第一，中国特色伦理学体系应当具有历史性。中国特色伦理学体系的历史性要求我们要充分吸收前现代性伦理资源的精髓，以社会发展历程为基础进行历时态的透视，特别是要注重中国传统文化当中的优质资源，充分表达中华民族独有的价值理念，体现出中国特色。任何一个时代的伦理道德都具有其对应的经济基础和社会基础，在农业经济时代的伦理道德是与家庭关系、血缘关系、宗教影响以及政治权利密不可分的。虽然说这一时期所建立的伦理学体系已经不能与中国现实完全契合，但是我们也不得不承认其中还有一部分思想对现代社会的道德生活具有重要的指导意义，例如，基督教的人文关怀、墨家的兼爱思想、儒家的中庸之道、道家的生态思想，这些对当代中国建设特色社会主义都具有极强的指导作用。构建中国特色伦理学体系要充分吸收这些资源的精华，概括其中具有普遍意义的伦理观念和伦理价值，为己所用，做到古为今用、西为中用，融合多方优势，打造中国特色。

第二，中国特色伦理学体系应当具有现实性。中国特色伦理学体系的现实性要求我们要充分研究现代伦理思想，结合现代伦理实践，以经济全球化和文化多元化为大背景进行共时态的概括，反思现有伦理学体系存在的不足。中国正处于建立和完善社会主义市场经济的关键时期，现代性的关注是尤为关键的，现代社会转型给中国社会伦理生活带来的变化是我们不可回避的问题。作为现代社会的重要特征，自由、民主、平等、法治等观念都是随着市场经济的快速发展而建立起来的，其为人类社会的进步做出了不可磨灭的贡献。但是我们也应当看到与市场经济相适应的伦理模型是具有片面性的，契约伦理等理论都是建立在等价交换原则基础之上的，并且服务于等价交换活动，其具有极强的操作层面的意义，却由于过度工具化而缺乏生活层面、信仰层面的意义。"我们的道德生活是一个整体"①，人类的社会生活是一个立体的存在，生产、生活以及交往都是其中必不可少的部分，而现代性伦理体系当中过于注重操作层面的伦理模型，自由、民主、平等、法治等诸多理念被工具化、功利化，忽视了生活层面和信仰层面而最终陷入了片面化的泥淖。中国特色伦理学体系的构建要努力克服现代伦理模型的片面性，注重人们生活层面以及信仰层面伦理范型的构建。

第三，中国特色伦理学体系应当具有前瞻性。面对日益复杂的社会生活，中国特色伦理学体系要对未来中国道德生活中可能面临的难题进行科学的预判，做到体系具备前瞻性。当今中国出现"道德滑坡""社会失范"现象就是因为现有的伦理学体系缺乏前瞻性，在社会急剧转型的时期，人们的伦理思维方式无法与社会现实发展状况相适应。构建中国特色伦理学体系要在进行共时态的概括以及历时态的透视的基础之上，找到其中的普遍性，结合社会发展现实和发展趋势，做到普遍性与现实性的统一，并找出其中的发展规律。弘扬与时代精神相契合的伦理精神，对时代的发展做出科学的评估，在坚持普遍意义的价值原则和伦理观念的基础上根据时代发展需求动态调整伦理原则和道德规范。后现代社会最典型的特征就是"信仰活动世俗化、生活内容片面化、需要结构平面化、精神需要边缘化、伦理尺度隐匿化"②，后现代是对现代性的批判与反思，中国特色伦理学体系要充分考虑后现代社会的特征，保证伦理体系与社会发展、时代要求相适应。

中国特色伦理学体系是历史性、现实性和前瞻性的统一，这其实也就意味着其是普遍性与现实性的统一。从历史优秀伦理资源中吸收具有普遍意义的价值理念，以中国社会发展现实为基础，对未来中国

---

① 查尔斯·L. 坎默. 基督教伦理学 [M]. 王苏平，译. 北京：中国社会科学出版社，1994：10.

② A. 麦金太尔. 德性之后 [M]. 龚群，戴扬毅，等译. 北京：中国社会科学出版社，1995：25-50.

社会道德状况做出科学的预判，从而实现普遍性与现实性的统一。"前现代性—现代性—后现代性"的转变其实也是人们的伦理生活从操作层面的伦理范型与信仰层面的伦理范型的"原始合——分离—历史统一"的转变过程。① 我们要牢牢把握操作层面的伦理范型与信仰层面的伦理范型的历史统一，充分吸收古今中外的优秀伦理思想和伦理文化，结合现代社会经济全球化和价值多元化的现实，充分考虑后现代社会的特征构建中国特色伦理学体系。

（四）中国特色伦理学体系的核心内容

伦理学是一门价值性与事实性、规范性与应用性相统一的科学，构建中国特色伦理学应当以"现实的人""社会的人""实践的人"为理论出发点，以历史性、现实性和前瞻性为基本定位，以超越"义利之辨"的伦理正义论为最基本的原则，以社会道德问题导向，坚持时间结构和空间结构的统一，正确处理道德与伦理的关系，深入研究道德本质、道德现实以及道德建构等问题。

第一，超越"义利之辨"的伦理正义论是中国特色伦理学体系最基本的原则。伦理学的存在离不开价值追求与价值选择，古今中外对于社会价值的核心争论从未停止，义利之辨、福德之争成为伦理学发展历史上最为重要的组成部分，功利与责任、价值与义务等矛盾对立的概念也成为伦理学的核心所在。"义"与"利"在伦理学中是相对的两极，"道义论"与"功利论"也一直都是针锋相对的，但其实就双方的实质内容而言，都是伦理学必不可少的环节。"道义论"强调行为正当性优于善，行为善恶取决于动机；"功利论"强调个人行为道德判断的依据是行为的效果。从表面意义来看，"道义论"（义）与"功利论"（利）两者是对立的存在，其实两者是彼此互补、相辅相成的存在。缺少道义维度的功利价值的合法性是不足的，而缺乏功利维度的道义原则同样是无法立足的。② 中国特色伦理学体系的构建应当要超越"义利之辨"，摆脱"福德之争"，建立"义"与"利"相结合、"道

---

① 宴辉. 论一种可能的伦理致思范式 [J]. 北京师范大学学报（人文社会科学版），2002（2）：119~125.

② 余达淮，周晓桂. 新中国 60 年来伦理学学科体系的发展与展望 [J]. 江苏社会科学，2009（5）：14~20.

义"与"功利"并重的伦理正义观,公平分配社会的权利和义务。这不仅仅是理论上的需求,同时也是中国社会现实的要求。中国目前出现社会道德问题的重要原因就是缺乏一种公平合理的伦理规范用以调节人们之间的权益关系。随着社会主义市场经济的快速发展,社会权利与责任的分配结构发生改变,人与人、阶层与阶层、集体与集体之间的利益差别日益明显,权利—义务结构的变化使得社会分配结构调整,人们价值行为的规范成为中国伦理学面临的重大课题。因此构建超越"义利之辨",摆脱"福德之争"伦理正义论成为中国特色伦理学体系构建的基本原则。

第二,问题意识法、时空结构法是中国特色伦理学的基本研究方法。中国特色伦理学体系的构建同时要以社会道德问题导向,正确处理道德与伦理的关系,坚持时间结构和空间结构的统一。中国特色伦理学体系的构建要坚持问题意识的研究方法,以社会道德问题为导向,从社会问题出发而不是从原则出发。问题就是道德矛盾、道德悖论、道德冲突等,这些都是存在于社会现实生活中的,同时也存在于历史发展的进程当中。作为一门关于人之为人的学问,伦理学首要关注的就是人的问题,关注人的生存与发展的问题。人具有双重属性,自然属性和社会属性两者的统一同时也体现了"道义论"与"功利论"的融合与统一,体现的是人之为人的伦理生活,伦理学的研究就是要以中国社会发展过程中人的双重属性的现实矛盾关系为导向展开。道德与伦理关系的研究是伦理学体系构建的根本问题,更是中国特色伦理学体系的基础环节,以往的伦理与道德的同一化理解带来了理论界的诸多分歧和争论。结合中国传统伦理思想范式,中国特色伦理学体系当中"道德"应当是一种人之为人的根本之道,而"伦理"是正确处理人与人之间交往关系的社会价值规范。① 也就是说"道德"是为人之道的根本宗旨,"伦理"则是实现道德价值的现实方式,"道德"是目的,"伦理"是手段,这也就构成了伦理学的根本问题。中国特色伦理学体系的构建要正确处理这两者的关系,支撑起中国伦理学新的结

---

① 崔秋锁. 伦理学创新发展的几个基础理论问题 [J]. 湖北大学学报(哲学社会科学版),2010(4):21-25.

构框架。坚持时间结构和空间结构的统一是构建中国特色伦理学体系的基本方法，坚持时空结构的研究方法，实现历时性和共时性的统一。伦理学研究坚持历时性的方式就是要考虑中国传统伦理文化能够为现代伦理学的发展提供何种支撑，不同时期思想家的思想以及历史发展过程中，人们在实际道德生活中形成的伦理观念对现代伦理学的发展以及现实道德问题的解决有何借鉴意义。而共时性的研究方法则不仅仅需要在现代伦理学体系构建过程中吸收本民族的优秀文化资源，同时也要关注其他地区和民族的伦理资源。市场经济首先从西方国家兴起，中国与西方国家相比正处于共时性和历时性结构交错的节点，我们必须结合中国社会发展的实际，不断吸收西方优秀的文化资源，吸取总结西方社会发展过程中的经验和教训，只有这样才能够构建出中国特色伦理学体系。

第三，道德本质、道德现实、道德建构是中国特色伦理学研究的核心问题。中国特色伦理学体系的构建更要深入研究道德本质、道德现实以及道德建构等问题，这是中国特色伦理学研究的重要内容。道德本质研究的是道德是意识结构还是行为方式，其是以何种方式、何种规律运行的，与法律等其他社会意识相比，其具有何种特殊性，这些都是现代伦理学首先要解决的问题。

道德实现主要是对道德如何发挥其功能问题的研究，随着道德生活的复杂化与立体化，道德实现的研究领域也进一步得到拓展。从道德主体的基础上来看，有个人道德和国家道德之分；从社会活动领域上来看，有意识形态化道德和非意识形态化道德之分，从人与自然关系上来看，有技术伦理、网络伦理以及环境伦理之分。① 而从道德实现形势来看，道德选择和道德评价是我们伦理学研究不可回避的课题，新时期中国伦理学研究当中后现代伦理的研究同样是一个重要的焦点问题。

道德建构应当可以说是中国特色伦理学体系研究的核心之核心问题，转型时期的中国需要何种伦理价值体系，中国传统文化、计划经

---

① 宴辉. 论一种可能的伦理致思范式 [J]. 北京师范大学学报（人文社会科学版），2002（2）：119-125.

济体制下的共产主义道德、西方理性主义精神能为新时期中国伦理学构建提供何种借鉴，如何在追求效率的市场经济时代构建社会精神共同体，如何为发展经济、政治以及文化提供必需的伦理基础和意义解释，这些问题都是当代中国道德构建不可回避的现实问题，是构建中国特色伦理学体系过程中必须解决的问题。

二、共享：当代中国道德话语体系的新范畴

共享是当代中国道德话语的新范畴，是社会主义的本质要求，是社会主义优越性的集中体现，突出了社会主义的价值旨归，是实现科学发展观的必由之路。同时作为一种分享意识和一种公共精神的共享更是人类道德的重要价值追求，其以共同善的价值追求为道德共识、以社会公平正义为基本价值导向、以人的尊严发展为最终价值归属。作为一个具有鲜明时代特色的"中国话语"，共享是调节利益关系的关键所在，是对中国当下利益调节方式的理性反思和现实选择，也是现代性利益调节问题的中国表达，为中国的社会分配提供了基本的价值尺度，同时也是构建"互让—共享"的道德调节和利益调节机制的核心价值。共享是当今时代发展的一种不可阻挡的趋势，作为一个极其古老的概念，可以说中国人的文化记忆就是从共享开始的，从《周易》到《中庸》，从儒家的"仁"与"和"到墨家的"兼爱"，无不体现着"共享"的思想。当然这里的"共享"都有着其特定的历史局限性，如今我们所强调的共享作为一种分享意识，一种公共精神，是一个具有鲜明时代特色的"中国话语"，包括了全民共享、全面共享、共建共享以及渐进共享等四方面的具体内容，分享社会利益和社会资源是社会所有成员具有的最基本权利，其体现了实现中国特色社会主义以来的本质要求，体现了人类道德的价值追求，更成为现代中国发展过程中调节利益关系的关键，是社会主义道德规范的新理念。

（一）共享是社会主义的本质要求

社会主义的目的就是为了人和社会的全面发展，社会主义本质上就是共享发展的社会。共享集中体现了社会主义对资本主义的全面超越，同时更突出了社会主义的价值旨归，其是实现科学发展观的必由之路。

　　首先，共享是社会主义优越性的集中体现。人人共享社会发展成果是社会发展的本质内容，现实的人是社会历史发展的最终目的。毫无疑问生产力的高度发达和社会财富的不断丰富是未来社会的基本特征，但更重要的是未来社会需要合理分配社会财富，实现发展利益的共享。共享是广大人民群众的根本利益诉求，是社会主义优于资本主义的集中体现。"牺牲一些人的利益来满足另一些人的需要的状况"①是资本主义的本质特征，共享发展就是要结束这一状况，实现"所有人共同享受大家创造出来的福利"②，社会主义与资本主义最大的区别就是"共同富裕，不搞两极分化"③。财富积累和贫困积累是资本主义社会的两个极端，生产资料的私人占有是这两个极端产生的本质原因，也导致资产阶级同雇佣劳动者在财富占有量上出现无法逾越的鸿沟。为了缓和由于财富占有量严重不均带来的社会矛盾，资本主义国家极力将社会两极分化的本质掩盖，打着"共享"的旗号，通过社会福利等诸多手段改善雇佣劳动者的生活境况。然而这并不能够从根本上改变资本主义的剥削本质，无法消除社会两极分化的状况。随着经济全球化的发展，资本主义在全球范围的扩张，发达资本主义国家的垄断资产阶级将剥削的范围从本国扩张到了全球。世界范围内区域发展不均衡日益严重，与发达国家相比发展中国家劳动者社会财富的占有份额日益减少。

　　共享发展理念的提出集中反映了社会主义的本质，反映了社会主义的优越性。共享的概念自古有之，只是不同时期、不同阶级、不同利益集团对于共享内涵的定义存在着较大的差异，其中资本主义所倡导的"共享"其实是为了掩盖其剥削的本质，而我们所倡导的共享是建立在生产资料公有制的基础上，是为了消除阶级剥削，"使社会全体

---

① 中共中央马克思恩格斯列宁斯大林著作编译局．马克思恩格斯文集：第一卷[M]．北京：人民出版社，2009：689.
② 中共中央马克思恩格斯列宁斯大林著作编译局．马克思恩格斯文集：第一卷[M]．北京：人民出版社，2009：689.
③ 邓小平．邓小平文选：第三卷[M]．北京：人民出版社，1993：432.

成员能够得到全面发展"①。共享发展理念的提出扬弃了资本主义制度的弊端，是社会主义制度优于资本主义制度的明显标志。共享就是要保证社会的建设和发展都是从人民自身出发，共同建设、共同享有发展成果，增进人民的福祉，实现人的全面自由发展。

其次，共享突出了社会主义的价值旨归。"社会主义发展生产力，成果是属于人民的"②，社会发展不是要满足某一部分人的需要，其主体是社会全体人民群众，其发展成果也应当属于全体人民。社会主义的价值旨归就是共同富裕，这也是社会主义优越性的机制体现。共同富裕一方面要保障社会总体利益的增加，不断提高生产力水平，实现"富裕"，同时也要合理分配发展利益，消除贫困，由社会所有成员"共同"享有发展成果。

共享发展找到了发展的归宿，延伸了共同富裕的本质要求，突出了社会主义的价值旨归。全民共享、全面共享、共建共享以及渐进共享四个内涵将社会主义带入了新的境界，进一步突出了社会主义的目的。共享并非民粹主义的回归，而是尊重人民主体的应得利益，认同其中差异性的存在，将个体利益与集体利益结合起来形成一种新的利益共享机制。利益多元化时代，共享发展肯定了多元主体的多元需求。共享发展过程中每一个劳动主体都能够通过自己的努力实现总体利益的增长，同时从中获得自己应得的利益。共享是一个结果更是一个过程，而且是一个需要经过长时间沉淀的过程，是一个由非均衡到均衡转变的过程。这也就意味着共同富裕并非一蹴而就的，而是一个具有差异性的、处于不断变化的过程，但这个差距是限定在一定的范围当中的。当然共同富裕也并非一个自然而然的过程，其首先需要发达的生产力水平作为支撑，同时更需要公正合理的社会分配机制作为保障。作为仍旧处于社会主义发展初级阶段的中国来说，生产力水平还不足以让所有的国民都进入富裕的状态，"效率优先，兼顾公平""先富带后富"的发展思路也正是基于这样的背景提出来的。现阶段中国整体

---

① 中共中央马克思恩格斯列宁斯大林著作编译局．马克思恩格斯文集：第一卷 [M]．北京：人民出版社，2009：294.

② 邓小平．邓小平文选：第三卷 [M]．北京：人民出版社，1993：255.

经济水平已经得到大幅度提升，但共同富裕并没有随之出现，恰恰相反，社会财富的分配在阶层、区域、行业的不均衡使得社会贫富差距日益被拉大。共享发展理念的提出正是顺应了社会发展的客观要求，是对改革发展经验的历史总结，是解决社会矛盾，实现共同富裕的必然选择。实现共同富裕必须实现共享发展，同时实现共享发展的目标就是为了要实现共同富裕；共享是实现共同富裕的具体过程，也是具体的手段和方式，而共同富裕则是共享的目标和结果。

最后，共享是科学发展观的题中之义。发展是科学发展观的第一要义，科学的发展离不开共享理念的支撑和保障。通过发展利益的共享，人民群众能够得到更多的获得感，自身的价值得到尊重才能够让人民群众找到存在感，才能够充分调动广大人民群众的积极性，为社会整体财富的增加提供更为强劲的动力。共享是人的共享，是全体社会成员对发展利益的共享，人才是共享发展的核心所在。以人为本是科学发展观的核心，同时也是共享发展的基本导向。只有坚持以人为本，才能够真正实现人民群众最根本的利益，才能保证社会个体获得全面自由的发展，"每个人的自由发展是一切人的自由发展的条件"①。全面协调可持续是科学发展的基本要求，共享是实现全面协调可持续发展的重要条件。"五位一体"的总体布局是新时代中国社会发展的重要指导纲领，而共享政治、经济、文化、社会以及生态五个方面是协调发展的重要路径。共享是全面共享，是全领域、全方位的共享，只有实现全面共享才能够更好落实"五位一体"的总体布局，实现全面协调可持续发展。

当前中国正处于社会转型的关键时期，中国的发展走势也成为世界关注的热点。面对国内外复杂的环境，我们必须坚持共享发展，坚持人民的主体地位，实现全面发展，这也是科学发展观的必然要求。

（二）共享是人类道德的价值追求

共享发展理念是一种分享意识，一种公共精神，更是人类道德的重要价值追求，共享以共同善的价值追求为道德共识、以社会公平正

---

① 中共中央马克思恩格斯列宁斯大林著作编译局．马克思恩格斯文集：第二卷[M]．北京：人民出版社，2009：53.

义为基本价值导向、以人的尊严发展为最终价值归属，实现共享要以这三个价值规定为内生动力，为中国转型发展提供新的思路。

首先，共享以共同善的价值追求为道德共识。共享是共建共享，中国现代化建设过程中的共享问题最终都是以共同善的价值追求为道德共识。共同善的存在表明了社会的个体是生活在社会这一大群体当中的，并在与其他个体以及群体的互动过程中形成自身的"存在感"的，社会个体并不是完全孤立的存在，社会个体的利益就自然需要同社会其他个体以及社会整体利益实现协调的发展，"每一个人都承认另一个人的自由并且都是为了提高另一个的自由而行动的"①。

共享发展理念一方面强调的是社会整体利益的增加，在此基础之上实现社会个体利益的增加，这也就是在强调"自我"与"他者"是处于一个利益共同体当中的。市场经济的进步在带来物质生活水平不断提高的同时，也带来了个人主义和功利主义的盛行，过度强调自我的利益忽视他人和集体的利益发展最终也只会导致个人利益发展的受限。共享发展理念的提出是对个人与集体关系的重塑，只有在价值、情感等方面处于相互承认与共识的状态才可能实现共建共享。当前中国共同价值的缺失使得人们相对剥夺感日益强烈，而由不确定性引发的生存焦虑也在不断增强。共享为社会大众提供了一个全新的共同价值，肯定了个人的自我创造性，找到了自我肯定的自豪感，保障了现代化建设朝着人民所向往的美好生活前进。

其次，共享以社会公平正义为基本价值导向。公平正义是现代社会最基本的价值诉求，是人类活动的重要价值导向，更是共享发展理念的本质所在。共享是全民共享，"使所有人共同享受大家创造出的福利，使社会全体成员的才能得到全面的发展"②，要将不断做大的"蛋糕"分配好，使全民都享有发展带来的利益，使得民众享有更多的获得感。社会是契约的产物，平等是人际的本原状态，通过契约达成的社会是人们互利互惠的共同体。而多元发展的时代社会群体与群体、

---

① 卡罗尔·C. 古尔德. 马克思的社会本体论：马克思社会实在理论中的个性和共同体 [M]. 王虎学，译. 北京：北京师范大学出版社，2009：143.

② 中共中央马克思恩格斯列宁斯大林著作编译局. 马克思恩格斯文集：第一卷 [M]. 北京：人民出版社，2009：243.

个体与个体之间势必存在一定程度上的利益竞争和利益冲突，这也就使得仅仅依靠市场的力量是很难达到"帕累托最优"的，只有在社会公平正义的导向之下才能够实现资源的合理配置。共享发展理念的提出是社会公平正义的要求，共享程度和共享水平同时也是衡量社会公平正义现实状况的重要指标。

共享意识古已有之，无论是古希腊城邦的政治共同体理念还是中国传统文化中的天下大同、家国一体的情怀，都无不体现着共享的价值追求。但是这些共享理念都存在着一个共同的缺陷——忽视社会个体的权利，用整体取代了个体，"每个人的义务都取决于其在共同体中的位置和角色，而非其独立自主的价值"①，个体被湮没于整体当中。从字面意义上来看，共享一定程度上隐含着公平正义，但其更注重的是整体的共同性。任何一个社会的存在都是由不同的社会成员共同分享了社会的财富，从整体上而言其实现了"共享"，但这样的共享并非我们现在强调的以社会公平正义为基本价值导向的共享。诚然，其实现了社会财富的共同占有和共同使用，但是不同阶层的人所占有的社会财富的数量的比例存在着较大的差异。特别是在奴隶社会和封建社会，统治阶级占据了社会绝大部分的财富，而被统治阶级则占据了远远低于其劳动应得的部分。我们现代倡导的共享以社会公平正义为基本价值导向，公正是共享的本质规定，按照罗尔斯的"平等自由原则"②，社会成员都是平等的，只有社会成员平等地分享社会财富，获得其应当获得的资源，这才是真正的共享。共享具有平等性，参与共享的主体无论是个人还是群体都应当拥有平等的地位、资格以及机会。当然共享的结果并非平均，而是具有差异性的，是在一定范围内有差别的享有，即现代的共享并不是平均主义的"雨露共沾"，但是共享的

---

① 孙向晨. 双重本体：形塑现代中国价值形态的基础 [J]. 学术月刊，2015 (6)：20-34，19.
② 约翰·罗尔斯. 正义论 [M]. 何怀宏，何包钢，廖申白，译. 北京：中国社会科学出版社，1988：7.

差别也并非无限度的两极分化，而是要符合"差别原则"①。

最后，共享以人的尊严发展为最终价值归属。公平正义是共享发展的价值导向，而符合社会公平正义原则的共享则是以人的尊严发展为最终价值归属的，是有尊严的共享。共享不仅仅是人民最基本的权利，更是一项基本的人权。最广大人民最根本利益的实现是共享的基本出发点和落脚点，社会发展成果是由全体社会成员共同创造的，对于发展成果的共享将社会成员连接成为一个社会共同体，因此共享以共建为基础，更以促进人的尊严发展为归依。

共享以共建为基础，从社会层面上来看，社会的建设和发展并非仅仅是政府或者执政党的任务，而是需要社会大众的广泛参与形成强大的合力。以共建为基础的共享明确了人民群众在社会发展建设中的主体性地位，是对人民主体的尊重，同时也明确了社会以及他人对自己价值的肯定和尊重；从社会个体层面上来看，尊严是个体对自我的一种尊重，以共建为基础的共享也体现了个人对自身的尊重。"一个人的尊严并非在获得荣誉时，而在于本身真正值得这荣誉"②，个体只有参与发展的共建才能够在享有发展成果的时候获得真正的获得感。因此共享以促进个人的尊严发展为归依，共享要每一个社会成员在社会发展中普遍受益，更注重保障个体的尊严和人格，使每一个社会个体都能够充分发挥自身的能量，获得其应得的利益份额。毫无疑问，共享是以人为本，实现最广大人民的根本利益，但除了社会宏观层面的发展和提升之外，共享更加强调社会个体成员的利益，因为社会是"这样一个联合体，在那里，每个人的自由发展是一切人的自由发展的条件"③。共享以最广大人民群众的根本利益为出发点，特别是注重弱

---

①　决胜全面建成小康社会夺取新时代中国特色社会主义伟大胜利——在中国共产党第十九次全国代表大会上的报告［EB/OL］. 中华人民共和国中央人民政府网，http：//www.gov.cn/zhuanti/2017 - 10/27/content _ 5234876.htm，2017-10-27.

②　亚里士多德. 尼各马可伦理学［M］. 廖申白，译. 北京：商务印书馆，2003：110.

③　中共中央马克思恩格斯列宁斯大林著作编译局. 马克思恩格斯文集：第三十九卷［M］. 北京：人民出版社，2009：189.

势群体的利益保障问题。弱势群体是社会发展的重要参与者和建设者，共享发展理念的提出正是要保护其应得的发展利益，是对其价值和意义的尊重和认可。

人的尊严发展则是共享的最终价值归属，共享以共建为基础，更以促进人的尊严发展为归依，突出对人民群众整体主体性地位的尊重，更重视对社会个体特别是社会弱势群体利益的保障和尊重。

（三）共享是调节利益关系的关键

共享是一个具有鲜明时代特色的"中国话语"，是调节利益关系的关键所在，是对中国当下利益调节方式的理性反思和现实选择，也是现代性利益调节问题的中国表达，为中国的社会分配提供了基本的价值尺度，同时也是构建"互让—共享"的道德调节和利益调节机制的核心价值。

首先，共享是现代性利益调节问题的中国表达。共享其实就是现代的一种利益调节方式，是现代性利益调节问题的中国表达。"五大发展理念"，把共享作为发展的出发点和落脚点，是对中国发展困境的理性反思，更是现代性利益调节问题的中国表达。中国发展正处于一个极为特殊的历史阶段，"在前现代、现代和后现代，封建主义、资本主义和社会主义，人对人的依赖、人对物的依赖和人的自由个性等诸多'时空压缩'复杂境遇下开展"①，这也就要求中国在追求现代化促成经济高速发展的同时，也要反思现代性的一系列特性对进一步发展造成的迷障。

改革开放以来现代化带来了中国经济的飞速进步，但是经济转轨、社会转型的复杂性也使得利益的分配出现了失衡，现代社会发展其实就是现代性的展开过程，中国现代性缺陷带来的阶层间、城乡间、地区间以及行业间共享失衡，已经成为阻碍中国发展的重要迷障。共享理念的提出是对现代性发展带来的利益共享失衡的理性反思，是现代性利益调节问题的中国表达。

其次，共享为社会分配提供了基本的价值尺度。社会分配的正义

---

① 张艳涛. 历史唯物主义视域下的"中国现代性"建构［J］. 哲学研究，2015（6）：23-26.

性与经济增长的效率性经常被理解成为两个不同的目标向度，但其实两者之间存在着共融性，这种共融性就是"发展"。"发展涉及社会结构、国家制度、减少不平等和减轻贫困等主要变化的多方面过程"①，单纯的经济增长不能带来社会分配的合理，"我们必须考虑产出的增长与产出的分配之间的关系"②。我国正面临着经济增长与社会分配之间不适应的难题。作为一种新的发展理念，共享是对以往发展方式的继承和超越，是社会分配的正义性与经济增长的效率性之间的共融之道。共享的核心就包括了利益共享和关注社会弱势群体，这其实也就为现代中国的社会分配提供了基本的价值尺度，即在共享发展理念的指导下，社会分配要更加倾向于利益共享和关注社会弱势群体。

利益共享和关注社会弱势群体在共享发展的理念当中具有特定的含义，这也是调整社会分配时不得不注意的问题。一方面，利益共享是共建共享，共建与共享是不可分割的存在，可以说共建过程其实就是共享过程。正如前文所述，个体只有积极参与共建才能在共享成果时找到"获得感"，实现有尊严的发展，因此想共享要先共建，然后才是成果共享。就社会分配而言，共享发展并不是简单的"利益均等"或者是普遍性的"利益均沾"，而是强调人人有责、机会均等，要积极构建社会分配过程中的公平机制，充分尊重人民的主体性地位，使得国民能够在社会分配中获得"成就感""获得感"，共同建设，共同享有。另一方面，共享分配是全民受益的过程，"共享承认差距，但要求把差距控制在合理范围内，防止贫富悬殊，尤其要努力消除贫困"③。毫无疑问，共享发展要关注弱势群体的利益，但共享发展应当首先是一个包括弱势群体在内的所有社会成员都能够受益的过程，只是社会分配过程中弱势群体应当得到重点的照顾。

共享为社会分配提供了基本的价值尺度，是社会分配的正义性与经济增长的效率性之间的共融之道。利益共享是共建基础上的共享，

---

① 龙静云．共享式增长与消除权利贫困［J］．哲学研究，2012（11）：113-119.

② 阿瑟·刘易斯．经济增长理论［M］．北京：商务印书馆，1999：4.

③ 任理轩．坚持共享发展——"五大发展理念"解读之五［N］．人民日报，2015-12-24（07）.

保证社会所有成员共同受益的同时重点关注弱势群体的利益。

最后，共享是构建"互让—共享"机制的核心。共享发展理念的提出是对当代中国社会道德调节机制和利益共享机制缺位的重要反思，是构建社会、国家、个体与"他者""共生共存""互让—共享"机制的核心。多元利益关系极其容易引发利益冲突，如何调解冲突是学术界一直关注的焦点问题之一。不可否认的是，市场经济的发展导致其所倡导的自发性和利益导向使得"争利"成为社会主体的行为自觉，利益关系的多元化发展带来的不同主体之间的利益冲突日益严重。但学术界对于利益冲突问题的研究习惯于从经济学来探讨复杂的社会问题，或者仅仅从利益调节的角度寻找突破点。其实从利益共享的角度出发，构建一个处理多元利益关系创新性调节和共享机制模型，构建一个"互让互惠—共建共享"的道德调节和利益共享机制应当是处理利益冲突的关键，而这其中共享则是关键中的核心所在。

"此在的世界是共同世界，'在之中'就是与他人共同存在"①，是与"他者"的"共在"，"互让互惠—共建共享"的道德调节和利益共享机制的构建就是要在共同体内建立一种"我—他"的平等互惠主体关系，从"互让"达至"互惠"，而这其中的关键就在于如何使"自我"与"他者""共生共存"。共享发展理念的提出破除了对"自我"的执着，同时尊重"他者"的生存，这也就为"互让互惠—共建共享"机制的构建奠定了坚实的基础。共享发展是全民共享，是全面共享，是对"自我"利益执着的破除和对"他者"利益的尊重，是一种新型的利益调节模式。大力倡导共享理念，在互让互惠的基础上实现共建共享，能够在多元利益关系中找到最大的利益交集，构建中国特色的社会道德调节机制和利益共享机制。

---

① 海德格尔. 存在与时间 [M]. 陈嘉映，王庆节，译. 北京：生活·读书·新知三联书店，2006：146.

第十一章

当代中国道德话语发展与中国崛起

道德文化是一个民族的精神和灵魂，是一个民族真正有力量的决定性因素，可以深刻影响一个国家发展的进程，改变一个民族的命运。应当承认，道德文化的交流和融合是全球化的必然结果，也是人类作为一个世界性共同体的应然追求。但是交流并不代表全盘西化，融合则更加要求体现自身的特色。从道德文化战略的意义上来说，"中国特色"并不仅仅是有关价值观念的概念，更不是一个政治概念，而应当是一个文化概念。面对外来文化的冲击，我们不应闭关以自守，而应当"纳"而"融"之。中国要实现道德性崛起，势必需要建构中国特色的道德话语体系，通过道德文化的影响力、凝聚力和感召力，得到他国的自愿认同，而且这种认同是历史的、弥散的。

一、中国崛起之"势""道""术"

中国崛起是21世纪影响国际体系发展的关键因素，其对世界经济与贸易格局、世界政治格局都产生了巨大的影响，直接关系到国际体系转型的基本方向。如何实现从世界性大国向世界性强国的转变，是中国实现崛起过程中不得不面对的问题。目前世界多极化新格局正在逐步形成，国际竞争正在从无序走向有序，国际体系朝着和谐共生的方向发展成为世界之"势"，特别是随着权利政治的兴起，中国崛起要把握权力政治向权利政治的转变之"道"，在不断增强自身经济、军事等硬实力的同时要增强价值观念的影响，提升自身的软实力，通过选择适合自己的崛起之"术"，跳出"修昔底德陷阱"，保证崛起的和平，实现包容性崛起。"势""道""术"三者密切相关，顺应世界之"势"，把握世界发展之"道"，选择科学合理的崛起之"术"，最终实现中国的全面性崛起，推动国际体系朝着更加公正合理的方向发展。

（一）中国崛起之"势"：和平共处到和谐共生

和谐是中国传统文化的核心价值理念，同时也是当代中国道德话语体系中的重要组成部分。"势"可以看成世界发展的趋势，同时也可以理解为自身建设之权威，特别是道德权威。中国崛起之"势"包含两方面内容：一是世界发展之大"势"，即世界发展的趋势和潮流；二是自身之"势"，即自身的权威与权势，主要指的是国际道德权威。"和谐"是这两者的核心要素，目前世界多极化新格局正在逐步形成，国际竞争正在从无序走向有序，国际体系朝着和谐共生的方向发展成为世界之"势"，中国崛起首先需要认清现阶段世界发展之"势"，同时也要建立起自身之"势"，努力抓住实现全面崛起的机遇。

论及当今世界发展之大"势"，不得不提及多极化格局进一步加强，国际力量对比更趋均衡。中国是当今世界新兴大国的典型代表，其具备极大的潜力，正处于从全球大国向全球强国转变的关键阶段。然而也正是因为中国的快速崛起，国际社会特别是西方发达国家产生恐慌，对中国的质疑也从未停止。中国的崛起势必对国际秩序和国际体系产生一定的影响，西方发达国家也就因此质疑中国崛起可能导致国家权力的再分配，甚至会引发国际冲突、霸权战争。战争与和平是现代社会国际关系当中两个最为关键的存在形态，也是现代国际关系最为关注的焦点。"战争贯穿一切历史和文明……和平似乎一直就是政治单元之间斗争的暴力模式的或多或少的持续暂停"[1]，战争与和平一直与整个人类的发展交织在一起，从某种程度上来看整个人类发展史就是一部战争与和平的交错史。"和平建立在权力之上"[2]，西方发达国家质疑中国的崛起，就是从中国崛起可能导致世界权力体系的变更出发的。和平秩序与权力秩序紧密联系在一起，权力体系变更自然会导致和平秩序的变化，因此，"战争的可能性总是政治家关注的一个问

---

① 雷蒙·阿隆. 和平与战争：国际关系理论［M］. 朱孔彦，译. 北京：中央编译出版社，2013：146-147.

② 雷蒙·阿隆. 和平与战争：国际关系理论［M］. 朱孔彦，译. 北京：中央编译出版社，2013：146-147.

题，也就理应成为任何尝试思考国际关系的中心所在"①。面对西方的质疑，中国实现全面崛起的过程中首先要确定目前世界发展之"势"，坚持和平崛起，维护世界和平。

转型是现代社会最为重要的关键词，世界大国向着世界强国迈进的关键阶段，中国要积极参与国际社会的建设，和平共处是中国发展的基本战略。现阶段世界多极化发展的趋势日益明显，经济全球化虽然没有改变战争与和平问题的本质，但是使其变得更为复杂。国际社会相互依赖的程度不断提升，"你中有我、我中有你"的格局日益明显，虽然大规模的世界性战争出现的可能性极小，但是全球化以及新兴大国崛起带来的一系列的全球性问题，对国际秩序和人类生存的挑战也日益明显。与此同时，虽然说非国家行为体的作用日益增强，但是在很长的一段时间内主权国家仍旧主导整个社会的发展，是国际社会最为关键的行为体，随着新的社会发展形式的出现，国家安全也面临着新的挑战。作为主要国际行为体的主权国家首要任务就是要保证自身的安全，这是作为主权国家存在的基本要求，也是国家利益的基本底线。处理国家安全与国际和平问题就需要把握世界发展之"势"，提出正确的发展理念和发展战略。和平共处是中国崛起顺"势"之作，而且中国已经向世界表明中国是世界和平的坚定维护者。无论是面对国内局势的变幻，还是国际局势的变幻，中国都没有丝毫破坏和平的举动，而是一直致力于维护地区和世界的和平。和平共处是中国崛起道路上依旧需要始终不渝坚持的，这是由世界发展之"势"所决定的。

中国的和平共处以和平促进和平，以和平促进互利，其获得了国际社会的广泛认同，同时也为中国的发展带来了机遇，为中国推动国际秩序改良奠定了坚实的基础。但是随着国际社会进入新的发展阶段，国际体系中的"竞争性和平"日益激烈，国际形势更为复杂。中国的发展也应当从和平共处向着和谐共生转变，不断提升自己崛起的正当性和合法性，占据道德制高点，树立道德权威，建立自身之"势"。"坚持正确义利观，坚持道义为先、义利并举……为有效维护世界和平

---

① 雷蒙·阿隆. 和平与战争：国际关系理论·交易版序言［M］. 朱孔彦，译. 北京：中央编译出版社，2013：1-2.

稳定、促进共同发展贡献更多中国力量和中国智慧"①,"和其他全球强国及所有国家共同推进和谐共生理论,使全球关系在物质和精神上更上一层楼"②。当今国际体系最新的特征就是"竞争性和平",中国应当从和平共处向着和谐共生转变,从文明的角度审视中国崛起问题,打造尊重文化差异性以及多样性的和谐世界,特别是要不断提升自身崛起的正当性和合法性,树立道德权威,提升国际认同度。道德是国家权力的重要组成部分,同时也是连接国家实力与国家影响力的关键点,国家实力转化为国际现实影响力的催化剂就是道德。"和谐共生建构的顺利与否与中国能否早日实现道德力量崛起,避免出现安全力量的发展与道德支撑的寻求相互脱节息息相关"③,和平共处转变为和谐共生能够有效提升中国的道德地位,实现国家权力到国际影响力的转变。和谐共生要求中国不扮演国际秩序的革命者,不对现有的国际秩序发出直接的挑战,而是通过和平改良的方式实现国际秩序的转型,实现和平的崛起。其要求中国在崛起过程中不能只保证与世界其他国家的和平共处,更为重要的是,中国实现崛起不仅仅要关注自身的发展,更需要关注全人类的发展,站在整个世界的层面,关注全人类的需求,从而超越物质的崛起实现道德性崛起,提升中国的国际认同度。

(二)中国崛起之"道":权力政治到权利政治

"势""术""道"是国家政治及其运作的三个基本层面④,但是现代政治生活当中,"道"似乎一直被忽略,诸多学者所关注的国家运作的根本问题并不是政治之"道",而是政治之"法则"原理,更多强调的是"术"。中国的崛起首要关注的应当是崛起之"道",然后才是崛起之"术"。而目前中国要想实现全面性崛起首先就要把握权力政治向

---

① 杨洁篪.站在历史新起点上的中国外交——在 21 世纪理事会北京会议上的演讲 [R/OL].(2013 - 11 - 2)http://news.xinhuanet.com/politics/2013 - 11/02/c_117978444.htm.

② 杨洁勉.中国走向全球强国的外交理论准备——阶段性使命和建构性重点 [J].世界经济与政治,2013 (5):4-14.

③ 蔡亮.共生国际体系的优化:从和平共处到命运共同体 [J].社会科学,2014 (9):22-31.

④ 万俊人.政治伦理笔谈 [J].伦理学研究,2005 (1):6.

权利政治的转变之"道"。

共生性国际体系是人类社会发展不可逆转的趋势，其强调的是一种整体利益优先的意识，关注全人类的可持续发展。中国实现全面性崛起必须把握共生性国际体系这一发展趋势，调整自己的发展战略，基于自身实际提出自己的发展理念，提升自身的国际认同度。随着全球国家与国家之间相互依赖程度的不断增加，权力人就是制约个人和国家行为的主导因素，但是观念的合法性对国家崛起的影响力也在逐步提升，成为影响国家自主性和国际关系日益突出的因素。国家合法性的获得取决于国家目标能否得到国内外力量的认可，从这一角度来审视国家行为能够为我们提供一个新的领域，即不同于"权力政治世界"的"权利政治世界"，这也是中国崛起面临的新局面和新视野。当今国际社会占据主导的仍旧是权力政治，但不可否认权利政治的影响力正在逐步增强，其兴起已经成为一个不可争辩的事实和不可扭转的趋势，如何把握权力政治向权利政治的转变之"道"成为提升国家合法性的关键途径。

国家合法性是一个重要的政治学概念，其最为直观的表现形式就是被统治者对现存的政策、秩序的认可与接受。"合法性可被界定为政治主体（国家）凭借非权力或非暴力手段，通过一系列的主观努力，使政治客体自觉自愿认可、接受或支持其政策、行为的能力。"① 其实通过这一定义我们可以发现，目前学术界对于国家合法性的理解和研究大都局限于国内政治层面，或者说是国内的公众赋予了国家行为的合法性。随着现代社会国家与国家之间联系紧密性的加强，国家行为的合法性不再只局限于国界范围之内，国家行为和国家政策合法性不再只来自国内社会的接受与认可，同时也来自国际社会的接受与认可。这也就是国内合法性和国际合法性的问题，特别是在互联网技术飞速进步的今天，国家行为的国际合法性变得日益突出与重要。而正因为国际合法性的存在，国家的合法性悖论也变得更为凸显。现代国家合法性的论证大都是以国界为限，国家合法性与共同体边界交错在一起，

---

① 李志永. 国家合法性与中国崛起［J］. 中共天津市委党校学报, 2015（2）: 46-51.

这直接导致了"在民族国家自身疆域内对责任和民主合法性的确立以及在民族国家疆域外对国家利益（和最大化政治特权）的追求"① 之间的矛盾出现。国家行为在国内和国际出现两种不同的态势，国内民主而国际强权，而这样一种内外有别的政治原则在全球一体化发展的今天也就自然难以为继。虽然自威斯特伐利亚国际体系形成以来，国家之间的博弈都是围绕着权力展开的，权力政治是通行的范式。但是在全球化时代的今天，权力政治受到了多方面的挑战，权力扩散呈现出多元化的趋势，非国家行为体对国家社会的影响越来越大；权力类型日益增加，软权力的作用不断提升；权力政治范式面临着认同危机，人们也开始寻找新的政治范式。随着全球化的进一步发展和深化，传统权力政治范式失效的同时新的权利政治范式正在不断发挥其作用。国家与国家之间的竞争和博弈已经不再局限于权力，权利成为国际竞争的重要对象，通过权利获取权力成为一种趋势，价值观、国家文化等软实力因素对国际行为体的影响越来越大，国际舞台活动主体已经不只是国家，同时也包括了多个非国家行为体。

权利政治的兴起使得国家合法性成为国家行为过程中不可忽视的影响因素，"全球秩序中的行为体都在为合法性原则而追逐和竞争，这些原则能使他们获得尊重"②。虽然说权力仍然是目前国家争夺的重点，但是通过权利的博弈增强国家的国际合法性已经成为国家行为的重要影响因素，也成为一个国家是否能够成功崛起的关键所在。中国目前正处于快速崛起的关键时期，单纯地追求权力政治的发展已经不符合目前国际形势的发展，而是必须注重权利政治的发展，通过权利来提升国家的认同度和合法性，这不仅需要国内的认同更需要争取国际认同，国内合法性需要提升，国际合法性同样不容忽视。综观诸多大国崛起的历史可以发现，过度追求权力以及过度使用权力大都导致大国走向衰弱，最终崛起失败。现代社会当中，大国的崛起已经不再只是

---

① 戴维·赫尔德，安东尼·麦克格鲁，戴维·戈尔德布莱特，等．全球大变革：全球化时代的政治、经济与文化 [M]．杨雪冬，周红云，陈家刚，等译．北京：社会科学文献出版社，2001：68．

② CLARK I. Legitimacy in a Global Order [J]．Review of International Studies，2003：94．

一个经济意义或者军事意义上的概念，特别是在全球公民社会时代，国家强弱衡量的标准已经不再只是经济实力或者军事实力，更为重要的是国家合法性等因素的影响，权力已经不再是决定国家强弱的唯一标准，权利的作用日益增强，强国与弱国的概念并非一种绝对的存在，而是处于一种相对的状态。"得道多助，失道寡助"，这句话不仅仅适应于国内社会，同时也适应于国际社会。一个国家在经济实力和军事实力并不强的情况下，可能因为国家合法性较强而在国际事务中发挥引领的作用，成为强国的存在。与此同时一些经济强国和军事强国也可能因为过度追逐权力而导致合法性丧失成为弱国。合法性政治的强化是中国实现和平崛起的必由之路。

无政府状态是当前国际社会最为基本的特征，这也就使得国内政治发展和国际政治发展存在极大差异，中国能否实现和平崛起并保持崛起之后的和平，成为影响世界秩序走向的关键因素。就目前而言，新兴大国与传统大国之间的竞争日益激烈，如何跳出"修昔底德陷阱"，避免大国政治的悲剧成为中国崛起首先要面对的问题。随着中国崛起速度的加快，中国面临的国际压力日益增大，维护和提高中国政府在国际和国内的合法性是保持中国持续快速发展、规避和化解国际压力的关键，也是当代中国维护国家利益的核心。处于快速崛起阶段的中国要通过自己的智慧走出一条适合自己的和平崛起之路，而这其中的关键就是要正确把握权力政治向权利政治的转变之"道"，努力提升国家合法性，在强化"硬崛起"的同时增加"软崛起"的投入，力争为世界提供更多的中国理念。随着权力政治逐渐被权利政治所丰富，"大国的影响力绝不是单靠强制性的硬实力来打造的，大国要有道德的影响力、价值的影响力、文化的影响力、话语的影响力"①，单纯的军事实力或者经济实力已经不是衡量国家崛起的唯一标准，道德影响力等因素已经成为中国实现全面性崛起的关键。

（三）中国崛起之"术"：和平崛起到包容性崛起

"势""术""道"是国家政治及其运作三个最基本层面，"道"是中国崛起过程中首先需要把握的关键，而"术"则是中国崛起的战略

_____

① 秦亚青. 国际体系与中国外交［M］. 北京：世界知识出版社，2009：6.

选择。中国一直坚持和平崛起的道路，这已经被事实所证明，随着中国的崛起，其所取得的成绩也越来越大。但是不得不承认中国的和平崛起战略还只是从自我出发，随着中国的快速崛起其发展也面临着前所未有的阻力。中国崛起与历史上的大国崛起存在的最大差异就是中国的崛起处于一个国际关系正在发生重大转型的全球化时期。虽然说全球化时代并不会出现全球性的大规模的战争或者冲突，但是局部战争和冲突仍旧不断，而且全球化也带来了形式更为多样的新型冲突。特别是随着新兴大国的崛起，国际关系变得更为复杂，这也就为新冲突的出现埋下种子。"和平崛起"是中国给世界发出的信息，和平是中国崛起的基础或者说是路径，同时和平也是中国崛起的基本目标和目的。但是中国的和平崛起战略在取得巨大成功的同时也面临着来自多方面的挑战，这些挑战的出现意味着中国的崛起不能够单纯停留在自我宣传的"和平崛起"层面，而是更应当抓住世界发展的时代主题，自身坚持和平崛起道路的同时包容其他国家的发展，无论是西方国家还是新兴大国抑或是发展中国家都需要包容，只有这样才能实现包容性崛起。

实现包容性崛起首先要正确理解并实现"和平崛起"，其实"和平崛起"自身就是一个具有挑战性和矛盾性的概念。在当今世界，中国崛起的实现不可能像当年世界诸多强国一样诉诸武力通过战争来完成，只能通过和平的手段完成。但需要注意的是，中国选择和平崛起的道路并不意味着中国完全放弃了武力，恰恰相反军事实力是衡量中国崛起的重要标志之一，中国并不排除在某些必要的时候使用武力，例如，维护领土和主权的完成。中国只能说不对现有的国际秩序进行颠覆性的推翻，但致力于对其进行改良，使其朝着更加公正、合理的方向发展。一个国家崛起意味着国际力量对比发生一定的变化，其对于国际体系和国际秩序也会带来一定的影响，但这种影响的好坏其实是由崛起国家的崛起战略来决定的。随着中国的快速崛起，中国已经逐步成为影响国际事务的重要力量，或者说成为国际游戏规则的重要因素。中国实力的增强在没有带来战争的时候对国际现状产生了积极的影响，中国强调和平崛起的发展战略，坚定以和平为基础实现崛起，同时更为重要的是要实现崛起之后的和平。因此，"和平"是"崛起"的基础，"崛起"应当首先以"和平"作为基本的定义和内涵，同时"崛起"的目标也应当是带来"和平"。

对于中国来说，实现和平崛起并保持崛起之后的和平，要从三个方面来理解中国的和平崛起战略，分析其面临的基本形势。首先，中国要依靠和平而崛起，和平是中国崛起过程中最为关键的影响因素。其实中国的崛起可以分为三个层次，即国内崛起、地区崛起以及国际崛起。也就是说中国崛起所依靠的和平也可以分为三个层次。一个国家的崛起的前提就是要保证自身实力的强大，而稳定的国内环境则是国家发展的基本条件。近年来，中国以其高速稳定的发展很好地解决了国内政治经济社会发展过程中面临的诸多问题和困难，国内的稳定和平为中国的崛起奠定了坚实的基础。中国处于亚洲，虽然近年来亚洲地区国家与国家之间的竞争日益激烈，同时也有潜在的冲突存在，但总体上来说还是相对稳定的。特别是在随着经济全球化的发展，一些较为紧张的国际关系也逐步趋于缓和，亚洲地区国家之间的合作进一步加强。冷战结束以后虽然全球性的大规模冲突并未出现，但是全球和平的威胁因素仍然存在，特别是在世界秩序演变的过程中，一些西方发达国家采取遏制的政策肆意干涉地区性事务，使得国际和平受到了多方面的挑战。和平是中国崛起过程中最为关键的影响因素，中国实现崛起首先要尽力维护三个层次的和平（国内和平、地区和平、国际和平），这是中国实现和平崛起以及保持崛起和平的必由之路。其次，和平大国是中国的基本定位，和平是一种力量，是一种影响着中国崛起的关键性力量。中国在实现崛起的过程中也一直极其重视和平的作用，中国一直以"和平大国"的形象出现在世界面前。其实近年来"和平"已经成为中国外交的一面旗帜，这不仅仅是中国国家核心利益的反映，更是中国价值的体现，因此，如何在未来的和平建设中发挥更大的作用是中国实现和平崛起不得不考虑的问题。最后，和平是中国崛起的路径，同时也是中国崛起的目的。因和平而崛起，崛起为了维护和平而努力，这就是中国崛起与和平之间的完美互动。中国的崛起并不是对国际现有秩序的全盘推翻和否定，而是不断推动国际秩序向着更为公正合理的方向发展，为世界带来更多的和平与国际合作，缔造和平也是人类普遍的最高价值之一。

选择和平崛起战略提高了中国在国际社会的合法性，为中国的崛起奠定了正当性基础，中国的崛起和发展是世界和平与世界安全的重要组成部分。但是我们也不得不承认，和平崛起到目前为止还仅仅是中国发展的重大抉择，可以说这还仅仅停留在中国自身层面，这也就极为容易导致世界对中国的快速崛起产生误解。和平崛起是中国向世界发出的信息，同时也是中国崛起实践的基本路径，然而这也仅仅是中国自身发出的口号，对于中国的崛起之路，国际社会中的某些国家的质疑一直没有停止，"中国威胁论"随着中国的崛起不仅没有消散反而有着愈演愈烈的趋势。特别是随着中国成为世界第二大经济体之后，中国日益处于国际事务的风口浪尖，中国的发展也面临着前所未有的阻力。随着中国崛起速度的不断加快，在发达国家眼中崛起的中国从体制外的挑战者转变为体制内的不负责任的崛起者；新兴大国与崛起的中国从合作走向竞争；周边国家与崛起的中国从分享发展机遇转变为对冲发展风险；发展中国家从中国的崛起战略基础逐步变成崛起战略的薄弱环节。种种形势表明中国的发展需要依靠但不能只依靠和平崛起战略，中国之后的崛起之路要超越"和平"同时也要超越"崛起"，实现包容性发展。现阶段全球化使得全球范围内相互依赖的程度越来越高，中国的崛起需要依靠和平，需要维护和平，但不能被和平束缚，同时中国的崛起更应当放宽自身的视野，跳出国内层面，将崛起的眼光放到国际层面乃至于全人类的层面。"中国贡献给人类的不只是'中国制造'，更是一种国际文明观和一种生活方式。"① 中国与世界是不可能分开的，中国的发展必须放到世界这一大环境当中，世界的进步也需要中国贡献力量，两者拥有着共同的利益和价值，因此，中国与其他国家不仅仅要"和而不同"，更应该走向"殊途同归"。实施包容性崛起战略意味着中国要包容对手，包容以美国为首的西方发达国家的发展，同时让西方发达国家认识到中国的崛起会对国际体系造成影响，但并不会直接全盘否定现有的国际体系和国际秩序，而是促进其朝着更为公正合理的方向发展；实施包容性崛起战略中国也需

---

① 王义桅. 超越和平崛起——中国实施包容性崛起战略的必要性与可能性 [J]. 世界经济与政治，2011（8）：140-160.

要包容他者，包容其他国家特别是新型大国以及发展中国家的崛起，帮助其他国家合理表达自身的关切和诉求，加强各方的合作共赢；实施包容性崛起战略中国更需要包容整个时代的发展，"全球化发展的逻辑是，生产力、生产方式日益趋同，意识形态不断淡化，资本主义与社会主义出现'大趋同'"①，现有时代要求中国实现全面性崛起必须正视时代发展的背景，不能仅仅停留于赶超发达国家，更应当扩大自身价值的影响。

和平崛起战略的提出是为了让西方发达国家包容中国的发展，从新兴国家中脱颖而出，实现自身的快速发展。而包容性崛起则是为了解决中国崛起过程中遇到的诸多阻碍，解决中国如何包容西方，解决与新兴国家同时崛起的矛盾以及包容发展中国家权益的问题。如果说和平崛起仅仅是从中国自身出发的话，包容性崛起则是试图让世界从中国的崛起中获取利益，以此来提升国际社会对中国的认同程度，提高提升中国崛起的正当性和合法性。无论是和平崛起还是包容性崛起都是中国实现全面性崛起的关键战略选择，中国向世界宣布选择和平崛起之路，实现世界对中国崛起的包容，同时现阶段在中国快速崛起的今天选择包容性崛起战略，改变自身对世界的态度，包容对手、包容他者、包容时代的发展，这是对和平崛起的延伸和拓展，更是当今世界互动构建成为国际关系的主旋律。

二、中国道德话语体系建构与道德性崛起

中国崛起已经成为一个不争的事实，成为 21 世纪影响国际关系走向最为重要的变量。随着中国成为世界第二大经济体，中国的经济能力正在不断增强，然而经济影响力并不能够自动转变成为政治影响力或者战略影响力。大国崛起可分为经济性崛起、道德性崛起、军事性崛起以及物质性崛起②，早期的大国崛起往往指代经济性崛起以及军事

---

① 马丁·沃尔夫. 全球大分流还是大趋同？［N］. 金融时报，2011-01-11. 转引自观察者网，https：//www.guancha.cn/america/2011_01_11_53063.shtml，2011-01-11.

② 张春. 构建中国特色的国际道德价值观体系［J］. 社会科学，2011（9）：11-21.

性崛起，特别是在伯罗奔尼撒战争时期的"实力就是权力"，"都知道正义的标准是以同等的强迫力量为基础的；同时也知道，强者能够做他们有权力做的一切，弱者只能接受他们必须接受的一切"①。但是现代社会大国的崛起应当是一种全面的崛起，仅有经济崛起或者军事崛起的大国往往会走向失败，因为单纯的经济力量或者军事力量必须有其他要素的支持才能够真正获得及提升国际战略的影响力。从经济性崛起、军事性崛起到国际战略影响力的获得和提升，国家崛起的道德维度或者称之为道德性崛起，是其中最为关键的连接点，国家的崛起离不开道德价值体系的支撑，道德性崛起则是国家崛起必不可少的环节。而中国需要实现道德性崛起必须着力构建起中国特色的道德话语体系，为中国的崛起提供坚实的基础。

（一）大国崛起的道德维度

权力与道德是当代国际政治中最为重要的两个组成要素，"政治行为的基础必须是道德与权力的协调平衡"，"在政治中，忽视权力与忽视道德都是致命的"②。权力来源于实力，衡量国家实力最为直观的两个标准就是经济实力和军事实力，道德的话语权是行为的语法结构，它作为一种意识是一个人、一个国家行为的精神框架，如同物质能力一样，构成人/国家行为的可能性要素或外部环境制约因素③，国际政治实践过程中权力和道德都是不可或缺的因素。

经济和军事实力是国家权力最为核心也是最为直观的组成因素，经济实力以及军事实力的提升也就意味着国家权力的提升。经济性崛起是大国崛起的第一步，没有强大的经济实力和物质基础，大国是不可能实现全面崛起的。但是其单纯的经济实力增强并不意味着大国的成功崛起，大国崛起过程中经济实力的增强是最为直观的存在，同时也极为容易受到霸权国家的排挤和打压。同经济性崛起一样，军事性

---

① 修昔底德. 伯罗奔尼撒战争史 [M]. 谢德风，译. 北京：商务印书馆，1960：413-417.

② 爱德华·卡尔. 二十年危机 [M]. 秦亚青，译. 北京：世界知识出版社，2005：93-96.

③ COX R W, SINCLAIR T J. Approaches to World Order [M]. Cambridge: Cambridge University Press, 1996: 97-98.

崛起同样易于观察，也是大国崛起的重要标志。成功崛起的大国必然拥有强大的军事实力作为后盾，这是国家实力的重要衡量指标，但是强大的军事实力也并不一定能够保障大国崛起的持续性，过于强大的军事实力甚至可能引发国际社会的恐慌，导致霸权战争的出现。大国的崛起注重国家权力或者物质能力（经济实力与军事实力）的建设毫无疑问是极为重要的，无数的事例已经说明"弱国无外交"，大国的崛起首先就应当是物质能力的强大。然而在承认物质能力重要性的同时，我们也应当明白大国的崛起并不仅仅指经济崛起和军事崛起。单纯的经济性崛起或者是军事性崛起都不能带来大国真正的全面崛起，甚至可能导致"大国政治悲剧"的出现。避免"大国政治悲剧"的出现必须在经济性崛起和军事性崛起中加入道德这一关键要素进行调和，只有拥有了道德的支撑，大国才有可能实现真正的全面性崛起。

摩根索的权力政治理论极为推崇道德的作用，甚至认为从长远来看道德的力量比权力大得多，"从《圣经》到现代民主体制的伦理学和宪法规定，这些规范体系的主要功能就是把强权向往控制在社会能容忍的范围之内。……但是，从长远看，把强权贪欲和强权斗争当作主旨的哲学和政治学说，终究证明是软弱无力和自取毁灭"①。从某种程度上来看，道德其实可以算是决定一个国家力量上升或下降的重要因素，"文化和道德因素的统一，是权力均衡赖以存在的基础，才使权力均衡的有益作用得以发挥"②。因此，大国要想实现全面、持续的崛起，道德因素是不得不考虑的。古语有云"得道多助，失道寡助"③，国家国际战略影响力的获得及提升首先就是要占据道德制高点，只有这样才能够保持大国崛起的持续性。相对于经济性崛起以及军事性崛起来说，大国的道德性崛起并不是那么的直观，无法用具体的数据去衡量，也经常被忽视，但是不可否认大国崛起过程中道德性崛起是绝对不容忽视、不可或缺的环节。缺乏道德权威的经济性崛起或者军事性崛起

① 汉斯·摩根索. 国际纵横策论——求强权，争和平［M］. 卢明华，明殷弘，林勇军，译. 上海：上海译文出版社，1995：290-291.
② 汉斯·摩根索. 国家间政治［M］. 徐昕，郝望，李保平，译. 北京：中国人民公安大学出版社，1990：276.
③ 孟轲. 孟子·公孙丑下［M］. 李郁，译. 西安：三秦出版社，2018.

会被视为对现有国际体系和国际秩序的挑战，势必会遭到既得利益者的压制，极为容易导致崛起的失败。道德是大国崛起过程中极其容易被忽视但又不得不重视的要素。"道"的关键在于灵魂的苏醒与核心价值观的构建，大国的成功崛起往往都建立了以自身核心价值观为主体的国际道德价值体系，并得到国际社会的普遍认同，通过道德要素的调和使其经济影响力转变成为政治影响力或者战略影响力。

（二）道德性崛起是中国崛起的必然选择

大国的崛起势必要有坚实的道德价值体系支撑，经济性崛起是大国崛起的前提，军事性崛起是大国崛起的保障，而道德性崛起则是大国崛起的支撑。大国唯有占据了道德高地才能够实现经济影响力到政治影响力或者战略影响力的转变。随着中国的快速崛起，经济实力不断增强，尽管中国一再强调自己走的是和平崛起的道路，但目前国际社会一些西方国家仍然在不断鼓吹"中国威胁论"，将中国视为目前国际体系的威胁而非保证力量。中国已经逐步实现经济性崛起，然而要想实现全面崛起必须坚持道德性崛起，建立以自身核心价值观为核心的国际道德体系，获得国际社会其他成员的认同，这是由国际社会发展的历史和现实所决定的，更是由中国崛起的国际现实决定的。

从历史上大国崛起的进程来看，道德性崛起是实现经济崛起连接军事崛起的关键，成功崛起的大国基本都是占据了道德高地。早期国家崛起的标志是强大的经济实力和军事实力，然而历史实际表明缺乏道德支撑的崛起结局注定是失败的。二战前的德国和日本，拥有了强大的军事实力和经济实力，然而却选择走殖民主义发展之路，错误地发动战争，最终走向失败。其实随着对战争的伦理思考的加深，现代社会"战争道德化"的发展确实日益明显，历史也表明军事性崛起需要道德的支撑。其实通过考察美国的崛起之路我们可以发现，在实现经济性崛起和军事性崛起的很长一段时间之内美国都在追求道德性崛起。19世纪80—90年代到二战之后，美国实现了从经济性崛起到军事性崛起的完美过渡，成为国际社会的超级大国，而在这其中道德发挥了不可忽视的作用。特别是在一战过程中美国将道德高地与权力政治有机结合在一起，确定自身的道德权威，为自身的全面崛起奠定了坚实的基础。

　　从国际社会发展的现实来看，道德性崛起是全球化的必然要求。仅仅依靠强权政治已经无法为国际社会提供一个按照道德原则行事的、公正的伦理秩序，道德追求已经成为国际社会新的努力方向，国际和平与公正已成为国际治理的重要道德目标。随着冷战的结束，世界局势发生了巨大的改变，超级大国之间的对抗已经不再是世界发展的主流，国家与国家之间的对话合作逐步成为趋势。特别是随着科学技术以及信息产业的发展，市场化的浪潮正排山倒海式地席卷地球的各个角落，全球经济一体化逐渐成为现实。"世界市场的形成，不仅对国际道德的发展提出了迫切的要求，也为其提供了现实的物质基础，从而构成了国际道德发展的外在条件。"① 当今国际社会正处于转型的关键时期，经济全球化的趋势不断加强，同时也带来了一系列的全球性的共同问题。国家与国家之间的联系日益紧密，国家共同利益不断增加，相互依存程度不断加深，大部分的国际问题已不再是一个或者两个国家的问题。对话与合作已经逐步成为解决国际问题的主要手段和必然趋势，这也就为中国实现道德性崛起提供了极好的外部环境。国家利益、民族利益与人类共同体的利益相互交织、相互渗透，中国走道德性崛起之路是国家利益的需要，也是民族利益的需要，更是人类共同体的利益需要。其实当前国际社会并不缺少共同的制度或者法律，而是缺少遵守制度和法律的道德。国际制度和国家法律的制定固然重要，但通过对话合作在国际道德建设层面达成国际道德共识则更为关键。唯有各国在遵守国际道德规范的框架内达成创造性共识，才可能共同应对面临的挑战。

　　从中国崛起的国际现实环境来看，道德性崛起是中国崛起的必然选择。要想实现全面性的崛起，中国必须获得国际社会其他成员的认同，而良好的国家形象和国家信誉则是最为基本的前提，"如果一国承认国际关系准则的道德约束力，并公开承诺恪守这些原则，将对这个国家的声誉起到一种标识作用"②。中国要想实现全面性的崛起就必须

---

① 郭广银，赵华．试析"普遍伦理"何以可能 [J]．江苏社会科学，1999（4）：100.

② 罗伯特·基欧汉．霸权之后世界政治经济中的合作与纷争 [M]．苏长和，信强，何曜，译．上海：上海人民出版社，2001：152.

建立起良好的国家形象和国家信誉，要加强国家软实力的建设，由此，道德性崛起也就自然而然地成为中国崛起之路的必然选择。更为重要的是，中国的崛起引起了来自西方国家的强烈恐慌，"中国威胁论"从未停止，以美国为首的西方发达国家想方设法遏制中国的崛起。道德性崛起是中国对"中国威胁论"的完美回应，是抑制大国霸权和强权政治的有效手段，更是实现自身与其他国家文化价值观协调发展的需要。中国一直强调和平崛起之路，但中国的崛起仍旧被西方国家视为是对现有国际秩序的挑战。其实我们不仅仅需要走和平崛起之路，更要注重维护和平。我们需要和平崛起更需要崛起后的和平，通过实现道德性崛起，向世界表明中国无意于推翻现有的国际秩序，但会积极努力促进现有国际秩序向着更加公正合理的方向发展。然而以美国为首的西方国家凭借自身强大的实力，打着人道主义的幌子，将人权外交作为一项主要的外交政策，肆意插手地区事务，借着正义战争的名义为战争披上"合法化"的外衣，干涉他国内政。中国崛起过程中美国同样大力推行其霸权政策和强权政治，在台湾问题等方面干涉中国。然而任何形式的霸权主义和强权政治都不会具有道德基础与合法依据，我们更加需要实现道德性崛起，占据道德高地，使道德成为抑制大国霸权和强权政治的有效手段。道德性崛起同样是中国协调各国文化价值观的需要，是中国建立中国特色国际道德观念体系的需要。中国崛起过程中受到来自不同国家、不同区域文化的影响，如何去协调多元文化价值观，建立国际共有的道德观念成为崛起过程中不可回避的问题。国际道德观念涉及各国的共同利益、共同观念，唯有通过国际现有道德价值观念的支撑才能够实现多元的协调发展，因此道德性崛起在中国崛起过程中必不可少。

总而言之，不论是从历史上大国崛起的进程来看，还是从国际社会发展的现实抑或是中国崛起的国际现实来看，道德性崛起都是中国崛起的必然选择。中国唯有占据了道德高地，建立以自身核心价值观为核心的国际道德体系，才能够实现经济影响力到政治影响力或者战略影响力的转变，最终实现全面性的崛起。

（三）道德话语建构是实现道德性崛起的关键

如何实现道德性崛起，建立有利于自身发展的道德制高点是未来中国崛起过程中面临的最为关键，也是最为艰巨的任务之一。在这其中如何构建中国特色的道德话语体系至关重要。经济全球化的今天，随着科技的迅速发展，"时空压缩"的趋势日益加强，中国的崛起面临着新的发展态势，要想实现全面性崛起中国必须总结大国崛起的历史经验，并结合中国崛起的时代性和特殊性，充分把握当代世界潮流的发展趋势，走出一条中国特色崛起之路。

1. 潮流把握与中国道德话语体系建构

中国实现道德性崛起的首要关键就是要准确把握当今时代发展的潮流趋势，构建中国特色的道德话语体系并做出准确的判断用以指导自身的崛起战略，顺应时代发展潮流的内在要求。具体说来，中国在实现道德性崛起过程中有三大时代潮流需要准确把握：

第一，就国际道德价值观而言，国际体系内弱者的道德地位得到不断的强化，国际道德价值观从由西方强国垄断向有利于非西方国家方向发展。21世纪国际关系发展最为明显的变化就是以中国为代表的新型大国群体的崛起，广大发展中国家的道德主张的影响日益增强。一直以来国际道德价值取向有三大对立平衡，即秩序与正义，效率与公平以及交换正义与分配正义。"总体而言，秩序、效率事实上更多反映了分配正义的要求，与国际体系的物质性基础有着某种对应关系，更多的是大国的国际道德价值观的反映；而正义、公平和交换正义则更多的是小国国际道德价值观的反映，旨在通过形式正义来追求绝对公平或绝对正义。"① 近年来，新兴大国的崛起对国际秩序提出的新的要求，虽然其并不是要对现有的国际秩序进行颠覆性的调整，但要求改变现有秩序中一些明显不公平的地方，国际正义问题得到国际社会的广泛关注。尽管目前国际秩序仍旧由西方强国主导这一事实并未从根本上得到改变，但是我们也不得不承认随着新兴大国的崛起，在国际事务中发展中国家的话语权也在不断提升。国际道德价值观念逐渐从有利于西方强国向保护弱国发展，尽管这个趋势发展较为缓慢但表现得极为坚决。

---

① HUTCHINGS K. The Possibility of Judgement: Moralizing and Theorizing in International Relations [J]. Review of International Studies, 1992, 18 (2): 51-62.

第二，就国家体系发展而言，开放性、包容性以及共享性成为国际体系发展的主流趋势，非国家行为体的作用日益加强。早期的国际体系因为技术等原因的限制被分割为不同的相互独立的区域，国际体系呈现出封闭性、独占性等特征。二战之后特别是冷战结束后，国际体系开放式发展的特征，体系之内行为体多元化的发展更是前所未有的迅速。特别是非国家行为体作用的加强，非国家行为体的地位得到明显提升，国际体系的开放性、包容性和共享性更加明显。非国家行为体所倡导的与公平、正义等相联系的道德呼吁受到国际社会的广泛关注，难民危机、环境危机、战争正义等全球性问题成为国际社会发展过程中需要解决的关键问题。

第三，就国家力量使用而言，政治—军事安全向经济—社会安全转变，尊严性道德逐渐替代了生存性道德，军事武力的使用与道德权威相结合。随着国与国之间联系的日益紧密，国际道德价值观从关注主权国家的生存（如国家统一、领土完整）和安全转向更为关注具体个人的生活状态（如人权等），军队的功能已经不再是单纯的从事战争而是转变为救灾、维护社会稳定等，更加强调保护弱者的公平与正义。与此同时，单一的暴力战争已经转变为以道德权威为基础的道德战争。人类国际社会生活的发展对暴力的使用添加了诸多的道德限制，"战争道德化"的趋势日益明显，战争已经不再是单纯的获取生存必需品，更多的是维护生存的质量（其实就是从生存性道德转变为尊严性道德）。无论大国还是小国，军事实力的增强都在争取道德权威的支撑，道德高地的抢占成为国际崛起的重点，软实力成为衡量国家实力的重要标志。

国际体系开放性、包容性以及共享性的发展，体系内弱者的道德地位的提升，尊严性道德逐渐替代生存性道德是中国实现道德性崛起必须把握的前提，也是当代世界发展的主要潮流，构建中国特色的道德话语体系，是实现全面崛起的前提。

2. 道路选择与中国道德话语体系建构

中国崛起的道路要在总结大国崛起的历史经验的基础上认真把握当前中国崛起的特殊性和时代性，并将其融入中国自身的道德话语体系，用以指导中国实践。其实当代世界发展的三大主要潮流对中国实现道德性崛起提出了极为复杂的要求，但是无论是国际道德价值观的转变，还是国家体系发展的变化抑或是国家力量使用方式的改变，其中都涉及一个平衡——秩序与正义。秩序与正义的平衡是中国实现道德性崛起不可回避的主题，道德性崛起战略的制定和选择必须考虑到秩序和正义的平衡问题。中国实现道德性崛起首先要实现体系内的和平崛起，关注国际体系整体秩序的稳定和延续，而不是以正义的名义对现有秩序进行革命性的颠覆。与此同时，中国并非现有国际秩序的设计者，面对现有秩序中明显不合理的部分要站在全球利益发展的角度，遵循世界历史发展潮流，积极提出自己的改良方案，促使秩序朝着更加公正合理的方向发展。实现秩序与正义的平衡，中国的道德性崛起要与经济性崛起和军事性崛起结合起来，大力构建道德支撑，追求全面的道德性崛起。总体说来，中国实现道德性崛起的道路应当分为三个部分：

一是坚持和平崛起，基于命运共同体精神实现广大发展中国家的同步发展。目前西方发达国家对中国最大的质疑就是中国是否属于发展中国家，虽然说中国的经济总量已经上升到世界第二，但是其发展存在区域性、领域性的不平衡，人均水平低等特征，这也就决定了中国在很长一段时间内仍保持发展中国家的身份。"当前中国的崛起很大程度上仍是物质性的或者说仅限于经济层面的崛起，在政治、安全、战略以及思想文化等领域仍与世界上的先进国家有较大差距"①，因此中国实现道德性崛起要坚持和平崛起道路，倡导新型大国国际规范的构建，保护新兴大国的发展空间，为实现道德性崛起奠定坚实的物质基础，打造良好的国际环境。同时作为发展中国家，中国要致力于维护和促进广大发展中国家的国际道德规范发展。

二是以维护和促进广大发展中国家的国际道德价值观为基础，在确保协调性道德目标实现的基础上，适度追求进取性道德目标。中国实现道德性崛起要理性对待西方国家所提倡的进取性道德目标，首要关注维持国际体系基本功能的协调性道德目标，适当追求进取性道德

---

① 王逸舟. 创造性介入——中国之全球角色的生成 [M]. 北京：北京大学出版社，2013：146-148.

目标。对于以美国为首的西方国家所推行的"人道主义干涉""民主推广"等进取性道德目标要采取抵制的态度，其带来的破坏性已经被事实证明，而对于应对全球气候变化的"共同但有区别的责任"这一兼备进取性和协调性的道德目标来说，我们应当予以推广。与此同时，中国实现道德性崛起应当关注秩序、效率以及分配正义问题，同时更应当倡导合理关注发展中国家对于正义、公平和交换正义的追求。

三是中国实现道德性崛起要对现有的国际规范进行拓展和升级，而不是进行革命性的替代，保证国际秩序的和平性、延续性。实现道德性崛起首先要占据道德高地，为自身的崛起提供道德权威的支撑。作为新兴大国，中国的崛起肩负着复杂的使命，中国的身份定位也具有双重性。"负责任的社会主义发展中大国"是当代中国的身份定位，这也就要求中国要与广大发展中国家共同倡导有利于南方国家的道德价值观，同时为了保障中国经济性崛起更快、更全面的发展，促进经济能力转变为战略影响力，中国应当承担起事关主权国家整体利益的国际规范拓展、修正或升级的倡议责任，倡导国际规范更替的和平性和延续性。

中国实现道德性崛起并不意味着要放弃经济性崛起，而是应当坚持和平崛起，对现有的国际规范进行拓展和升级，而不是进行革命性的替代，维护国际秩序的稳定，同时维护和促进广大发展中国家的国际道德价值观发展，适度追求进取性道德目标，倡导发展中国家的道德诉求。

3. 价值创新与中国道德话语体系建构

虽然说中国不是现有国际体系的"创建者"，甚至在很长一段时间内一直扮演着"游离者"的角色，但是随着中国的快速崛起，中国成为国际体系的"参与者"和"建设者"。无论是从大国崛起的历史经验来看，还是从当今时代发展的潮流来看，中国追求的是在维持现有国际秩序稳定的状态下实现对现有国际秩序的升级和改良，这也就意味着中国的道德性崛起并不是要推翻现行占据主导性地位的国际道德体系，而是在继承的基础上对其进行创新和升级，提出自身的道德主张，使其朝向更加公正合理的方向发展。通过对现有国际道德主张的继承和创新，保持中国国际道德体系与现有的国际道德体系的相互促进，实现既有国际道德主张的升级，推动其与国际发展的现实相适应。

中国实现道德性崛起首先要继承主权原则，大力提倡和平共处五项基本原则。近年来，以美国为首的西方发达国家打着"人权高于主权"的幌子，肆意插手地区性事务，干涉他国内政，目的就是为了弱化新兴大国和发展中国家的主权。虽然在全球化的推动下，国家与国家之间的相互依赖程度不断提升，但这并不意味着主权原则的弱化，与此相反，主权国家在很长一段时间内仍旧是国际体系内最为重要的行为体，无论何时我们都不应当采取任何形式、任何手段去干涉他国内政。以美国为首的西方发达国家对于"人权高于主权"的鼓吹，其实就是放弃了主权原则，准确说来是为其干涉他国内政而做出的道德辩护，一旦涉及自身的利益，"人权高于主权"势必被其放弃。中国实现道德性崛起首先就要继承主权原则，坚持不干涉他国内政，确保国际体系向大多数国家开放。

中国实现道德性崛起在继承主权原则的同时，要根据国际社会发展的新形势对现有国际道德原则进行创新。资本全球性的急剧扩张带来了巨大的物质财富，同时也带来了一系列的国际性问题。恐怖主义、环境污染、气候变化等全球性问题成为人类进步的巨大阻碍，但是如何处理人类共同挑战的道德原则并未得到完善，特别是此时一些发达国家利用自身实力的优势谋取特权，转移责任，导致全球问题迟迟得不到合理妥善的解决。中国实现道德性崛起就应当根据国际社会发展的新形势对现有国际道德原则进行创新，提出一些基于不同行为体、不同能力解决人类共同问题的道德原则。虽然说目前共同但有区别的责任、人类命运共同体等理念已经逐步为国际所接受，但是这些仍旧不能够满足国际社会发展的新形势。中国应当团结新兴大国和广大发展中国家，共同倡导保护弱势国家群体的创新型国际道德观念。

继承主权原则的同时要根据国际社会发展的新形势对现有国际道德原则进行创新，这是中国实现道德性崛起的必然选择，也是作为"负责任的社会主义发展中大国"的基本义务，更是中国实现全面崛起的关键。

参考文献

【著作类】

[1] 黑尔. 道德话语 [M]. 万俊人, 译. 北京: 商务印书馆, 2021.

[2] 郭湛. 主体性哲学: 人的存在及其意义 [M]. 昆明: 云南人民出版社, 2011.

[3] 中共中央马克思恩格斯列宁斯大林著作编译局. 马克思恩格斯文集: 第一卷 [M]. 北京: 人民出版社, 2009.

[4] 中共中央马克思恩格斯列宁斯大林著作编译局. 马克思恩格斯选集: 第一卷 [M]. 北京: 人民出版社, 1995.

[5] 彭怀祖, 姜朝晖, 成云雷. 榜样论 [M]. 北京: 人民教育出版社, 2002.

[6] 王道俊, 王汉湖. 教育学 [M]. 北京: 人民教育出版社, 1989.

[7] 班杜拉. 社会学习心理学 [M]. 郭占基, 译. 长春: 吉林教育出版社, 1988.

[8] 李建华. 社会主义核心价值观构建与践行研究 [M]. 北京: 人民出版社, 2017.

[9] 习近平. 论党的宣传思想工作 [M]. 北京: 中央文献出版社, 2020.

[10] 伊·谢·康. 伦理学词典 [M]. 兰州: 甘肃人民出版社, 1983.

[11] 查尔斯·L. 坎墨. 基督教伦理学 [M]. 北京: 中国社会科

学出版社，1994.

[12] 麦金太尔. 德性之后 [M]. 北京：中国社会科学出版社，1995.

[13] 卡罗尔·C. 古尔德. 马克思的社会本体论：马克思社会实在理论中的个性和共同体 [M]. 王虎学，译. 北京：北京师范大学出版社，2009.

[14] 约翰·罗尔斯. 正义论 [M]. 何怀宏，何包钢，廖申白，译. 北京：中国社会科学出版社，1988.

[15] 福柯. 话语的秩序 [M]. 北京：中央编译出版社，2001.

[16] 亚里士多德. 尼各马可伦理学 [M]. 廖申白，译. 北京：商务印书馆，2003.

[17] 阿瑟·刘易斯. 经济增长理论 [M]. 北京：商务印书馆，1999.

[18] 海德格尔. 存在与时间 [M]. 陈嘉映，王庆节，译. 北京：生活·读书·新知三联书店，2006.

[19] 郑玄. 周易郑注导读 [M]. 北京：华龄出版社，2019.

[20] 孟轲. 孟子 [M]. 李郁，译. 西安：三秦出版社，2018.

[21] 中共中央文献研究室. 毛泽东著作专题摘编：下卷 [M]. 北京：中央文献出版社，2003.

[22] 毛泽东. 毛泽东选集：第二卷 [M]. 北京：人民出版社，1991.

[23] 周恩来. 周恩来选集：下册 [M]. 北京：人民出版社，1984.

[24] 刘少奇. 刘少奇选集：下卷 [M]. 北京：人民出版社，1985.

[25] 邓小平. 邓小平文选：第三卷 [M]. 北京：人民出版社，1993.

[26] 中共中央文献研究室. 社会主义精神文明建设文献选编 [M]. 北京：中央文献出版社，1996.

[27] 江泽民. 江泽民文选：第2卷 [M]. 北京：人民出版社，2006.

［28］中共中央宣传部．科学发展观学习读本［M］．北京：学习出版社，2013.

［29］习近平．习近平谈治国理政［M］．北京：外文出版社，2014.

［30］叶笃初，卢延福编．党的建设辞典［M］．北京：中共中央党校出版社，2009.

［31］罗国杰．中国革命道德［M］．北京：中共中央党校出版社，1999.

［32］王树荫．中国共产党思想政治教育史［M］．北京：中国人民大学出版社，2016.

［33］中国共产党章程汇编编委会．中国共产党章程汇编［M］．北京：中共中央党校出版社，2013.

［34］戴圣．礼记［M］．陈澔，注．上海：上海古籍出版社，2016.

［35］中共中央文献研究室编．建国以来重要文献选编［M］．北京：中央文献出版社，1993.

［36］中共中央文献研究室编．三中全会以来重要文献选编：上卷［M］．北京：人民出版社，1982.

［37］中共中央文献研究室编．十二大以来重要文献选编［M］．北京：人民出版社，1986.

［38］中共中央文献研究室编．十三大以来重要文献选编：下卷［M］．北京：人民出版社，1991.

［39］中共中央文献研究室编．十四大以来重要文献选编：上卷［M］．北京：人民出版社，1996.

［40］中共中央文献研究室编．十五大以来重要文献选编［M］．北京：人民出版社，2000—2003.

［41］中共中央文献研究室编．十六大以来重要文献选编：下卷［M］．北京：中央文献出版社，2008.

［42］中共中央文献研究室编．十七大以来重要文献选编［M］．北京：中央文献出版社，2009.

［43］论语［M］．杨伯峻，译．天津：天津古籍出版社，1988.

[44] 孟子 [M]．李郁，译．西安：三秦出版社，2018.

[45] 管子 [M]．房玄龄，注．上海：上海古籍出版社，2015.

[46] 荀子 [M]．叶绍钧，注．上海：上海古籍出版社，2014.

[47] 理查德·麦尔文·黑尔．道德话语 [M]．北京：商务印书馆，2005.

[48] 张岱年．中国伦理思想发展规律的初步研究 [M]．北京：中华书局，2018.

[49] 哲学社会科学话语体系建设协调会议办公室．中国学术与话语体系建构：总论·人文科学卷 [M]．北京：社会科学文献出版社，2015.

[50] 弗雷泽，霍耐特．再分配，还是承认？[M]．周穗明，译．上海：上海人民出版社，2009.

[51] 马基雅维利．君主论 [M]．潘汉典，译．北京：商务印书馆，1985.

[52] 霍耐特．为承认而斗争 [M]．胡继华，译．上海：上海世纪出版集团，2005.

[53] 霍耐特．不确定性之痛：黑格尔法哲学的再现实化 [M]．王晓升，译．上海：华东师范大学出版社，2016.

【论文类】

[54] 张建华，吴加进．知行本来体段与自然的知行合一 [J]．中华文化论坛，2016（5）.

[55] 张茹粉．榜样教育的理性诉求 [J]．河南师范大学学报（哲学社会科学版），2008（2）.

[56] 王海明．论道德榜样 [J]．贵州社会科学，2007（3）.

[57] 韩东屏．论社会性道德评价及其现代效用 [J]．伦理与道德，2018（6）.

[58] 中共国家统计局党组．改革开放铸辉煌，经济建设发展新篇——改革开放 40 年经济社会发展主要成就 [J]．求是，2018（17）.

[59] 唐凯麟．论个体道德 [J]．哲学研究，1992（4）.

[60] 曾建平. 关于伦理学的学科性质与学科建设的几个问题 [J]. 江西师范大学学报 (哲学社会科学版), 2009 (6).

[61] 龚天平. 实践的人：中国当代伦理学的逻辑起点 [J]. 郑州大学学报 (哲学社会科学版), 2002 (2).

[62] 宴辉. 论一种可能的伦理致思范式 [J]. 北京师范大学学报 (人文社会科学版), 2002 (2).

[63] 余达淮, 周晓桂. 新中国 60 年来伦理学学科体系的发展与展望 [J]. 江苏社会科学, 2009 (5).

[64] 崔秋锁. 伦理学创新发展的几个基础理论问题 [J]. 湖北大学学报 (哲学社会科学版), 2010 (4).

[65] 孙向晨. 双重本体：形塑现代中国价值形态的基础 [J]. 学术月刊, 2015 (6).

[66] 张艳涛. 历史唯物主义视域下的"中国现代性"建构 [J]. 哲学研究, 2015 (6).

[67] 龙静云. 共享式增长与消除权利贫困 [J]. 哲学研究, 2012 (11).

[68] 段妍. 新中国成立初期思想道德建设的历史考察 [J]. 思想理论教育导刊, 2015 (2).

[69] 李百玲. 马克思的和谐思想对于构建社会主义核心价值观的启示 [J]. 当代世界与社会主义, 2015 (3).

[70] 孙文营. 中国传统和谐思想的现代发展 [J]. 理论导刊, 2007 (11).

[71] 徐特立. 论国民公德 (上) [J]. 人民教育, 1950 (3).

[72] 薛琳. 论艰苦奋斗精神的历史传承与时代价值 [J]. 中国延安干部学院学报, 2020 (3).

[73] 赵壮道. 中国共产党集体主义思想的理论渊源、发展历程与理论特点 [J]. 中共天津市委党校学报, 2014 (3).

[74] 赵公弼. 传统和谐思想及其现代意义 [J]. 中共福建省委党校学报, 2009 (3).

[75] 罗国杰. 对整体与个人关系的思索 [J]. 道德与文明, 1989 (5).

[76] 向玉乔. 中国道德话语的民族特色及其解析维度 [J]. 河北学刊, 2020 (3).

[77] 倪洪章. 当代中国思想道德建设的历史文化传统 [J]. 前沿, 2012 (23).

[78] 沈壮海. 当代中国社会主义思想道德建设的新要求 [J]. 思想·理论·教育, 2004 (3).

[79] 周谨平. 构建有中国特色的伦理学话语体系 [J]. 中州学刊, 2016 (7).

[80] 李建华. 中国伦理学: 意义、内涵与构建 [J]. 中州学刊, 2016 (7).

[81] 李建华, 李彦彦. 儒家德治思想的现代价值转化 [J]. 道德与文明, 2019 (3).

[82] 李宗桂. 思想家与文化传统 [J]. 哲学研究, 1993 (8).

[83] 王小锡. 新中国伦理学六十年学术进路 [J]. 道德与文明, 2009 (6).

[84] 中国人民大学伦理学与道德建设研究中心. 中国伦理学与道德建设六十年发展历程 [J]. 齐鲁学刊, 2010 (1).

[85] 高春花, 孙希磊. 我国城市空间正义缺失的伦理视阈 [J]. 学习与探索, 2011 (3).

[86] 汪行福. 从 "再分配政治" 到 "承认政治"? ——社会批判理论的范式之争 [J]. 天津社会科学, 2006 (6).

[87] 霍耐特. 承认与正义——多元正义理论纲要 [J]. 胡大平, 陈良斌, 译. 学海, 2009 (3).

[88] 孙昊, 李中增. 从承认到自由: 霍耐特正义观的逻辑演进评析 [J]. 青海社会科学, 2016 (1).

[89] 强乃社. 承认之旅: 霍耐特北京学术交流述要 [J]. 哲学动态, 2013 (7).

[90] 陈晓旭. 承认谁的什么——论承认与社会正义 [J]. 政治思想史, 2015 (2).

[91] 张鑫毅. 元伦理表达主义应该如何理解道德话语? ——以回应弗雷格-吉奇问题为中心 [J]. 湖北大学学报 (哲学社会科学版),

2021（1）.

[92] 吴国源.《周易》断辞语义形态及意义问题初探 [J]. 周易研究, 2017（2）.

[93] 魏雷东. 道德信仰的认同逻辑：思维、承认与表达 [J]. 湖南大学学报（社会科学版）, 2017（1）.

[94] 陈勇, 武曼曼, 李长浩. 道德主体意识的哲学反思 [J]. 伦理学研究, 2015（6）.

[95] 魏雷东. 道德思维的逻辑结构与形态演进：规范、语言与共识 [J]. 湖南大学学报（社会科学版）, 2015（5）.

[96] 向玉乔. 道德失语症的危害性 [J]. 红旗文稿, 2015（4）.

[97] 戴兆国. 当代道德形上学理论建构的突破——以《伦理与存在》为中心 [J]. 安徽师范大学学报（人文社会科学版）, 2015（1）.

[98] 孙菲菲, 陆劲松. 道德话语逻辑蕴涵与道德话语意义实现语境研究 [J]. 伦理学研究, 2015（1）.

[99] 张倩. 道德话语——伦理学的规定语言 [J]. 湖北社会科学, 2012（6）.

[100] 谭维智. 论庄子言说方式的道德性问题 [J]. 社会科学家, 2011（7）.

[101] 胡军良. 哈贝马斯对语言哲学道德理论的批判 [J]. 同济大学学报（社会科学版）, 2010（3）.

[102] 杨义芹. 道德话语存在合法性的本体论诠释 [J]. 江苏社会科学, 2010（2）.

[103] 杨国荣. 道德与语言 [J]. 学术月刊, 2001（2）.

[104] 陈升. 道德精神、道德话语与道德适用 [J]. 道德与文明, 2000（2）.